地质灾害防治与地质环境保护国家重点实验室(成都理工大学)
四川省杰出青年基金(06ZQ026－014)
联合资助

遥感和 GIS 技术支持的水电开发生态环境影响评价实证研究

何政伟　许辉熙　吴柏清　仇文侠　著

科学出版社
北京

内 容 简 介

本书较为系统地论述了遥感和GIS技术支持下的水电开发生态环境影响评价的基本原理、模型和方法。全书共5章。第1章介绍了相关研究背景和研究进展；第2章介绍了空间分析基础；第3章阐述了典型研究区选取及分析；第4章利用遥感和GIS技术进行水电开发生态环境影响预测评价；第5章在遥感和GIS技术的支持下，进行水电开发生态环境影响回顾评价。

本书可供测绘、水利工程、资源环境、地球科学、空间信息等相关专业的高等院校师生，以及科研、管理和决策部门的人员参考。

图书在版编目(CIP)数据

遥感和GIS技术支持的水电开发生态环境影响评价实证研究 / 何政伟等著. —北京：科学出版社, 2014.11

ISBN 978-7-03-042206-4

Ⅰ. ①遥…　Ⅱ. ①何…　Ⅲ. ①遥感技术-应用-水利水电工程-环境生态评价-研究②地理信息系统-应用-水利水电工程-环境生态评价-研究　Ⅳ. ①TV②X826

中国版本图书馆CIP数据核字（2014）第244743号

责任编辑：莫永国 / 责任校对：李　娟

责任印制：余少力 / 封面设计：墨创文化

科学出版社出版

北京东黄城根北街16号

邮政编码：100717

http://www.sciencep.com

成都创新包装印刷厂印刷

科学出版社发行　各地新华书店经销

*

2014年10月第　一　版　　开本：787*1092　1/16

2014年10月第一次印刷　　印张：11

字数：250千字

定价：69.00元

前　言

水能是清洁的、可再生的资源，发展水电在整体上有利于改善生态环境。但是，修建大坝水库在带来巨大经济效益和生态效益的同时，也给生态环境带来了巨大的不利影响。

目前，我国水电开发出现了“大、中、小、微”规模以及“国家、集体、私人”都在开发的现状。这些项目建成运行后，将会给生态环境带来何种影响，成为人们关注的焦点。因此，人们也在不断重新审视水电开发的影响。“十一五”规划纲要指出“在保护生态基础上有序开发水电”。这就需要以“科学发展观”为指导，在可持续发展的基础上开展水电开发对生态环境的影响评价工作，以实现在开发水电资源的同时，做好生态环境保护工作，使水电开发对生态环境的不利影响减到最小，并朝着有利于生态环境保护和改善的方向发展。

生态环境影响评价工作是工程环境管理措施的有益补充，有助于全面、准确地衡量工程的环境影响，为进一步加强工程环境管理提供科学依据，同时为其他工程的环保设计和环境影响评价提供借鉴。

本书以黄河上游某拟建水电站和位于雅砻江上已建的二滩水电站为研究原型，在遥感和 GIS 技术的支持下，分别进行了水电开发生态影响的预测评价和回顾评价。可为目前的水电开发提供决策支持，为类似的项目的生态环境影响评价提供类比案例。

本书由四川建筑职业技术学院副教授许辉熙博士拟定提纲并统稿和定稿。成都理工大学何政伟教授撰写第 1 章，许辉熙副教授撰写第 2、4 章，四川建筑职业技术学院仇文侠博士撰写第 3 章，成都理工大学吴柏清教授撰写第 5 章。参加相关研究工作的人员还有但尚铭、赵银兵、薛万蓉、陈俊华、谢韬、李喆、张新海、杨斌。另外，王君萍、刘严松、姜兰、袁明、张东辉、张俊峰、郭豫宾等人协助完成了许多基础性工作，在此一并表示感谢！

本书得到四川省杰出青年基金：“水电工程对干热河谷生态地质环境的影响及评价模型研究”（2006－2008，编号 06ZQ026－014）和“黄河上游某拟建水电站水库区工程地质遥感解译研究”（2007－2008）以及地质灾害防治与地质环境保护国家重点实验室（成都理工大学）相关项目的资助，部分成果已经在国内外刊物和国际会议上发表。在本书撰写过程中参考了国内外大量参考文献并在书中列出并标注，但难免有疏漏之处，衷心希望各位专家学者谅解。

由于本书研究内容涉及多学科且都处于不断发展之中，加之作者知识面和学术水平有限，以及研究条件和研究时间的局限，书中难免有不妥之处，敬请读者批评指正。

作者

2013 年 12 月

目　录

第 1 章　绪论 …… 1
1.1　研究背景 …… 1
1.1.1　水电开发引发的激烈争论 …… 1
1.1.2　南水北调西线工程引发的质疑 …… 3
1.2　研究进展 …… 4
1.2.1　遥感和 GIS 技术发展概述 …… 4
1.2.2　水电开发生态环境影响及其评价 …… 6
1.2.3　遥感和 GIS 技术在生态环境影响预测评价中的应用进展 …… 8
1.2.4　遥感和 GIS 技术在生态环境影响回顾评价中的应用进展 …… 10
1.3　本书结构 …… 11
第 2 章　空间分析基础 …… 13
2.1　多源空间数据集成及其方法 …… 13
2.1.1　多源空间数据集成在地学空间分析中的重要性 …… 13
2.1.2　空间数据多源化的产生和表现形式 …… 13
2.1.3　多源空间数据集成的实现方法 …… 15
2.2　高精度 DEM 构建 …… 23
2.2.1　DEM 概述 …… 23
2.2.2　最优 DEM 生产方法的实验 …… 25
2.2.3　最佳 DEM 分辨率的确定 …… 28
第 3 章　典型研究区选取及分析 …… 34
3.1　黄河上游某拟建水电站研究区空间数据集成 …… 34
3.1.1　水电站概况 …… 34
3.1.2　研究区基础地理、地质数据集成 …… 34
3.1.3　研究区遥感影像集成 …… 39
3.2　雅砻江二滩水电站研究区空间数据集成 …… 51
3.2.1　雅砻江二滩水电站概况 …… 51
3.2.2　二滩水电站基础地理数据集成 …… 52
3.2.3　二滩水电站遥感影像集成 …… 54

第 4 章　水电开发生态环境影响预测评价 ………………………………………… 56
4.1　地质灾害危险性预测与评价 ……………………………………………… 56
4.1.1　地质灾害危险性预测评价的重要意义 ……………………………… 56
4.1.2　地质灾害危险性预测评价模型与方法 ……………………………… 56
4.1.3　地质灾害危险性预测评价的实施过程 ……………………………… 57
4.1.4　地质灾害危险性预测评价的结果分析 ……………………………… 66
4.2　水库淹没影响预测与评价 ………………………………………………… 67
4.2.1　水库淹没影响概述 …………………………………………………… 67
4.2.2　土地利用景观分类与制图 …………………………………………… 68
4.2.3　土地利用景观空间分异规律分析 …………………………………… 70
4.2.4　水库淹没对景观格局的影响 ………………………………………… 73
4.2.5　水库淹没的生态环境效应分析 ……………………………………… 77
4.2.6　基于 VR-GIS 的水库淹没模拟分析 ………………………………… 78
4.3　水土流失调查与影响预测评价 …………………………………………… 80
4.3.1　水库淤积与水土流失 ………………………………………………… 80
4.3.2　水土流失测算模型的选择与影响因子确定 ………………………… 81
4.3.3　水土流失现状与生态效应分析 ……………………………………… 89

第 5 章　水电开发生态环境影响回顾评价 ………………………………………… 91
5.1　二滩水电站库区地质环境调查与评价 …………………………………… 91
5.1.1　泄洪雾化 ……………………………………………………………… 91
5.1.2　施工迹地恢复 ………………………………………………………… 92
5.1.3　水质污染问题 ………………………………………………………… 92
5.1.4　水库淤积问题 ………………………………………………………… 92
5.1.5　地质灾害问题 ………………………………………………………… 93
5.1.6　地质环境考查后的建议 ……………………………………………… 98
5.2　二滩水电站库区移民调查与评价 ………………………………………… 99
5.2.1　二滩库区(攀枝花市)移民概况 ……………………………………… 99
5.2.2　二滩库区(攀枝花市)移民现状调查 ………………………………… 99
5.2.3　二滩库区移民工作建议 ……………………………………………… 102
5.3　工程建成前后土地利用变化分析 ………………………………………… 102
5.3.1　基于遥感影像的多时相土地利用专题信息提取 …………………… 102
5.3.2　基于景观生态学理论的土地利用景观格局动态变化分析 ………… 104
5.4　工程建成前后土水土流失动态分析 ……………………………………… 113
5.4.1　水土流失测算模型的选取 …………………………………………… 113
5.4.2　水土流失评价因子信息提取 ………………………………………… 113
5.4.3　水土流失量估算与动态特征分析 …………………………………… 118
5.5　工程建成前后生态环境质量变化综合评价 ……………………………… 122

5.5.1 基于 GIS 的图形叠置法的基本原理和实施步骤 …… 122
5.5.2 评价因子获取与分级量化 …… 123
5.5.3 评价因子权重确定 …… 125
5.5.4 生态环境质量动态变化分析 …… 126

主要参考文献 …… 131
索引 …… 139
彩色图版 …… 141

第 1 章　绪　论

1.1　研究背景

1.1.1　水电开发引发的激烈争论

2003 年以来，是否对怒江进行十三级水电开发引起了全国性争议(刘畅等，2004；刘江宜，2006；冯建昆等，2006)。2003 年 8 月 14 日，由云南省怒江州完成的《怒江中下游流域水电规划报告》通过国家发展和改革委员会(国家发改委)评审。该报告规划了以松塔和马吉为龙头水库的两库十三级开发方案，全梯级总装机容量 2132 万千瓦，年发电量 1029.6 亿千瓦时。这意味着从源头到流出中国尚无一处工程的怒江，也被列入水电开发规划中。一石激起千层浪，怒江的命运引起广泛关注。

2003 年 9 月 3 日，国家环保总局召开《怒江流域水电开发活动环境保护问题》专家座谈会，包括 5 位院士在内，共 27 位专家指出：怒江是我国仅存的两条未被大规模开发的大河之一，为我国乃至世界不可多得的物种基因库和世界自然遗产地，潜在的生态、科学和经济价值不可估量，为使怒江流域真正实现可持续发展，给子孙后代留下一条原始生态环境相对完整的河流，不宜在此开发水电。自此，反对和支持怒江水电开发的争论全面展开。从 2003 年 8 月国家发改委召开“规划”审查会以来，国家环保总局和云南环保局先后组织了 4 次专家座谈会。座谈会上，北京和云南的专家各执一词，针锋相对展开激辩，没有达成一致意见。反对派主要有两个核心论点：一是水电开发会破坏生态资源；二是开发水电不是怒江州脱贫的唯一选择，可以考虑保留好生态环境，开发旅游产业。支持派也有两个基本观点：一方面，怒江已不是什么原生态河流，保存价值并不大，水电开发生态环境影响较小，还能促进生态环境保护；另一方面，对怒江州来说，解决几十万人的脱贫问题，水电开发是最佳选择。2004 年 2 月，温家宝总理做出批示“对这类引起社会高度关注，且环保方面有不同意见的大型水电工程应慎重研究，科学决策”，并退回了有关部门上报的《怒江十三级水电开发规划》。至此，引起社会广泛关注的怒江水坝论争，以国家领导人的决断暂告一段落。

而另一个水坝的规划也于 2003 年聚焦了各界的目光，这就是关于在都江堰前修建杨柳湖水库大坝的争论(刘畅等，2004)。四川都江堰是“世界上历史最悠久、设计最科学、保存最完整、至今发挥作用最好、以无坝引水为特征的大型水利生态工程”，2000 年 1 月被联合国教科文组织列入世界文化遗产。2000 年，在离都江堰 6km 的地方立项动工修建了紫坪铺水利枢纽。2003年，紫坪铺的配套工程杨柳湖水坝将坝址选在距都江堰仅1310m的地方，引起强烈反响。专家们谈到要在这个举世闻名的、以无坝为特征的水利工程上游兴修大坝时，大有“无颜见先人贤哲”的痛心疾首。

然而，两个相同实质的争论，结局却截然不同。在各界的反对下，四川从长远利益考虑，宣布停止“杨柳湖工程”，这个结果使世界文化遗产得到了保护。

2004年11月中旬，国家发改委、国家环保总局在北京联合召开“怒江中下游水电规划环评审查会”。审查会有14个单位共78位代表，专家组包括4位院士共15人组成，中国工程院副院长沈国舫院士任组长。这份环境影响评价报告(分别由中科院生态环境影响中心、水生物所、动物所、植物所和遥感地面站编制)对怒江水能资源开发的总体认识是：怒江水能资源丰富，可开发容量居全国第六位，且开发条件较好，开发怒江水电资源是我国能源发展战略的需要，并符合国家优先开发国际河流的国策，是工程所在地区和受电地区社会经济发展的需要，有利于促进边疆少数民族地区尽快脱贫致富，有利于怒江中下游地区水资源综合利用，也有利于保障国家的淡水资源。近期开发方案保留天然河道约600km，占规划河道的80%，对环境影响很小。设计部门还征求了西藏方面的意见，西藏自治区政府表示，怒江水电开发不仅是云南的需要，也是西藏的需要。历时1年多的怒江“争”坝有了最终结果。在修改完善报告书并完成审查后，国家发改委正式批复怒江梯级电站的开发规划。

上述两场争论表明，我国科学技术界正开始对修建水坝和水电站进行反思。然而，客观的国情决定了大规模的水电开发将是大势所趋(王红卫，2005)。中国是一个能源并不富集的国家，常规能源资源占世界总量的10.7%，只有水能居世界第一位，其余能源如煤炭居世界第三位，石油居世界第十二位，天然气居世界第二十二位，但由于人口庞大，除人均水能可开发量接近世界平均水准外，其余皆低于世界平均水准。目前，中国能源需求急剧增长。经过一百多年的开采，由于煤炭资源生产增长潜力有限，开始出现“煤荒”。同时中国面临的石油资源短缺更是危急，一则石油储量远不及煤炭丰富；二则海外供给市场不稳，争夺日趋激烈，给中国能源供给带来严重影响。中国核能技术还不成熟，加之安全和原料等方面的因素，大规模投产的可能性不大，因此造成了近年来波及全国的“煤荒”、“油荒”和“电荒”。各种能源的短缺，尤其是电能的短缺，对整个中国产生了十分不利的影响。水能是中国现有能源中唯一可以大规模开发的可再生能源。中国水能理论蕴藏量6.89亿千瓦，技术可开发量4.93亿千瓦，最终可开发量3.95亿千瓦，均居世界第一位。水电资源总量在中国能源组成中也仅次于煤炭居第二位。中国的能源结构和发展趋势决定了15～20年内需要大力发展水电(高季章，2004)。目前国家规划的全国十三大水电基地(装机规模依次为金沙江、长江上游、雅砻江、澜沧江、大渡河、怒江、黄河上游、闽浙赣、西江上游、东北、乌江、湘西和黄河中游水电基地)共计划装机2.53亿千瓦，占全国最终可开发量的64%(王红卫，2005)。

从“十五”计划的“积极发展水电”到“十一五”规划的“在保护生态基础上有序开发水电”，措辞之间的变化其实与近年学术界、民间关于水电开发争论密切相关，也反映出国家发展战略指导思想的巨大转变。如今，水电开发建设面临的主要问题已由过去的技术和资金制约转为移民和环保制约(高季章，2004；赵小平，2007)。在水电开发中切实保护生态环境，通过生态环境保护促进水电建设健康发展，特别是以科学发展观为指导，建立与生态环境和谐友好的水电工程建设体系，将是实现水电开发与生态环境保护协调发展的正确途径。

1.1.2 南水北调西线工程引发的质疑

2006年9月，以四川省社科院林凌教授为代表的社会学家、以中国地质学资深院士刘宝珺为代表的自然科学家自筹经费、自发编纂的《南水北调西线工程备忘录》的出版，使得民间对南水北调西线工程的质疑和反对达到了公开化和白热化(林凌等，2006)。《南水北调西线工程备忘录》出版以后，曾有媒体把四川学者们的行为称为"保水运动"。而在此之前的2004年和2005年，由于四川省社科院研究员鲁家果两度上书温家宝总理，加之其他民间人士的强烈反对，使得早在2001年通过并计划在2010年开工的南水北调西线工程被推迟。

南水北调是我国继三峡工程之后启动的又一项世界级巨大水利工程。主要目标是根据科学配置我国水资源的原则，将较为丰富的长江水，分东线、中线、西线调往严重缺水的华北和西北地区。西线工程位于四川省甘孜、阿坝两个藏族自治州境内，目标是要将境内大渡河、雅砻江、金沙江上游通天河之水调往黄河上游。调水区的主要特点是：地处青藏高原东南部，地质构造呈断裂活动性和地震活动性；由于全球气候变暖，冰川后退，河源流量减少，调水量将严重不足；地形北高南低，除建高坝蓄水、修渠输水外，还需开凿长达数百公里的隧洞把巴颜喀拉山打通，工程艰巨；调水区海拔3500m以上，生态环境脆弱，工程将淹没大量草原、农田，在江河下游形成干热河谷，造成新的环境破坏；地处少数民族藏族聚居区，居民笃信宗教，崇拜神山、圣水、喇嘛寺庙，有独特的文化习俗，移民、寺庙搬迁将遇到很大困难；调水区经济及社会发展十分落后，2004年人均GDP 3000多元。调水后，在经济、社会、环境等方面都需要有补偿措施，否则将出现新的贫困(林凌等，2006)。

四川的自然科学家和社会科学家以对国家、对社会高度负责的精神，表达了对西线工程的疑虑和隐忧，从多学科、多角度对上述问题进行了研究，形成了《南水北调西线工程备忘录》一书。该书共收入论文31篇，主要涉及西线工程的地质问题、调水量不足的问题、对青藏高原生态环境破坏的问题、对西电东送工程发电影响的问题、对调水区居民经济、社会、生态补偿的问题，对藏区宗教、文化、文物保护的问题，投资和运作模式问题，替代方案问题。其中，地质灾害是最大风险。该书作者多是长期工作和生活在四川的自然科学家、工程技术专家、经济学家、人文科学家。他们长期从事青藏高原的研究，最了解调水区地质构造、生态环境、人文社会等情况。大家的共同心愿是想通过科学缜密的研究和思考，使南水北调这一旷世工程能够万无一失。而西线工程是在很多基础现状和问题还没有调查清楚的情况下，就匆忙决策。

上述的水电开发与南水北调西线工程的争论和质疑，带来以下启示：

(1)争论反映了社会的进步，反映人们对生态环境的重视。

(2)争论的实质是可持续发展问题，是经济发展与生态环境保护的问题，无论是怒江水电开发、都江堰杨柳湖水库项目，还是南水北调西线工程，争论的焦点都是工程对生态环境的影响。随着科学发展观的提出，坚持又好又快的发展理念，必将更加重视生态环境问题。

(3)工程与生态环境之间的矛盾客观存在。只要建坝，或多或少都会对生态环境造成影响和破坏，如何科学正确地处理工程与生态环境的矛盾，实现效益最大化，将是工程决策者和建设者面临的新挑战。要想很好地解决目前存在的许多实际问题，有赖于先进技术的使用，使决策更加合理，具有科学依据。

1.2 研究进展

1.2.1 遥感和GIS技术发展概述

1. 遥感技术发展趋势

遥感技术(remote sensing，RS)是指从不同高度的遥感平台(platform)，使用不同遥感传感器(sensor)接收来自地物的电磁波信息，再将其传输到地面并加以分析处理，从而对不同地物及其特征进行远距离探测与识别的综合技术(邓良基，2002)。

遥感技术具有强大的对地观测能力，能够进行大面积同步观测来获取常规观测手段无法获取的地面信息，具有经济性、宏观性、时效性、综合性、动态反演等优势(梅安新等，2001)。遥感技术广泛地应用到资源调查与监测、环境监测与评价、自然灾害监测与预防、区域分析与建设规划、农业、林业、旅游、考古、地质、测绘、军事国防等领域。

现代遥感起源于20世纪60年代。经过近50年的发展，遥感技术取得了很大进步，尤其是近10年的发展更加迅猛。用一句话概括现代遥感技术的发展现状和趋势，即“遥感平台越来越多、数据源越来越丰富、分辨率越来越高”。

从早期航空遥感飞机、NOAA卫星、陆地资源卫星(LandSat)到后来的SPOT(system probatoired observation dela tarre，SPOT)卫星，再到现在的中巴地球资源卫星(CBERS)、对地观测系列(earth observation system，EOS)卫星、IKONOS卫星、Quick Bird卫星、印度资源卫星(IRS)、日本先进陆地观测卫星(advanced land observation satellite，ALOS)等。遥感平台越来越多，遥感影像来源越来越丰富。如EOS卫星上装有ASTER、MODIS等传感器。ASTER数据有15m、30m和90m不同空间分辨率的数据15个波段，还有由3N和3B波段构成的立体像对，MODIS具有从250m、500m到1000m不等的36个波段。日本2006年1月24日发射的ALOS卫星载有三个传感器全色立体测绘仪(panchromatic remote-sensing instrument for stereo mapping，PRISM)，高性能可见光与近红外辐射计-2(advanced visible and near infrared radiometer type-2，AVNIR-2)，相控阵型L波段合成孔径雷达(phased array type L-band synthetic aperture radar，PALSAR)，能同时获取全色立体像对、多光谱及雷达数据。

遥感影像的分辨率包括空间分辨率、光谱分辨率和时间分辨率。

就空间分辨率而言，早期的 LandSat（美国 NASA 的陆地卫星计划）MSS（机载传感器）为 79m、TM（主题地图）为 30m，到 ETM+（增强型专题制图仪）时全色波段提高到 15m。2002 年 5 月发射的 SPOT5 的全色分辨率为 2.5m、多光谱分辨率为 10m。我国台湾福卫 2 号卫星（亦作福尔摩沙卫星二号）于 2004 年 5 月 20 日发射成功，可以获取 2m 全色、8m 多光谱影像。美国空间成像公司于 1999 年 9 月 24 日发射升空的世界第一颗高分辨率商用卫星的 IKONOS 卫星全色影像分辨率达到 1m、多光谱达到 4m。2001 年 10 月由美国 Digital Globe 公司发射的 Quick Bird 卫星，是世界上最早能提供亚米级分辨率的商业卫星，其全色影像分辨率达到 61cm（星下点），多光谱影像达到 2.44m（星下点）。2007 年 9 月 18 日，美国 Digital Globe 公司成功发射 WorldView-1，其提供的全色数据空间分辨率达到了 50cm（星下点），而该公司 2009 年 10 月 6 日发射的 WorldView-2，可提供 46cm 全色影像和 1.84m 多光谱影像。Digital Globe 公司的 Quick Bird、WorldView-1 和 WorldView-2 组成的高分辨率的对地观测“星群”，形成对地持续快速观测。运行在地球上空的不同遥感卫星，正源源不断地获取地表不同空间分辨率的影像数据。

就光谱分辨率而言，波段划分越来越细，光谱分辨率越来越高，出现纳米级的波谱分辨率，在可见光范围内可分出几十个等级。如 ASTER 有 15 个波段，中分辨率成像光谱仪（moderate-resolution imaging spectroradiometer，MODIS）有 36 个波段。

就时间分辨率而言，影像重复时间可达到小时级。MODIS 可以在 24 小时内获取到四次影像；而高空间分辨率卫星的重访周期，由 Quick Bird 的 2.4 天缩短到了 WorldView-1 的 1.7 天；而 WorldView-2 的重访周期将缩短到 1.1 天。卫星重访周期缩短，表明获取数据能力增强，对实现地表快速动态监测非常有利。

2. GIS 技术发展趋势

地理信息系统（geographic information system，GIS）是计算机科学、地理学、测量学、地图学、数据库等多门学科综合的技术，而且其发展具有与时俱进的特点，因此要给出准确定义是困难的。目前，它的含义已从最初的“系统”扩展为“系统、工具箱、产业、学科”四位一体（毛政元等，2003）。虽然 GIS 是一门涉及多学科的新兴边缘学科，但其核心仍然是计算机科学，基本技术是地图可视化、数据库以及空间分析等。本书采用美国联邦数字地图协调委员会对 GIS 的定义（黄杏元等，2001），即 GIS 是由计算机硬件、软件和不同方法组成的系统，该系统支持空间数据的采集、管理、处理分析、建模和显示，以便解决复杂的规划和管理问题。

GIS 始于 20 世纪 60 年代的加拿大与美国，尔后各国相继投入了大量的研究工作。自 20 世纪 80 年代末以来，特别是随着计算机技术的飞速发展，地理信息的处理、分析手段日趋成熟，GIS 技术得到了飞速发展。尤其是 1998 年 1 月 31 日，在加利福尼亚科学中心召开的“Open GIS Consortium”年会上，美国前副总统戈尔在发表题为“数字地球：二十一世纪认识地球的方式”（The Digital Earth：Understanding our planet in the 21st Century）的讲演中提出了数字地球的概念后，GIS 作为数字地球建设的支撑技术，得到了更广泛地应用、更快速地发展。近年来，GIS 出现了以下发展趋势（陆守一，2004）：①与遥感、全球定位系统（global positioning system，GPS）集成，即“3S”集成技术，构成了建设数字地球的支撑技术；②基于面向对象技术和组件式软件，构建组件式GIS(COMGIS)；③基于Internet技术构建网络GIS(WEBGIS)；④基于网格计算技术，构建网格GIS(GridGIS)；⑤基于虚拟现实技术，构建虚拟GIS(Virtual GIS)；⑥GIS应用全面走向社会化，GIS在各行各业中发挥着重要作用。

如今，GIS已不再局限于早期的实验室应用，已被广泛地应用于环境、资源、石油、电力、土地、交通、公安、急救、航空、市政管理、城市规划、经济咨询、灾害损失预测、投资评价、政府管理和军事等与地理坐标相关的几乎所有领域。GIS作为现代空间信息技术的核心已经成为各种工程决策的重要支撑手段。

遥感与GIS作为地学分析的重要工具和手段，二者关系密不可分。遥感是GIS的重要信息源和数据更新手段，遥感的蓬勃发展促进了GIS的发展和产业化，同时GIS已经成为遥感影像处理和分析的重要技术手段(宁书年等，1995)。遥感与GIS的完美结合，可用于水电开发工程的许多方面，发挥各自的特点和优势，极大地拓宽了研究思路和研究方法。

1.2.2 水电开发生态环境影响及其评价

1949年以来，我国已经建成大、中、小型水库8600多座，这些水库在防洪、灌溉、发电、航运、养殖、供水及旅游等方面发挥了巨大效益，但有些水库也给环境带来了一些不利影响。因此，在水库规划与建设过程中，既要看到兴利除害的一面，也要考虑到对生态环境不利影响的一面。水库工程建设必须做到经济合理、技术先进，同时也必须考虑对生态环境的不利影响，采取积极措施防止或者减轻这种影响(李纪人等，2003)，进行生态环境影响评价就是重要措施之一。《水电工程预可行性研究报告编制规程(DL/T 5206-2005)》明确规定在水电工程预可研阶段必须进行生态环境影响评价，而由国家环保总局和水利部于2003年7月1日颁布实施的《环境影响评价技术导则．水利水电工程(HJT88-2003)》做出了更为详细的规定，并将遥感与GIS技术的应用要求提升到很高地位(朱党生等，2006)。

如今，水电开发面临的主要问题已由过去的技术和资金制约转为移民和环保制约(高季章，2004)。目前，水利水电工程生态环境影响评价不仅是工程可研、立项阶段的必要工作，而且贯穿于工程建设的全过程。生态环境影响评价，是提高建设项目论证水平和决策科学化的重要步骤，对提高建设项目的经济效益、社会效益和环境效益都有重要意义。

1. 主要概念

借助叶守泽(1995)、朱党生(2006)等对环境影响评价等概念的定义，给出本书生态环境影响评价等概念的定义。

①生态环境影响评价，指建设项目区域开发及规划实施后，对可能造成的影响进行预测和估计，具体又分为生态环境现状评价、生态环境影响预测评价和生态环境影响回顾评价。

②生态环境现状评价，指依据一定的标准和方法，对一个区域内人类活动造成的生态环境质量变化进行评价，以便了解目前工程的环境状况，针对不利影响提出环保措施，为生态环境影响评价和区域环境提供科学依据。

③环境影响预测评价，指在对生态环境质量过去和现在调查的基础上，运用有关科学方法和手段，对工程兴建可能对生态环境造成的影响做出预测和评价，使有利影响得到合理利用，不利影响得到减免或改善，为工程方案论证和领导部门提供科学决策依据。生态环境影响预测评价是工程可行性论证的重要组成部分。如举世闻名的三峡水利枢纽工程就进行了全方位、深入地生态环境影响预测评价(陈国阶等，1993；长江水利委员会，1997；长江流域水资源保护局，2000)。

④生态环境影响回顾评价，指对工程建设项目运行一段时间后的生态环境影响进行再评价，以便了解工程兴建后实际的生态环境变化情况、生态环境影响的范围和深度，针对实际出现的不利情况，提出改善措施，保护生态环境质量，并为以后新建工程的生态环境影响评价提供参考依据。而今，水电工程生态环境影响回顾评价已进行较多，如三门峡水库、丹江口水利枢纽、新安江电站、狮子滩电站和漫湾水电站等(叶守泽，1995；张荣，2001)。

2. 水电开发生态环境的影响

水电开发生态环境影响主要包括两个方面，即有利的一面(即生态环境效益)和不利的一面。

水电开发的生态环境效益主要体现在以下六个方面(刘兰芬，2002)：①水电梯级开发可提高水资源的利用率，协调水资源综合利用之间的矛盾，获得梯级效益。②水电是清洁能源，不排放污染物，减少环境污染。③具有抵御自然水文灾害的功能。④水电站水库人工湿地作用，可提高局地生物多样性价值，可改善局地小气候条件。⑤水电站水库在功能上可增加景观美学和旅游价值。⑥水库的供水、灌溉功能可以改善生态环境。

水电开发对生态环境的不利影响主要反映在水库淹没与移民、水土流失、工程施工、水文情势、地质环境、水生生物方面(罗小勇，2004)。

①水库淹没与移民：水库的修建一方面淹没了大量土地，破坏了土地上原有的植被，从根本上改变了土地的自然状态；另一方面淹没了一些耕地和村庄，导致了移民问题。移民搬迁及安置，需要建立新的村镇，做好基本建设工作。而新开土地必然要破坏植被，甚至造成水土流失，改变局部自然条件，破坏生态平衡。

②水土流失：主要分布在施工区和移民安置区。施工区范围小，但分布集中，造成水土流失的原因主要有采石施工、取土施工和施工弃碴。这些活动大面积扰动地表，破坏原有的地貌植被，极易造成水土流失。移民安置区范围大，村镇的新建、企业的搬迁建立、基础设施的建设会造成地表植被大面积受损，存在大量的弃土弃碴，很容易引起严重的水土流失。

③工程施工：工程施工期的生产废水、生活污水向河里任意排放，对施工段的河流水质造成局部污染，产生的废气对工地的大气环境造成一定污染，机械运作及爆破声也会给当地造成噪声污染。施工产生的弃碴破坏了原地植被覆盖，扰动了地表，对当地的

生态环境造成了影响。

④水文情势：水电梯级开发对河段水文情势产生的影响，主要表现在河段径流特征、泥沙和水资源的利用变化(罗小勇，2004；刘守杰，2003)。梯级大坝阻隔了河道，使天然河流原有的径流过程发生了显著变化。蓄水初期，坝下游河段水位明显降低、流量减少；坝上游水位升高形成水库群，库区水深加大、流速减慢，河道的原有形态发生了改变；水库具有拦沙作用，使下游河段的含沙量发生较大变化，在相当长的年限内有效减少水库的入库泥沙量，延缓泥沙淤积进程，利于发挥水电工程的综合利用效益。另外，拦沙作用使得下泻水量中含沙量减少，对梯级水库下游河床进行冲刷，使得下游河段在相同流量下水位降低。随着河段冲刷趋于平衡，坝下游河段水位流量关系趋于稳定。

⑤地质环境：若水库库区内新构造运动强烈、断裂发育，水库蓄水就有可能诱发地震，导致灾害的发生。水库蓄水后，因其水文地质条件发生了改变，也可能在岸坡稳定性差的库段发生滑坡、崩塌、泥石流等工程地质灾害。

⑥水生生物：水库蓄水使部分陆地变为水域，浅水变成深水，流动水变成相对静止的水，电站运行及汛期泄水等(刘兰芬，2002)，改变了水生生物的生活条件及生活环境，进而对它们造成了很大的影响。

中国水利水电工程生态环境影响评价工作开始于 20 世纪 80 年代。1981 年出台了《加强水电规划工作的几点意见》，指出在水电规划阶段开展环境和生态平衡影响的调查研究工作。1982 年水利部颁发了《关于水利工程环境影响评价的若干规定》(草案)。1988 年水利部和能源部颁发了《水利水电工程环境影响评价规范》(试行)，1992 年颁发了《江河流域规划环境影响评价规范》，首次对评价范围、内容、方法和深度等都进行了明确规定。1995 年电力工业部颁布了《河流水电规划编制规程》，要求对规划河流环境进行现状调查评价，并提出保护要求；对拟定的各梯级组合方案进行环境影响总体评价，分析各方案的差异，提出比选意见；对选定的河流梯级开发方案和拟建的工程可能造成的环境影响做出简要说明，并针对不利影响提出对策、措施和建议。2003 年颁布了《中华人民共和国环境影响评价法》，增补了有关建设项目回顾性评价和跟踪监测的规定。

1.2.3 遥感和 GIS 技术在生态环境影响预测评价中的应用进展

20 世纪 80 年代初，我国利用遥感技术对二滩电站地区的区域稳定性、库区滑坡和泥石流分布及淹没损失进行了调查，为二滩水电站的可行性论证提供了基础。20 世纪 80 年代中后期，又先后在红水河龙滩、黄河龙羊滩、金沙江下游溪落渡、白鹤滩及乌东德电站、长江三峡水电站进行遥感调查，进行环境影响评价(王治华，1995)。

李春晖(2003)结合工程设计规划，利用遥感和 GIS 技术计算黄河拉西瓦水电站建设前后景观指数，并分析其变化趋势。结果表明，水电站建成前后，景观格局变化不大，区域生态系统的功能和性质不会改变。

郭乔羽(2003)将遥感和 GIS 技术应用到拉西瓦水电站生态影响分析中，在阐述该电站区域生态现状的基础上，度量了其所在区域的植物生产力和生物量，并以工程的初步设计为依据，重点分析了工程可能对区域植物生产力和植物生物量、景观格局和生物多样性等产生的影响，并提出了相应的控制对策。结果表明，在采取一定的措施后，拉西瓦水电工程建设对区域生态产生的影响是可以接受的。

潘树林(2004)阐明了在GIS软件(MapGIS6.2)数字高程模型子系统下，根据不同情况制作坡度图的方式，即把栅格数据扫描并转变为矢量数据后，转为GRD格网数据生成坡度图，把外部高程数据直接转为MapGIS明码格式*.DET数据而生成坡度图的制作过程。将制作的坡度图作为锦屏一级水电站环境影响评价的基础图形数据。

何政伟等(2005、2006)将SPOT 2.5m全色影像与EMT+影像结合，进行了黄河班多一级水电站、新疆大石峡水电站库区遥感地质解译研究，尤其重点进行了地质构造遥感解译和地质灾害调查，为工程前期工作提供了客观基础资料。

廖迎芸(2006)利用遥感和GIS技术，从景观生态学角度出发，对澜沧江左岸的一级支流—威远江水电站景观空间格局进行分析，指出该工程建设将导致区域景观多样性降低，优势度升高，破碎度和分离度增加。

罗鹏(2007)以龙滩库区为研究对象，利用Quick Bird影像对库区土地利用类型进行人工区划和判读，建立库区土地利用类型数据库，并在此基础之上建立基于ArcGIS地理处理框架的空间数据分析模型，通过对库区空间数据的建模，实现统一空间数据库的建立与管理，对库区生态敏感性和生态区划的方法进行了深入研究，为库区的生态保护决策提供了切实可行的依据。

刘纪根(2007)选取乌东德水电站坝区一典型区为试验区，以通用土壤流失方程(universal soil loss equation，USLE)为评价模型，运用遥感和GIS对各指标因子赋值，对试验区土壤侵蚀量进行估算与分析。结果表明，试验区土壤侵蚀严重，泥沙来自侵蚀强烈区。

刘纪根(2008)以乌东德水电站坝区典型区域为例，详细介绍了土地利用现状及植被覆盖度的解译、坡度因子的提取、水土流失等级的划分及各专题数据库的生成，分析了试验区土地利用、植被覆盖度、坡度及土壤侵蚀强度的分布状况，为金沙江水库区域环境影响评价提供依据和参考。

李朝霞(2009)在构建水电开发对生态环境影响评价指标的基础上，采用两两比较法确定主要影响因子，并对主要影响因子建立了时序多级模糊综合评价模型，该模型首先在对单项工程单环境因素模糊综合评价的基础上，再对某小区域内总工程影响进行模糊综合评价，最后对其总体环境影响进行模糊综合评价，是在进行三层评价的基础上建立的模糊综合评价模型；将该模型应用于西藏尼洋河流域梯级水电开发评价。

闫业庆(2010)以白龙江流域2000年的遥感影像数据和土地利用二级分类数据为数据源，辅助以2007年实地调查GPS地面点和其他数据资料，利用ERDAS软件对白龙江干流沙川坝—苗家坝河段的遥感影像图和土地利用图进行解译校正，在ARCGIS系统软件的支持下，计算并分析了研究区生态环境质量指数及景观空间格局，得到白龙江水电梯级开发对生态环境的影响。结论为现状条件下生态环境属于良的范畴(EQI=55.82)，规划的实施将提高景观破碎度，使土地利用趋于多样化、均匀化。

陈敏(2011)以水能梯级开发为背景，从其对生态系统的影响与驱动本质出发，揭示了水能梯级开发对生态因子的影响特征与规律，构建了水能梯级开发生态影响评价指标框架，建立了水能梯级开发生态影响评价阈值。在此基础上，以雅砻江下游梯级开发为评估对象，进行了生态影响评价的综合示范应用。

1.2.4 遥感和GIS技术在生态环境影响回顾评价中的应用进展

薛联青(2000，2001)提出了应用多时相遥感动态分析方法对流域梯级开发后全流域生态环境、社会环境及经济环境等多种环境因子的变化情况进行调查分析，应用GIS技术对流域水电梯级开发的环境影响进行动态评价，对流域的可持续发展具有重要意义。

甘淑(2002)选取澜沧江上已建成的第一座大型水电站——漫湾电站为案例，通过对该电站库区及周边遥感图像的技术处理，获得对库区周边山地植被覆盖状况的宏观、快速监测。研究表明，漫湾建库后，由于水位抬高，库区河道水域面积扩大，水流减缓，河谷区域植被声场所依赖的水、湿条件的改善，给库区周边植被的发展带来较好的影响；库区水域周边地表覆盖结构状况，以林地覆盖约50％占绝对优势，灌草丛覆盖次之，农地覆盖其次。遥感技术的应用解决了常规方法在澜沧江梯级电站群峡谷山地植被覆盖调查中客观存在的困难，弥补了在该区开展的有关大坝安全研究中对周边库区周边地表环境生态安全研究上的不足，为澜沧江上已建、在建和拟建的其他多个大型水利水电工程环境监测提供案例研究。

郭乔羽(2005)将黄河三门峡水利枢纽工程作为研究案例，利用“3S”技术分析该工程在建设运行40多年来，区域生态系统结构和功能的变化，对该工程所产生的生态环境影响进行了评估。结果表明，降水是限制区域植被净第一生产力值的瓶颈因素，受水库蓄水后土壤盐碱化、沼泽化影响，汾河、洛河及渭河与黄河干流交汇处是气候生产潜力实现率较低的区域；三门峡水库的建成蓄水对龙门至三门峡段以及三门峡以下黄河干流的水生态环境产生了明显影响，突出表现在径流量的年内分配趋平；水库蓄水后，库区泥沙淤积严重，河道形态改变；水库建成蓄水后，水体、湿地、滩涂面积显著增加，水流变缓泥沙沉积，栖息环境的改善使陆生鸟类的种类和数量明显增加，藻类、浮游动物等也有显著增加，但洄游性鱼类基本绝迹。同时，水生态环境的整体恶化使得鱼类种类和数量明显下降。三门峡水库枢纽工程的修建对于减缓区域致灾因子起到了积极作用。

赵峰(2005)利用1990年到2000年遥感影像资料，分析尼尔基水利枢纽评价区10年间的土地利用变化，找出社会驱动因子对环境的影响，并进一步准确分析了工程对环境的影响。

白世彪(2005)将GIS技术应用到三峡库区滑坡灾害研究中，对滑坡和各影响因子之间的相关性进行了统计分析。研究结果为滑坡易发性评价提供基础，为指导库区滑坡灾害管理、土地利用等提供帮助。

王庆(2005)利用增强型专题制图仪(enhanced thematic mapper，ETM+)影像解译了云南楚雄青山咀水库库区及周围，在水库建设前后的土地利用类型，对比分析了工程建设前后的陆地生态环境变化。

雷平(2007)将“3S”技术与常规手段结合，编制了龙滩水电站库区土地利用现状图。可为今后的环境影响评价提供数据基础。

周庆(2008)在遥感与GIS技术的支持下，分析了漫湾水电站库区1991年、2001年和2004年3个时段土地利用类型的总体结构变化、空间转移情况、单一土地利用及区域综合土地利用的空间动态特征，为库区生态环境影响评价提供基础。

李文波(2008)针对水电梯级开发将改变水资源时空分布并引起流域植被环境的变化的问题，以湖北省清江流域为例，采用基于归一化差异植被指数的像元分解模型和主题地图(thematic mapper，TM)或者ETM+遥感数据，对研究区域水电梯级开发不同时期的植被环境变化进行了定量估算。结果表明，该分析方法有效可行，且水电梯级开发对清江流域植被影响较大，1987～2004年清江中下游植被环境有了较大改善。

陈俊华(2008)利用1988年、1999年和2003年3个时相的TM、ETM+遥感数据，在GIS技术的支持下，对二滩库区(盐边)的土地利用景观格局和水土流失动态特征进行了定量分析。结果表明，库区(盐边)土地利用结构整体上逐渐趋于好转，但远未达到理想状态，主要表现在土地利用数量和空间结构上不合理，还需进一步优化调控。

周宗敏(2009)针对水电工程生态环境影响综合评价的多层次性、模糊型，以贵州省冗各水电站为例，依据层次分析法与模糊数学原理，在Visual Basic 6.0平台上构建了多级模糊综合评价模型对该水电站环境影响进行了综合评价。结果表明，将模糊数学原理应用于水电工程的环境影响评价具有较好的分辨率，容易判断水电工程的综合影响，且可知各级影响的分布情况，从而可为工程总体决策或环保设计提供依据。

许翔(2009)利用ERDAS软件对白龙江干流沙川坝—苗家坝河段的遥感图像和土地利用图进行解译校正，同时对该流域的植被样方和生物量进行了调查，并利用GIS软件对其进行了有效分析。结果表明，由于工程建设的影响，研究区的环境变化明显，整个规划评价区的生物量毁损总量湿重为2591吨，折算干重为1555吨；工程建设毁损植株总量为39858.18万株。

贾硕(2011)在借鉴国内外生态环境影响评价研究成果的基础上，系统分析了水利水电工程对生态环境影响的诸多因素，建立了较完善的水利水电工程生态环境影响评价指标体系，并对指标的量化处理方法进行了探讨，运用神经网络和模糊推理系统相结合的方法构建了评价模型；对自适应神经模糊推理系统的构成和建模过程进行了深入研究，包括训练样本和检验样本的选取，隶属度函数的选取等。将构建的评价模型应用于张河湾抽水蓄能水电站工程的生态环境影响评价中，验证了基于自适应神经模糊推理系统的评价模型的可行性与先进性。

1.3 本书结构

本书以黄河上游某拟建水电站和雅砻江上已建的二滩水电站为研究原型，在遥感和GIS技术的支持下，分别进行水电开发生态环境影响预测评价和回顾评价，可为目前的水电开发提供决策支持，为类似项目的生态环境影响评价提供类比案例。

本书主要包括三个方面：一是典型研究区选取和空间分析基础；二是水电开发生态环境影响预测评价；三是水电开发生态环境影响回顾评价。

首先，针对GIS存在的空间数据多源化问题，从空间数据应用角度出发，提出了三种常用空间数据集成方法，并利用这些方法完成了典型研究区—黄河上游某拟建水电站和雅砻江二滩水电站研究区的空间数据集成，为GIS空间决策分析奠定了基础。

其次，充分利用遥感和GIS技术进行黄河上游某拟建水电站生态环境影响预测评价，主要包括地质灾害危险性预测与评价、水库淹没影响预测与评价和水土流失调查与影响预测评价等内容。

最后，在遥感和GIS技术的支持下，进行二滩水电站生态环境影响回顾评价，主要包括库区地质环境调查与评价、库区移民调查与评价、土地利用动态变化分析、水土流失动态分析和生态环境质量变化综合评价等内容。

第 2 章　空间分析基础

2.1　多源空间数据集成及其方法

2.1.1　多源空间数据集成在地学空间分析中的重要性

GIS 的核心和区别于一般信息系统的最大优势就在于其具有强大的空间分析功能，而这种功能的不断改进和完善，是使得 GIS 不断发展和推广应用的不竭动力。要实现 GIS 的空间分析，离不开各类专题空间数据的支撑，没有空间数据的 GIS 应用决策分析也只能是纸上谈兵。数据被喻为 GIS 的血液，多源空间数据集成则是实现地学分析的首要任务。在数据的使用过程中，由于数据来源、结构和格式的不同，需要采用一定的技术方法，才能将它们合并在一起使用，这就产生了多源数据集成的问题。

目前，关于多源空间数据集成方法，更多的是从数据共享的角度提出了一些解决方案(宋关福等，2000；查新建，2006；张丰，2007)。从数据共享角度来看，数据格式转换模式、数据互操作模式和数据直接访问模式是空间数据集成的三种主要模式(钟耳顺等，1999；马照亭等，2002；李晓军等，2006)。

GIS 应用中的多源数据集成，看似是一个简单的问题，但它实际上是一个涉及很多 GIS 基本理论的综合性问题。从某种程度上说，多源数据集成的效率和精度，决定着 GIS 地学分析应用的成败。其中的一些关键问题，是许多长期从事 GIS 开发与应用人员的难题，更不要说普通用户了。在 GIS 实际应用中，多源空间数据集成的重要性、困难性和复杂性不言而喻。鉴于此，本章从数据应用角度进行深入分析，将空间数据集成的核心技术加以归纳总结，形成较为完善的技术方法体系，以供研究使用及他人参考、借鉴。

2.1.2　空间数据多源化的产生和表现形式

1. 空间数据的多语义性

GIS 研究对象的多类型特点决定了空间数据的多语义性(崔铁军等，2007)。对于同一个空间数据单元，现实世界中其几何特征一致，但是却可以对应多种语义，如地理位置、海拔、土地利用类型、土壤类型和地质构造等自然地理特征。同时，也包括经济社会信息，如行政区划、人口、GDP等。不同GIS的侧重点有所不同，因而空间数据会存在语义差异，如土地GIS关注的是地类信息，而人口GIS关注的则是人口数量、人口分布等。

2. 空间数据的多尺度性

尺度是指研究某一物体或现象时所采用的空间或时间单位，又指某一现象或过程在空间和时间上所涉及的范围和发生的频率，还可指人们观察事物对象、模式或过程时所采用的窗口。在GIS领域，尺度是一个无法回避的问题(孙庆先等，2007)。对地理现象、过程及过程时空特征的认知通过地学空间数据来表达，使得空间数据具有空间维和时间维，而从尺度角度来描述，则对应着空间尺度和时间尺度。

空间数据的空间尺度通过比例尺来表达，如我国目前采用常用的基础地理数据尺度就有1∶1万、1∶2.5万、1∶5万、1∶10万、1∶25万、1∶50万和1∶100万等，不同比例尺代表着不同的数据精度。又如，随着遥感技术的发展，遥感影像的空间分辨率呈现出“金字塔”式的格局，从早期的NOAA/AVHRR数据的1.1km分辨率，到陆地资源卫星的79m、30m、15m，再到SPOT的2.5m、IKONOS的1m，以及目前商业化应用最多的Quick Bird影像0.61m。影像分辨率的提高，意味着对地表信息表达精度的提高。

空间数据的时间尺度通过时间间隔来表达，反映了数据表达的时间周期及数据形成周期的长短，如通过不同时期遥感影像获取的土地利用/土地覆盖(land use and land cover change，LUCC)数据。多时期的LUCC数据则是实现土地利用变化动态监测的基础条件。

通常，GIS空间数据源既有同一时间不同空间的数据系列，也有同一空间不同时间序列的数据系列。

3. 空间数据来源的多样化

空间数据的获取途径多种多样，既可以继承现有系统的空间数据，也可以通过遥感手段或者通过全站仪、GPS等工具实地野外测量，另外还有实地调查数据以及描述性文字、各种统计报表、与地理实体相关的属性信息等。

另外，数据来源的多样化还表现在数据载体的多样性，如传统的纸质地图、纸质表格、纸质文档等；存储在计算机硬盘或者移动存储器上的各种格式的电子数据。

4. 空间数据存储格式的多样性

空间数据由两大部分构成，即记录空间位置的图形数据和表达对象特征的属性数据。按照数据结构分，图形数据又分为矢量结构数据和栅格结构数据，数据结构不同，对属性表达也不同(李晓军等，2006)。矢量数据把属性数据存储在关系数据库之中，而栅格数据的属性则通过灰度值来刻画和描述。近年来，不同遥感和GIS软件的推出，由于很多软件都有自己的数据格式，数据存储格式的多样性导致了空间数据异构性的产生。

5. 空间数据地理参照系的多样性

空间数据存在于特定的空间位置上，不同的空间数据源往往具有不同的坐标系统和地图投影(崔铁军等，2007)。如国外提供的遥感影像通常是WGS84坐标系，而我国常用的地形图则是北京54或者西安80坐标系，利用GPS接收机采集的专题信息也是WGS84坐标系。由于空间数据属于不同地理参照系，给数据的使用带来诸多不便。由于地理参照系的多样性，GIS的空间数据集成和共享问题变得尤为突出。

2.1.3 多源空间数据集成的实现方法

空间数据、集成软件及集成规则是空间数据集成的三个必备条件(李晓军等，2006)。空间数据是集成的对象；软件是可以处理空间数据的通用或专题GIS软件，或是为空间数据集成专门设计的软件，它们可以实现集成的大多数操作；集成规则是空间数据集成的依据，也就是数据集成的基本要求。

从空间数据应用角度来看，本书的数据集成可简单理解为不同来源、不同性状的空间数据经过一系列数据处理之后能在相同GIS环境下分析使用。经过长期实践，总结出以下三种空间数据集成方法。

1. 数据格式转换法

空间数据格式转换就是通过专门的转换程序，把一种格式的空间数据转换成另一种格式的数据(陆守一，2004)，以实现空间数据集成。

目前，国内使用的GIS平台较多，既有国产的MAPGIS、SuperMap等，也有最具有代表性的美国环境科学研究所推出的ArcGIS系列软件，还有小巧灵活、使用方便的MapInfo软件等。GIS软件的多样性，造成数据结构和存储格式的不同，因为每个GIS软件商都设计了自己的数据格式，而谁也不愿意放弃自己最底层的设计。由于“数字地球”的提出和积极推进，空间数据共享也是大势所趋。为了应对这一必然趋势，一些GIS软件商提供了在自己的系统中实现对其他软件数据格式的直接访问功能，如Intergraph公司的GeoMedia系列软件和国产超图SuperMap软件。当然，尽管这些软件能够访问和查看其他软件格式的数据，但并不能进一步编辑分析，如果需要编辑处理和分析必须转换为自己的数据格式。

由于软件平台的多样化，不同软件都有不同的数据格式，就造成了数据格式的多样化。目前最常用的矢量数据格式有AutoCAD的DWG、ArcGIS的SHP和Coverage、MapInfo的TAB、Microstation的DGN等。

目前，大多数GIS软件提供了交换数据格式，以及实现数据转换的功能模块。如ESRI公司为ArcGIS提供了交换格式E00。同时，ESRI和SAFE软件公司联合开发了旨在解决不同数据格式问题的互操作模块ArcGIS Data Interoperability，它提供了数据直接读取、数据转换和数据输出的功能。MapInfo软件提供了数据交换格式MIF，同时提供了具有数据转换功能的“通用转换器”。AutoCAD提供了交换格式DXF，便于与外界进行数据转换。国产MAPGIS软件也提供了“文件转换”模块。

对于GIS用户来讲，首先根据系统平台，确定自己分析应用需要的标准数据格式，然后利用转换工具将其他数据转为标准数据格式。

在实际操作中，有的软件数据格式可以相互间直接转换，而有时往往需要进行2～3次的转换。例如，要想将MAPINFO的TAB文件转为ArcGIS的SHP文件，首先要将TAB转为MIF交换格式，然后再用ArcGIS的数据转换模块，将MIF转为SHP文件。图2-1描述了基于数据格式转换的多源空间数据集成模式。

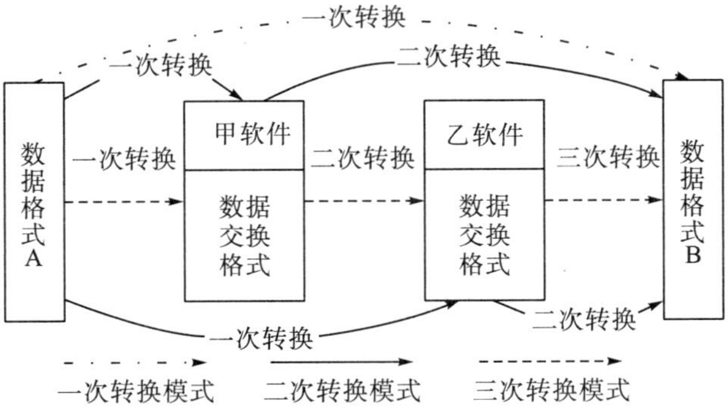

图2-1　基于数据格式转换的多源空间数据集成模式(据陆守一修改，2004)

前面主要阐述了矢量数据的格式转换模式，其基本原理对栅格数据转换仍适用。例如，ERDAS软件自身的图像数据格式是IMG，为了实现数据交换，它提供了数据导入和导出模块(Import/Export)，可以将外界的TIF图像以及ArcGIS的GRID数据转为自身的IMG格式图像，也可以将自身的IMG图像转出为应用者需要的图像格式。

2. 坐标系转换与投影变换法

1)地理坐标系和投影坐标系

坐标系是GIS地学应用的数学基础。地理坐标系和投影坐标系是GIS应用经常用到的两个概念，也是极易混淆的两个概念。简单地说，地理坐标系是直接以地理空间实体的经度和纬度表达空间位置的坐标系，它是球面坐标系统，目前常说的北京54坐标系、西安80坐标系和WGS84坐标系就是地理坐标系(施斌等，2006)。投影坐标系统，实质上是平面坐标系，其地图单位通常为米，如经常用到的高斯－克吕格投影(简称高斯投影)坐标系。

要真正理解地理坐标系和投影坐标系，需要明确以下几个关键问题，这也是GIS空间数据集成中必须明确的问题。

(1)地理坐标系和投影坐标系的建立过程。地理坐标系与投影坐标系的密切关系，可以简明地表达为：投影坐标系＝地理坐标系＋投影过程。由此可见，地理坐标系是投影坐标系的基础，只有确定了空间实体的地理坐标才能进行地图的投影坐标转化。要得到投影坐标，就必须有一个需要投影的地理坐标(即球面坐标)，然后才能使用投影算法去投影。图2-2描述了地理坐标系和投影坐标系的建立过程。成熟的GIS软件如ArcGIS、SuperMap，可提供目前广泛使用的坐标系的定义功能，一般用户无需要进行坐标系定义。对于软件没有定义的坐标系，用户可自行定义。

(2)中国 GIS 应用中常用坐标系。目前，在 GIS 应用中涉及的地理坐标系主要有北京 54、西安 80 和 WGS84 三种坐标系；投影坐标系主要有高斯投影、通用横轴墨卡托投影(universal transverse Mercator，UTM 投影)和双标准纬线正轴等角圆锥投影(Albers 投影)坐标系。中国基本比例尺地形图(1∶5000，1∶1万，1∶2.5 万，1∶5万，1∶10 万，1∶25 万，1∶50 万，1∶100 万)中，大于等于 50 万的均采用北京 54 或西安 80 地理坐标系、高斯投影坐标系；中国新编 1∶100 万地图则采用 Albers 投影坐标系；目前国内用户使用的国外卫星影像数据(如 IKONOS、Quick Bird)则采用 WGS84 地理坐标系、UTM 投影坐标系。要实现不同地理坐标系和投影坐标系空间数据的集成，需要注意区分以下几个概念。

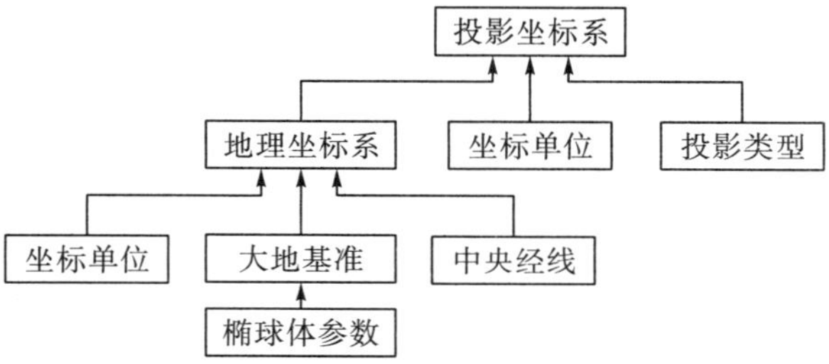

图 2-2　定义地理坐标系和投影坐标系的内容与流程(据施斌等修改，2006)

①高斯投影、UTM 投影和 Albers 投影的区别与联系。高斯与 UTM 投影都是横轴墨卡托投影(transverse mercator)的变种(邬伦等，2001)。从投影几何方式看，高斯投影是等角横切圆柱投影，投影后中央经线保持长度不变，即比例系数为 1，其他地方都有变形，离中央子午线越远变形越大，且变形均为正值。UTM 投影是等角横轴割圆柱投影，圆柱割地球于 80°S 和 84°N 两条等高圈，投影后两条割线上没有变形，离开这两条割线越远则变形越大，两条割线以内长度变形为负值，以外则为正值。由于中央经线上长度比 0.9996，使整个投影带的平均长度减少了万分之四，因而整个投影带的长度变形都小于千分之一。世界上约有 100 个国家和地区采用 UTM 投影。在 ArcGIS9.x 版本软件中，提供了我国基础地理数据处理所需要的北京 54 和西安 80 地理坐标系参数信息，以及高斯投影坐标系参数信息。

Albers 投影主要用于我国 1∶100 万及小于 1∶100 万比例尺的地图(蔡孟裔等，2000)，它实质上是正圆锥投影。目前，全国范围内采用统一的中央经线和双标准纬线，中央经线为 105°，第一标准纬线为 25°N，第二标准纬线为 47°N，坐标原点为(105°，0°)。尽管 ArcGIS9.x 版本软件没有直接提供适合于我国的 Albers 投影参数，但是用户可以自己设定，图 2-3 为 ArcGIS 中自定义 Albers 投影坐标系统界面。

②高斯投影和 UTM 投影的分带。按一定经差将地球椭球面划分成若干投影带，这是高斯投影中限制长度变形的最有效方法。通常按经差 6°或 3°分带。6°分带自 0°子午线起每隔经差 6°自西向东分带，带号依次编为第 1、2、…、60 带。3°分带是在 6°分带的基础上进行，它的中央子午线与 6°分带的中央子午线和分带子午线重合，即自 1.5°子午线起每隔经差 3°自西向东分带，带号依次编为 3°分带第 1、2、…、120 带。图 2-4 反映了

6°投影带和3°投影带划分及中央经线、带号相互之间的关系(邬伦等，2001)。我国规定1：2.5万、1：5万、1：10万、1：25万、1：50万基本比例尺地形图，采用高斯投影6°分带；1：1万则采用高斯投影3°分带。

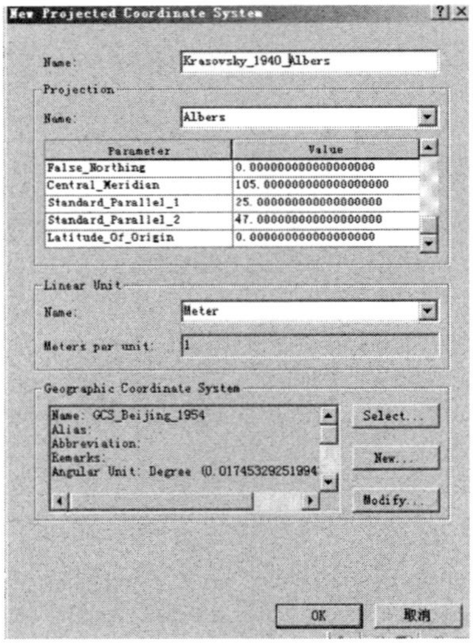

图2-3　ArcGIS中自定义Albers投影坐标系统

在高斯投影上，规定以中央经线为X轴，赤道为Y轴，两轴的交点为坐标原点。X坐标值在赤道以北为正，以南为负；Y坐标值在中央经线以东为正，以西为负。我国在北半球，X坐标皆为正值。Y坐标在中央经线以西为负值，运用起来很不方便。为了避免Y坐标出现负值，将各带的坐标纵轴西移500km，即将所有Y值都加500km。图2-5为高斯投影坐标系的坐标轴偏移示意图。

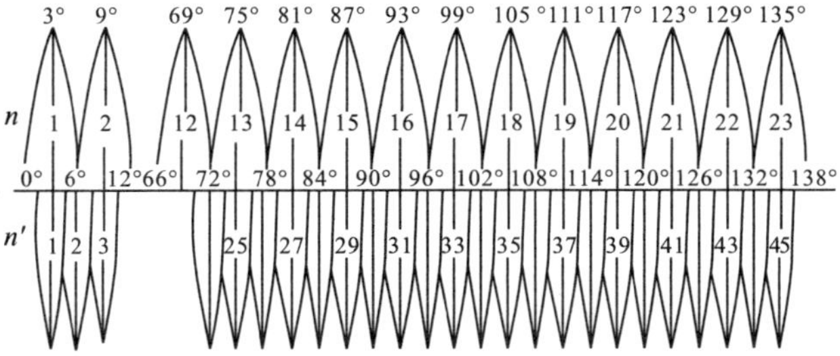

图2-4　6°和3°投影带划分及中央经线、带号之间的关系

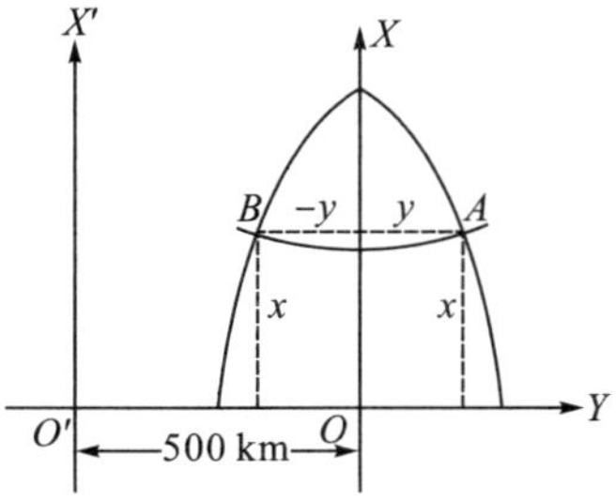

图2-5　高斯投影坐标系坐标轴偏移

UTM投影分带方法与高斯投影相似，只是两者分带起点不同，高斯投影自0°子午线起每隔经差6°自西向东分带，第1带的中央经度为3°；UTM投影自180°W起每隔经差6°自西向东分带，第1带的中央经度为−177°，因此高斯投影的第1带是UTM投影的第31带。此外，两投影的东偏移都是500km，高斯北偏移为零，UTM北半球投影北偏移为零，南半球则为10000km。

由于采用了分带方法，各带的投影完全相同，某一坐标值(x，y)，在每一投影带中均有一个，在全球则有60或者120个同样的坐标值，不能确切表示该点的位置。因此，通常在横轴坐标前冠以带号标识，如坐标点(6231818m，18655913m)，其中横轴坐标值

“18655913”前面的“18”表示投影带号。

以上对地理坐标系和投影坐标系相关理论的分析，是解决多源空间数据集成中坐标系问题的理论基础。

2)空间数据坐标系转换和投影变换模式

多源化的空间数据具有多元化的坐标系。尽管一些 GIS 软件(如 ArcGIS)支持动态投影功能，可将不同地理坐标系和投影坐标系数据显示在一起，但并没有真正实现坐标系转换和投影变换，不能进行空间叠加分析等。为了确保多源空间数据能够在统一的坐标系下进行空间分析，必须对空间数据进行坐标系转换和投影变换。投影变换主要解决地理坐标到平面坐标转换的问题(陆守一，2004)；坐标系转换主要解决 GIS 中数据平面坐标系不一致问题。

(1)投影直接变换和坐标系直接转换。这里直接操作的前提是，空间数据的原始地理坐标系是一致的。比如说，某研究区的土壤数据、土地利用数据、基础地理数据，它们的原始地理坐标系都是北京 54 坐标系，而土壤数据还没有经过投影变换，仍然以经纬度坐标表示，而土地利用数据是 Albers 投影坐标系，基础地理数据是高斯投影坐标系。在这种情况下以高斯投影坐标系作为坐标系基准，将土壤数据直接通过投影变换从经纬度坐标变换为高斯投影坐标，将土地利用数据从 Albers 投影坐标系直接转换到高斯投影坐标系。

目前，ArcGIS 以及 MAPGIS 都提供了投影直接变换和坐标系直接转换功能。解决这类问题的关键是使用者一方面必须能正确判定数据源的投影方式及投影参数，另一方面清楚选择何种投影和参数。在从事 GIS 应用研究的工作人员中，大多数是非测绘专业出身，地图投影方面的知识相对来说比较缺乏，因此必须加强对坐标系的认识。

(2)不同地理坐标系之间的投影变换和坐标系转换。这里的不同地理坐标系主要指常用的北京 54、西安 80 和 WGS84(地理)坐标系。目前，GPS 使用的基本都是 WGS84 坐标系，而我国使用的资料大部分都属于北京 54 坐标系或西安 80 坐标系。于是就出现了三个地理坐标系数据相互转换的问题。

三个地理坐标系采用了三种不同的大地基准面和参考椭球体，因而三种坐标系下，同一个点的坐标是不同的。由于三个坐标系之间的转换参数至今未公开，因此三者之间没有现成的公式来完成转换。坐标之间的转换，必须求出两个坐标系(如北京 54 和西安 80 坐标系)之间的转换参数。两坐标系之间的常用转换方法有七参数法、五参数法和三参数法(吴信才，2004)。但是参数法都需要获得北京 54 和西安 80 坐标系相对应点的坐标对，这是测绘保密数据，非测绘人员要获取非常困难。关于三个坐标系的转换，已有很多人进行过探讨(王解先等，2003；廖邦固等，2004；张龙其等，2005；乔连军等，2006)，在此不再赘述。

这里需要特别指出的是，某些软件中的预定义坐标系可能对用户产生误导。如 ArcGIS 软件中的“Beijing 1954”和“Xian 1980”，并不能真正实现 1954 坐标系和 1980 坐标系之间的转换。实验证实，用这个工具箱进行北京 54 和西安 80 坐标系内部的坐标转换和投影变换是可以的，但是要实现北京 54 和西安 80 坐标系之间的转换是不行的。

目前，不同地理坐标系的空间数据要实现投影变换和坐标转换是 GIS 应用中较为困难的一件事情。

(3)空间数据投影分带产生的问题及解决方案。从投影分带的基本原理不难想象，投影分带会产生以下问题：

①同一个研究区出现6°和3°两种分带数据的问题。比如某一研究区，地形数据是北京54坐标系1∶1万比例尺3°分带，而土地利用数据则是北京54坐标系1∶5万比例尺6°分带。这种情况，只要数据源的地理坐标系一致(都是北京54坐标系或都是西安80坐标系)，则直接以现有GIS软件的投影变换工具进行数据归一化处理，将数据统一到相同的投影分带。

②空间数据具有投影坐标带号标识的问题。同一研究区，对于高斯投影与UTM投影坐标系的空间数据，有的标识了数据所在投影带的带号，有的没有标识。尽管在ArcGIS动态投影功能的支持下也能够查询显示，但在作空间叠置分析时，数据间并不能叠合在一起。对于这种情况，首先就要确定研究区数据是否都需要保留投影带号标识。标准确定后，将其他数据都以此标准进行规一化处理，以确保数据的一致性。

关于去除与保留空间数据投影带号的操作，ArcGIS的坐标系统提供了功能支持。例如：在ArcGIS的Coordinate Systems \ Projected Coordinate Systems \ Gauss Kruger \ Beijing 1954目录中，可以看到四种不同投影方式：

◇Beijing 1954 GK Zone 18；

◇Beijing 1954 GK Zone 18N；

◇Beijing 1954 3 Degree GK Zone 34；

◇Beijing 1954 3 Degree GK CM 102E。

它们代表如下四种含义：

◇北京54坐标系6°分带投影，分带号为18，横坐标前加带号；

◇北京54坐标系6°分带投影，分带号为18，横坐标前不加带号；

◇北京54坐标系3°分带投影，分带号为34，横坐标前加带号；

◇北京54坐标系3°分带投影，分带号为34，横坐标前不加带号。

在进行数据转换时，根据实际需要选择不同的投影方式，即可实现数据集成。

③跨带问题。由于高斯投影的经线是向本带投影中央经线收敛的，过每个点的经线方向和坐标线构成一定的夹角，这个夹角随纬度和经差的不同而变化，如图2-6(a)所示，经线与坐标轴线的夹角随纬度增大而增加(祝国瑞，2001)。当处于相邻两带的相邻图幅拼接使用时，两图图面上绘出的直角坐标网就不能统一相接，而形成一个折角，如图2-6(b)所示，这就给拼接地图带来不便。例如，想量算位于相邻两带的A、B两点的距离和方位，在坐标系不统一的时候就不可能。为解决相邻带图幅拼接的问题，地形图制图就规定了在一定范围内把邻带的坐标延伸到本带的图幅上，这就使某些图幅上有两个公里网系统，一个是本带的，一个是邻带的。

采用高斯分带投影的地形图，跨带问题要引起高度重视，比如某县地理位置位于101°56′～102°34′E，那么这个县内的高斯投影6°分带地形图，有些图幅位于17带，有些图幅位于18带。为了解决跨带问题，可以采用以下三种方法处理：

第1种，如果数据都是投影坐标系，可将数据成果统一变换到地理坐标系下，以经纬度坐标方式存储。

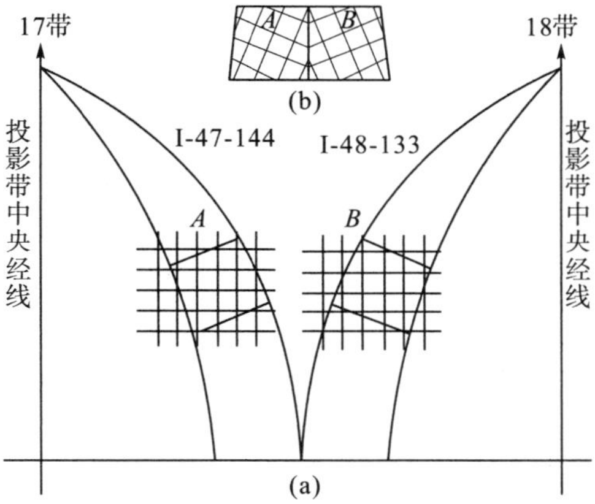

图 2-6　邻带公里网示意图(据祝国瑞，2001)

第 2 种，如果必须使用投影坐标系，则考虑以一个投影带为标准，将其他投影带数据转换到同一个带。就高斯投影而言，越靠近中央经线，变形越小，而跨带投影是将邻带中央经线作为自己的中央经线，因此会导致变形量增大(施斌等，2006)。这种方法适合于一个研究区大部分面积位于一个投影带内，而一小部分位于另一个投影带内，将面积较小的那部分所在投影带转换到面积较大的投影带中。利用地形图提供的邻带坐标，可用邻带坐标为依据进行校正。而对已经有坐标系和投影的数据，则直接就通过投影转换实现。

第 3 种，将所有数据转换到没有分带的投影坐标系下，如 Albers 投影坐标系。前一种方法适合面积较小的研究区跨带问题处理，而对于面积较大的研究区，此方法变形较大。比如，就高斯投影 6°分带而言，四川跨越了 17、18 和 19 带。如果将 17 和 19 带数据统一到 18 带势必造成这两个带的数据变形特别大，如果将三个带的数据统一转换到 Albers 投影坐标系下，则能很好地解决变形问题。

3. 几何校正法

1)几何校正在空间数据集成中的作用

几何校正主要针对没有坐标和投影信息的数据而言。前面介绍的数据格式转换法、坐标系转换和投影变换法实现多源空间数据的集成，主要是针对矢量结构的数据。而在 GIS 中，还有一类重要的数据源-栅格结构的数据，如数字遥感影像、扫描的数字地形图等。

几何校正对数字图像处理的作用体现在以下几个方面：

(1)几何校正的方法可以消除数字地图的几何畸变，并实现地图坐标配准。由于纸质模拟地图的成图时间、保存方式以及图纸扫描过程中的人工操作和扫描仪的影响，扫描数字栅格地图会发生几何畸变，必须经过几何校正才能使用。扫描后的数字地图只有扫描坐标，而且相对独立，造成实际地理位置存在邻近关系的地图不能以正确位置显示。数字地图上本身标识了真实坐标，如高斯投影坐标，为了能够从数字地图上量测坐标，需进行坐标配准。将数字地图扫描坐标转换为高斯投影坐标，使得数字地图具有坐标可量测性。只有经过几何校正和坐标配准的数字地图才具有地理意义，在此基础上采集的矢量数据才具有坐标，才能更好地描述地理空间对象，校正和配准的精度直接影响到数据采集精度。

(2)几何校正的方法可以消除遥感影像的几何畸变，并实现影像坐标配准。遥感影像在成像过程中受内外多因素综合的影响，存在的几何畸变带来的误差，这类误差必须进行几何校正解决。而且，目前国外商业卫星影像公司提供的影像是WGS84的UTM投影坐标系，无法和国内目前常用的北京54或者西安80的高斯投影坐标系集成使用，必须以已进行过几何校正和坐标配准的地形图为参照进行遥感影像的坐标配准。遥感影像的正射校正，则是在几何校正的基础上，加入数字高程模型(digital elevation model, DEM)来完成。

(3)几何校正法是实现多源遥感影像配准的基本方法。通常，遥感影像也表现出多源性，如同一地区不同时相的影像，同一地区不同传感器的影像。这些多源影像要综合起来使用，比如动态监测分析，必须将影像进行相互配准，以确保空间位置上的一致性。影像之间的配准一般有两种方式(孙家抦，2003)：一是影像间的相对配准，即以多源数据中的一幅影像为参考，其它影像与之配准，其坐标系是任意的；二是绝对配准，即以某个地图坐标系为准，将多源影像变换到这个坐标系，实现坐标系的统一。图像配准实质也是几何校正，其关键是多源影像间同名地物点的精确选取。

(4)几何校正对于数字图像镶嵌具有重要意义。数字地图和遥感数字影像统称为数字图像。当感兴趣的研究区域分布在不同的图像文件时，需要将这些文件合在一起形成一幅完整的包含研究区域的图像，这就是图像的镶嵌(孙家抦，2003)。通过镶嵌处理，可以获得更大范围的图像。镶嵌的关键点在于：一是如何在几何位置上将多幅不同的图像连接在一起。解决几何连接的实质仍是几何校正，按照几何校正原理将所有参与镶嵌的图像校正到统一的坐标系中，并去掉重叠部分将多幅影像拼接起来形成一幅更大的影像；二是如何保证拼接后的图像反差一致、色调相近，没有明显的接缝。

2)几何校正的实现过程

(1)确定数学模型。几何精校正的模型有多种，其中应用最广泛的是多项式变换(polynomial)模型(刘志丽等，2001；赵英时，2003)。多项式模型回避成像的空间几何过程，直接利用控制点改正原始图像的几何变形，产生一幅符合要求的新图像。它不考虑畸变误差形成的具体原因，而将这些畸变和误差看成一个整体，然后利用若干个控制点数据确立一个模拟图像几何畸变的数学模型，以此来建立原畸变图像(待校正图像)空间与标准图像(参考图像)之间映射变换函数，再根据这种变换函数将待校正图像空间的全部像元变换到标准空间中，实现图像的校正。多项式变换模型的数学表达式为：

$$x = \sum_{i=0}^{N}\sum_{j=0}^{N-i} a_{ij} X^i Y^j y = \sum_{i=0}^{N}\sum_{j=0}^{N-i} b_{ij} X^i Y^j \tag{2-1}$$

式中，(x, y)是待校正图像上像元的坐标；(X, Y)是参考点坐标，从参考点来源讲，它可以人工手动输入，也可以从标准图像上自动获取，坐标单位既可以是经纬度，也可以是投影坐标系的坐标；a_{ij}和b_{ij}为多项式系数；N为多项式次数，N的选取，取决于图像变形的程度及地形位移的大小等因素。

(2)选取控制点。选取控制点，即在原始图像空间与标准空间寻找控制点对。要选取容易识别的点作为控制点，控制点分布要均匀。通常，最少控制点数不少于$[(N+1)\times(N+2)]/2$。控制点选定后，需要进行精度控制，通过查看控制点X和Y方向残差以及总均方差(root mean square，RMS)，删除精度不满足要求的点，并重新选取替代点。

针对不同的处理对象，控制点选择的方法和原则略有不同。比如，对地形图进行几何校正，需要从高斯投影公里网交叉点读取坐标并人工输入到计算机作为控制点；而对于遥感影像的几何校正，通常从已经作过几何校正和坐标配准的地形图上选点；对于高空间分辨率遥感影像的几何校正，在条件允许的情况下，应该尽量利用GPS到实地对同名地物点测算坐标，作为几何校正控制点。

(3)对图像进行重采样，完成几何校正。数字地图几何校正后，各个像元的正确位置确定了。但由于几何校正前后，像元的位置不是一一对应的，这就要求确定校正前后各个像元灰度值之间的关系，从而确定几何校正后图像像元灰度值，即像元灰度值重采样。

常用重采样方法有：最近邻法、双线性内插法和三次卷积内插法(梅安新等，2001；戴昌达等，2004)。综合三种方法的优缺点，既考虑计算机的运算能力，又要确保图像灰度的连续性校正的精度。数字图像几何校正时，一般采用双线性内插法重采样像元灰度值。

2.2 高精度DEM构建

2.2.1 DEM概述

DEM起源于DTM。DTM是地表属性信息的数字表达，是带有空间位置特征和地形属性特征的数字描述。当DTM地形属性为高程时称为数字高程模型DEM(陆守一，2004)。从模拟的纸质地形图到数字化的DEM，不仅实现了表达方式和存储介质的改变，而且是人类对地形认识的一次质的飞跃。从测绘的角度来看，DEM是新一代地形图，它实现了地形从二维平面表达向三维立体表达的转变。

DEM模型大体上分为三种：等高线模型(contour)、不规则三角网(triangulated irregular network，TIN)模型和规则格网(grid)模型(李志林，2003)。

等高线是通过对地球表面进行一系列不同高程水平切割后，切割面和地球表面产生的一系列交线。每条等高线是带有高程属性的弧段，如图2-7所示。

TIN模型(图2-8)把不规则分布的空间离散点，按优化组合成三角形面来逼近地形表面。该模型是一种三维空间的分段线型模型，其数据格式在概念上类似二维数据结构中拓扑结构的矢量数据结构，只是TIN模型中不定义岛和洞的拓扑关系。

规则格网模型的构建方法是：用数学手段将研究区进行网格划分，把连续的地理空间离散为互不覆盖的网格，然后通过曲面拟合方法求得栅格单元的高程值。空间对象的格网划分，简化了对象的空间变化描述，同时也使得空间关系(邻接、方向、距离等)变得明确，可以快速进行逻辑运算和叠置运算。目前，规则格网模型已经成为DEM的通用形式，它所表示的地形如图2-9所示。

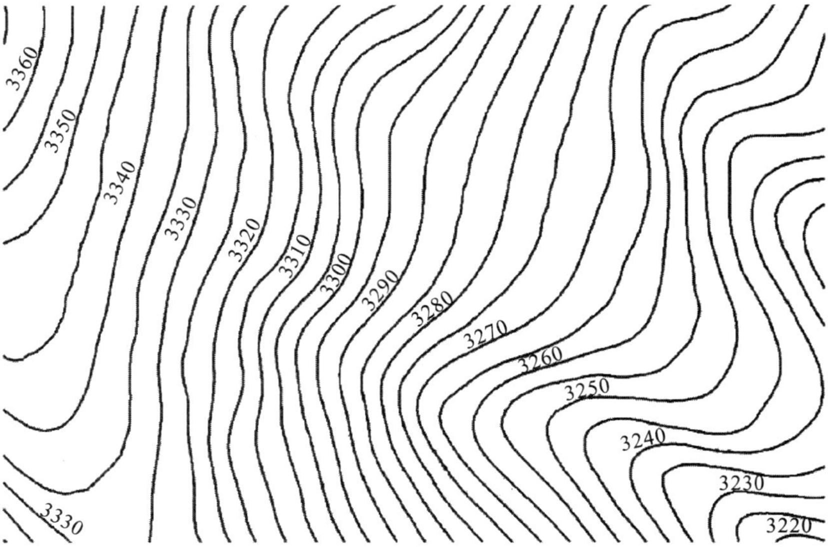

图 2-7　等高线模型

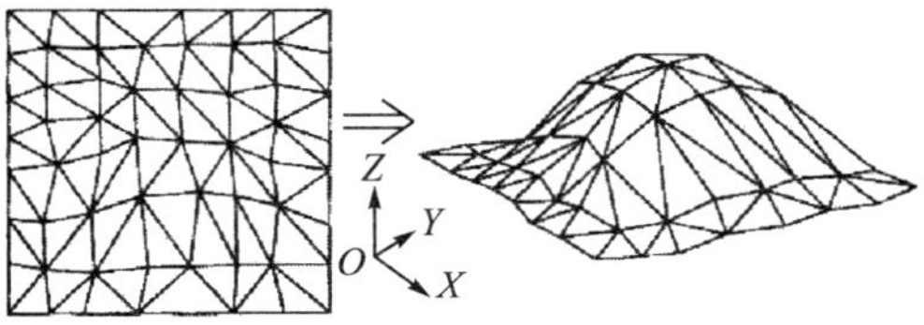

图 2-8　不规则三角网模型(据汤国安，2005)

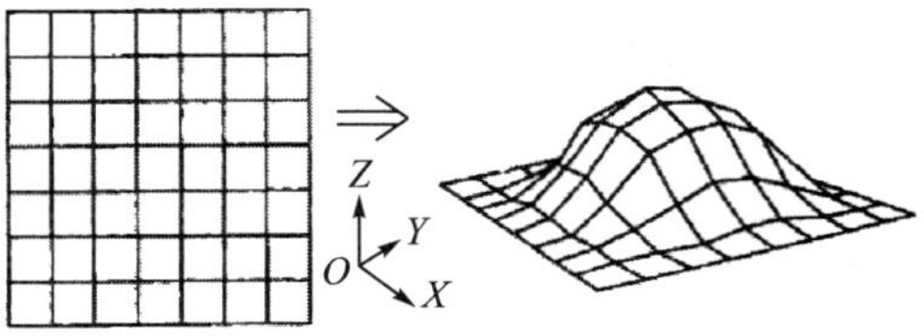

图 2-9　规则格网模型(据汤国安，2005)

对于格网 DEM 模型的格网单元数值的理解，一般有两种观点(汤国安，2005)：一是格网栅格观点，认为该格网单元的数值是其中所有点的高程值，即格网单元内部高程是相同的，这种 DEM 表达的是一个不连续的表面；二是点栅格观点，认为格网单元的数值是网格中心点的高程值，此时的 DEM 是连续的，DEM 上任意点高程要通过内插确定。目前的 GIS 软件得到的格网 DEM 都是格网栅格单元。

DEM 的各种模型有着各自的优缺点，适合于不同的场合和应用目的。等高线形象直观、容易表达地表特性的变化规律，但不利于空间分析。TIN 模型最主要的优点就是分辨率可变，当表面粗糙或变化剧烈时，TIN 能包含大量的数据点，当地表变化平缓时，包含的数据点较少，这样既克服了数据冗余问题，又使得 TIN 对表达地表形态的效率和精度都较高，但 TIN 模型要实现空间建模很难。格网 DEM 的优点在于其数据结构简单，便于空间操作和存储，尤其适合 GIS 的空间分析；其缺点数据存储量大，对于复杂地形地貌，难以确定合适的网格大小，在地形简单地区容易产生数据冗余。在地形复杂地区，又难以精确表达微地貌特征(如山峰、洼坑、陡崖等)。

目前，获取 DEM 的方法和途径主要有四种：全数字野外测量、数字摄影测量和遥感方法、现有地形图数字化、既有 DEM 数据继承等(王新，2001)。用户可根据实际需求，充分考虑实际条件，选择合理的技术和方法来获取 DEM 数据。

DEM 是 GIS 地理数据库中最重要的基础数据，是 GIS 空间分析基础之基础，对于

GIS 应用之重要性不言而喻。很多地学模型都要用到 DEM。如土木工程中的土方计算、水库库容计算以及洪水淹没分析。在没有使用 DEM 数据之前，这些计算工作效率很低，精度不高。DEM 的应用，能显著提高计算的精度和效率。利用 DEM 数据进行遥感影像正射校正，可以减弱或者消除投影差的影响，这也是 DEM 的重要应用。

2.2.2 最优 DEM 生产方法的实验

1. Hutchinson 算法

从建模过程讲，格网 DEM 的建立，分直接建立和间接建立两种方法。直接建立即直接利用原始数据建立，间接建立即从原始数据到 TIN 再到格网 DEM。关于两种方式的优缺点，杨勤科等(2006a、b)已经进行过比较研究，他们基于 TIN 构建格网 DEM 的方法以及 Hutchinson(1988；1989；1991；1993；1996)提出的 ANUDEM 方法，分别建立格网，并对 DEM 表现地表形态和起伏的能力进行了对比研究。结果表明，基于 TIN 建立的 DEM 存在一些平顶现象，一些较小的侵蚀沟被忽略，其上提取的河流不完全连续，多处出现多重线条河流，因而不能如实地反映地形起伏的细部特征。而基于 ANUDEM 建立的格网 DEM，其回放等高线的形状与原始等高线能够较好吻合，较好地表现了地形的形态和起伏，对地形和坡度的反映更加连续和光滑，其上提取的河流信息基本与地形图上的河流一致。这表明，使用 ANUDEM 直接生成格网 DEM 的精度高于先经 TIN 再到格网 DEM 的精度。因此，本研究不再探讨由地形数据先生成 TIN 再到格网 DEM 的生成方法，而是探讨由地形数据直接生产格网 DEM 的最优方法。

对于 GIS 应用人员来讲，重点并不在于要做出多少计算 DEM 的算法，而是怎样把既有 GIS 软件用活用好，最大限度地挖掘软件自身的功能，为地学分析服务。因此本书不作算法研究，只探讨基于现有软件来生产高精度 DEM 的方法。目前很多 GIS、遥感软件都支持 DEM 的构建，如早期版本的 ArcView GIS 3. x 以及 ERDAS 和 ENVI 等。但是这些软件生产的 DEM，哪个精度最高，目前还没有人做过比较。

澳大利亚国立大学 Hutchinson(1988；1989；1991；1993；1996)提出了一种很好的格网 DEM 算法(通常称为 Hutchinson 算法)，并已经将其实现为软件－ANUDEM (Hutchinson，2004)。ANUDEM 在国外应用较广泛。ANUDEM 软件利用等高线、高程点、河流、湖泊和边界线等地形线，通过插值生成格网 DEM。目前，已经有少数人将软件引入到国内使用(杨勤科，2006a、b、c、d；张彩霞，2005、2006；师维娟，2007)，并取得了一些重要认识。但是该软件操作比较繁琐，需要进行比较复杂的参数设置(师维娟，2007)，并且该软件并不像 ArcGIS 等 GIS 软件那样普及，一般用户不容易获取。好在目前 ANUDEM 的算法已经嵌入到 ArcGIS 9. x 版本中(杨勤科，2006b；张彩霞，2006)，这样就克服了 ANUDEM 软件的繁琐操作。但是关于该算法在 ArcGIS 9. x 版本中的具体应用，目前还没有详细报道，因此本部分重点探讨在 ArcGIS 平台中基于 Hutchinson 算法生产高精度格网 DEM 的方法。

目前，ArcGIS 提供了多种操作界面方式，既方便了习惯于 DOS 操作的老用户，又充分照顾了习惯于Windows操作系统的新用户。图2-10和图2-11分别是Hutchinson算法在ArcGIS的Workstation平台下和Desktop平台下的操作界面。

在DOS操作环境中，进入ARC工作空间，输入“Topogridtool”命令可以直接进入图2-10的界面；而在Windows操作系统中，直接进入Arc toolbox的“Topo to Raster”的操作(图2-11)。两种操作都能实现相同的功能。这两种生成格网DEM方法的最大优势在于，插值的数据源，不只是等高线(contour)、高程点(point)，还可以充分考虑实际地形特征如河流(stream)、湖泊(lake)、下沉点(sink)对插值的影响；另外，还可以充分考虑生成DEM区域的不规则性，在插值的时候加入区域边界线Boundary(如某县的行政界线)，得到本区域完整的DEM，并能保证边缘部分插值正确不变形。在图2-10中的“Input Data Type”选项中可以选择Contour、Point、Stream、Lake、Sink和Boundary作为DEM插值运算的数据来源；在图2-11中的“Feature layer”的“Type”下拉菜单中仍然可以看到Contour、Point、Stream、Lake、Sink和Boundary几个选项。

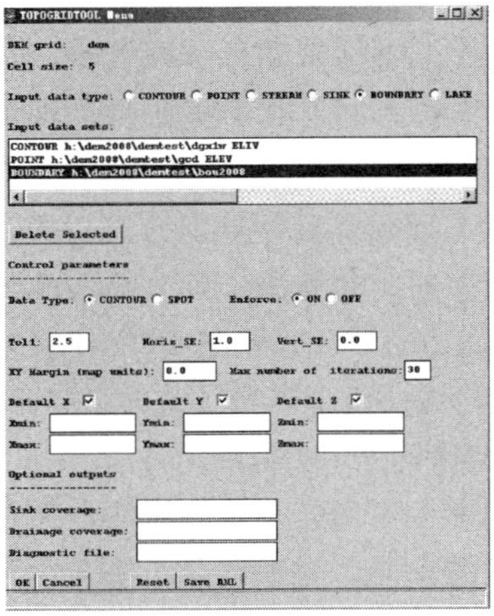

图2-10　Workstation平台下生产格网DEM

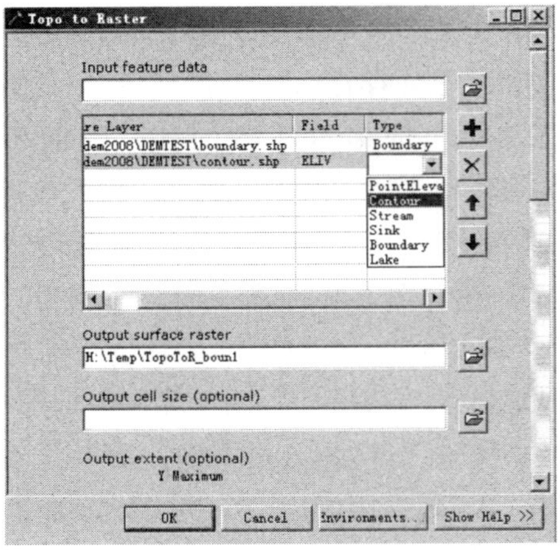

图2-11　Desktop平台下生产格网DEM

目前，许多遥感与GIS软件生成DEM，通常只能单独通过高程点或者等高线得到，并不能将两者结合起来插值得到更高精度的DEM，更不能考虑湖泊、河流等特征地形线以及行政区界线(或某一工作区边界)对插值的影响。图2-12是在ENVI4.4软件的“Convert Contours to DEM”模块中利用等高线生成的黄河上游某拟建水电站研究区格网DEM；图2-13是在ArcGIS软件的Workstation平台下Topogridtool模块中利用等高线和工作区边框线生成的格网DEM。图2-12中的DEM由于没边界线的限制，研究区周边插值出现错误。通常的GIS地学分析，都是以某一个特定区域进行，如县级行政区、河流流域等，这些范围都是不规则的，在生成DEM的时候，必须用特定界线加以约束，否则在区域边缘部分插值不准确，变形很大，影响实际应用的精度。

2. Hutchinson算法生产DEM的精度评价

采用对比法评价Hutchinson算法移植到ArcGIS后生成DEM的精度。在ArcGIS的Workstation平台下Topogridtool模块中和其他具有DEM生成功能的遥感、GIS软件中，利用研究区 1∶1 万等高线，都生成 5m 分辨率的格网 DEM。通过两两对比分析，确定谁的精度最高。实验方案设计如下：

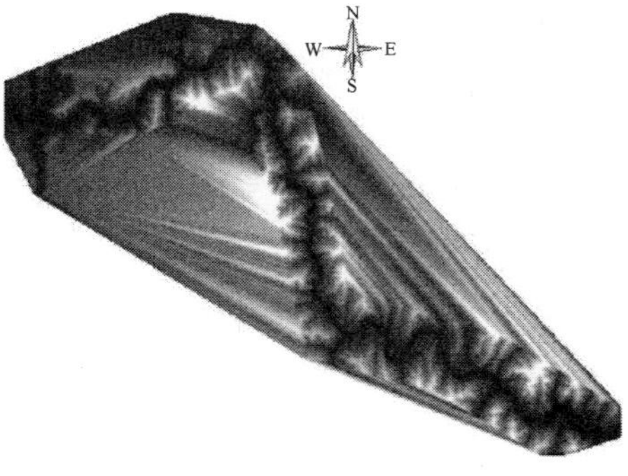

图 2-12　ENVI 软件生成的 DEM

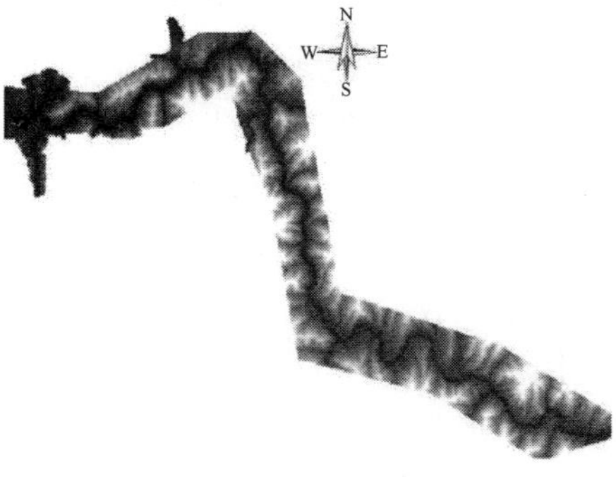

图 2-13　ArcGIS 软件生成的 DEM

(1)ArcGIS 的 Workstation 平台下，利用 Topogridtool 命令生成格网 DEM，简称 Topogridtool 法。

(2)ArcGIS 的 Desktop 平台下的 3D Analyst 模块，先利用 “Create TIN from Features” 将等高线生成 TIN，再利用 “Convert TIN to Raster” 将 TIN 转为格网 DEM (grid 格式)，此法简称 ArcGIS-3D 法。

(3)ArcView GIS 3.2 的 3D Analyst 模块，先利用 “Create TIN from Features” 将等高线生成 TIN，再利用 “Convert to Grid” 将 TIN 转为格网 DEM(grid 格式)，此法简称 ArcView 法。

(4)ERDAS 软件 “Surface” 模块生成格网 DEM，简称 ERDAS 法。

(5)ENVI4.4 软件 “Convert Contours to DEM” 模块生成格网 DEM，简称 ENVI 法。

在相同的计算机环境(8 核 CPU、4G 全缓冲内存的图形工作站)，利用上述五种方法，利用研究区 1∶1 万等高线，分别生成 5m 分辨率的格网 DEM。5 种不同格网 DEM 生产方法，运行时间差别很大(表 2-1)。

表 2-1　不同格网 DEM 生产方法运行时间对比

生产方法	Topogridtool	ArcGIS-3D	ArcView	ERDAS	ENVI
运算时间	38 分钟	3 分 30 秒	7 分钟	6 小时 15 分钟	17 分钟

尽可能如实反映地表的起伏及其结构特征，是对 DEM 的基本要求(杨勤科等，2006a)。只要它能够对真实地表很好地逼近表达，就可以认定它是一种好方法。为了评价五种 DEM 生产方法的精度，将各自生成的 DEM 分别生成彩色三维地势图，分析不同方法对地表形态的逼近程度，并利用各自生成的 DEM，进行等高线回放，将回放等高线和原始等高线叠合分析。详见彩图 1～彩图 6。

对照彩图 1 至彩图 6，不难发现五种方法生成的格网 DEM 精度是不一样的。从 DEM 派生的三维彩色地势图来看，Topogridtool 法对地表形态逼近程度最好，其余四种方法存在明显的平顶现象。ArcGIS-3D 法和 ArcView 法，本身就是先从地形数据到 TIN 再到 GRID，所以三维彩色地势图上的三角形痕迹非常明显；而从 ERDAS 法和 ENVI 法得到的三维彩色地势图上也有明显的三角形痕迹，因此可以推知这两种方法生产格网DEM的过程，实际上也是先由地形数据生成TIN然后再到GRID。而Topogridtool法直接由地形数据插值生成格网DEM，所以三维彩色地势图上看不到三角形痕迹。

DEM回放等高线与原始等高线的套合检查，是目前基于等高线生产DEM中质量检查的主要方法（汤国安等，2007）。从不同方法生产的格网DEM回放等高线来看，Topogridtool法和ERDAS法回放的等高线和原始等高线几乎与原等高线重合，偏差很小。ArcGIS-3D法、ArcView法偏差较大，ENVI法偏差最大。

通过上述比较，结合五种方法生产DEM的运算时间（表2-1）可以得到两个结论：

①利用ArcGIS的Topogridtool法生产的格网DEM精度最高。

②利用地形数据先生成TIN再转成格网DEM的精度不如Topogridtool法直接由地形数据插值生成格网DEM的精度高。

因此，实验表明，利用ArcGIS软件Topogridtool法是生产格网DEM的最优方法。

2.2.3 最佳DEM分辨率的确定

DEM精度是指所建立的DEM对真实地表描述的准确程度（汤国安，2005）。那么，高精度DEM就可以理解为对真实地表模拟表达逼近效果最好的DEM，此时对应的DEM分辨率就是DEM最佳分辨率。换言之，DEM最佳分辨率就是格网DEM对地表模拟表达的逼近程度达到最优时的栅格单元大小的临界值。

理论上讲，DEM分辨率越高，即地面微分采样间隔越小，对地表模拟的逼近程度就越高，但是随着分辨率提高，DEM对计算机处理能力和数据存储空间的要求就越高。因此，选择既满足空间分析要求，又兼顾计算机处理能力和数据存储量的最佳DEM分辨率，是一个非常值得研究的问题。但长期以来，在确定DEM分辨率的问题上存在随意性与盲目性（汤国安，2003），其实质是没有把握好地学空间分析的尺度问题。尽管许多研究者在实际应用中得出了一些最佳DEM分辨率的结论，但我国地域辽阔，地形地貌差异明显，而其结论是否符合其他地区还不得而知。所以，在DEM地学应用分析中，应该根据具体应用目标，确定最佳的DEM分辨率。

综合国内外文献，目前确定最佳分辨率较常用的方法是坡度中误差法和公式法。

①坡度中误差法由Hutchinson（1996）提出，其基本原理（张彩霞，2006）是，首先以较大分辨率（即较低精度）建立格网DEM并计算该DEM的坡度中误差，然后将格网分辨率逐步对半递减，每递减一次，计算一次DEM坡度中误差，最后以DEM分辨率为横轴，坡度中误差为纵轴，做出坡度中误差随DEM分辨率变化的趋势图。坡度中误差越大，代表输出DEM包含地形信息量越多。如果从某个分辨率开始，坡度中误差趋于稳定，则该拐点所对应的分辨率即为最佳分辨率。坡度中误差是利用ANUDEM软件生成DEM时自动存储在计算机系统的运行记录log文件获取中（杨勤科，2006c）。张彩霞（2006）利用此法分析了黄土高原典型沟壑丘陵小流域1∶1万DEM，认为最佳分辨率为参与空间插值采样的等高线等高间距的1/2m。杨勤科（2006c）同样利用此法，用黄土丘陵区1∶25万和1∶1万地形图（等高距分别为100m和5m）插值生成DEM时最佳分辨率为

50m 和 2.5m，即为等高距的 1/2m。汤国安等(2003)的实验结论为：黄土高原1∶1万格网 DEM 最佳分辨率为 5m。

②公式法主要包括一些研究者(Weihua Zhang et al.，1994；Stephen J. et al.，1998；Yin Zhi-Yong et al.，1999；李军等，2003)提出的经验公式［式(2-2)］以及汤国安等(2005)通过实验回归分析得出的模拟方程(式 2-3)。

$$R=7.49+0.0006S-2.0\times10^{-9}S^2+2.9\times10^{-15}S^3 \tag{2-2}$$

式中，R 为 DEM 格网大小，S 为原始等高线数据比例尺的分母。

$$R=(\text{RMS }Et+0.022V-0.2415)/(0.0063V+0.0066) \tag{2-3}$$

式中，RMS Et 是栅格 DEM 的地形描述误差 Et 的均方差；V 是平均剖面曲率。

已知原始等高线的比例尺，根据式(2-2)可以得到 DEM 分辨率经验值，但作为通用公式，没有考虑地域差异性，其计算结果往往和实地情况有偏差；而要知道 RMS Et 和平均剖面曲率才能用式(2-3)确定 DEM 分辨率，这在实际应用中可操作性不强。

由于没有 ANUDEM 软件，无法通过计算坡度中误差的方法来确定最佳分辨率。因此，借鉴坡度中误差的思想，选取区域地形粗糙度 K、剖面线长度 SL 两个定量指标，综合分析确定黄河上游某拟建水电站研究区格网 DEM 的最佳分辨率。

1. 地形粗糙度

地形粗糙度用来刻画地表地势起伏的复杂程度，是地形曲面特征描述的宏观因子(周启鸣等，2006)。地形粗糙度 K 用地表的实际面积 S_{surface} 与其投影面积 $S_{\text{projection}}$ 的比值来表示，即

$$K=\frac{S_{\text{surface}}}{S_{\text{projection}}} \tag{2-4}$$

对某个特定区域，其地表表面积和投影面积都是一个确定值，所以该区域的真实地形粗糙度 K 值就是一个定值。DEM 是用来描述地表的数学模型，在获得某个区域的 DEM 之后，即可在 ArcGIS 软件的 3D Spatial 模块中自动计算区域表面积 S_{surface} 和区域表面的投影面积 $S_{\text{projection}}$，两者的比值就是区域地形粗糙度 K。特定区域的投影面积是定值，而不同分辨率的 DEM 对地表模拟的精度不一样，就造成利用 DEM 计算的区域表面面积 S_{surface} 随分辨率的改变而改变，所以粗糙度 K 实际上是 DEM 分辨率的函数。随着 DEM 分辨率的改变，K 值也随之改变。

利用前面的 ArcGIS 的 Topogridtool 法，选取研究区内一个矩形区域作为实验区，分别计算 1∶1万和 1∶5万 DEM 不同分辨率时的区域粗糙度 K 值。选取的实验区地貌类型丰富，有山地、平台和河流等。分辨率精度从 0.5m 开始，按照 1m、2m、4m、8m、16m、32m…成等比数列递减，每递减一次生成一个 DEM，直到不能生成为止。然后在 ArcGIS 的“3D Analyst”模块中自动计算实验区不同 DEM 分辨率时的投影面积和表面积，即可得到不同分辨率 DEM 时，实验区的地形粗糙度 K(表 2-2 和表 2-3)，并以 DEM 分辨率为横轴，地形粗糙度 K 为纵轴，制作地形粗糙度 K 随 DEM 分辨率的变化趋势图(图 2-14 和图 2-15)。

表 2-2 1∶1万不同分辨率 DEM 投影面积、表面积及粗糙度统计表

分辨率/m	二维平面投影面积/m^2	三维表面面积/m^2	粗糙度
0.5	10750514.40	13220331.23	1.230
1	10751658.76	13202150.80	1.228
2	10744676.58	13157499.93	1.225
4	10754063.95	13090881.40	1.217
8	10744448.00	12908227.02	1.201
16	10726144.00	12623848.43	1.177
32	10838015.99	12397300.43	1.144
64	10764288.00	11934116.78	1.109
128	10911744.00	11710280.26	1.073
256	10616832.00	11093584.39	1.045

表 2-3 1∶5万不同分辨率 DEM 投影面积、表面积及粗糙度统计表

分辨率/m	二维平面投影面积/m^2	三维表面面积/m^2	粗糙度
0.5	7327005.00	8531255.41	1.164
1	7327005.00	8528408.25	1.164
2	7326000.00	8519839.37	1.163
4	7332512.00	8516371.18	1.162
8	7319487.99	8473471.59	1.158
16	7327487.99	8422317.50	1.149
32	7311360.00	8261621.35	1.130
64	7311360.00	8050213.75	1.101
128	7372800.00	7915220.81	1.074
256	7667712.00	8070838.64	1.053

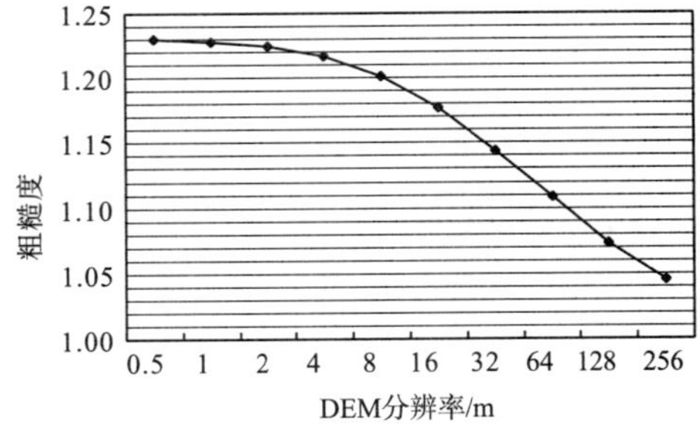

图 2-14 1∶1万不同分辨率 DEM 粗糙度变化趋势图

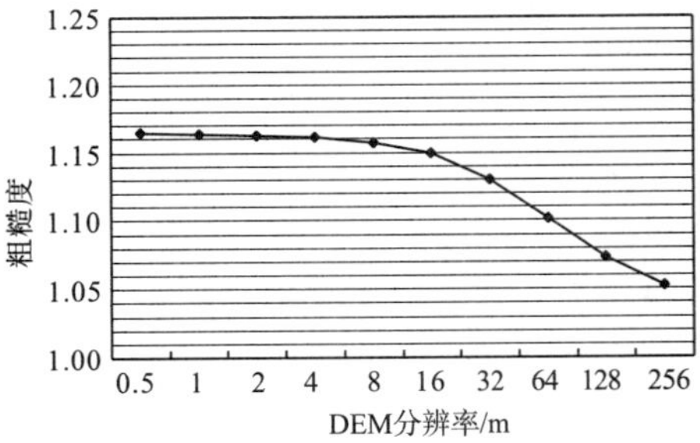

图 2-15 1∶5万不同分辨率 DEM 粗糙度变化趋势图

从表 2-2、表 2-3 和图 2-14、图 2-15 中可以看出，粗糙度 K 随 DEM 分辨率的降低(即 DEM 栅格增大)而逐渐减小，这说明 DEM 对地形粗糙度描述的精度在下降，降低了

地表的真实复杂程度，如分辨率为 256m，K 值已经接近 1，说明 DEM 已经将实验区近似模拟为平地了，地形表达已经严重失真。

1∶1万粗糙度 K 值在 DEM 分辨率为 0.5～2m 之间变化的趋势较平缓，之后下降较明显。1∶5万粗糙度 K 值在 DEM 分辨率为 0.5～8m 之间变化的趋势较平缓，之后下降较明显。因此，可以初步判定，0.5～2m 和 0.5～8m 分别是 1∶1万和 1∶5万格网 DEM 对地形粗糙度描述最逼近的分辨率区间。

2. 剖面线长

地形剖面是一维地形可视化技术，反映了地形在某一断面上的起伏变化情况。剖面线长度(surface length，SL)即表面上沿某一方向的剖面三维线的长度。地表的起伏变化增加了三维线的长度，其长度通常大于线的平面长度。基于格网 DEM 计算线段的长度时，采用双线性插值法对线段高程做内插生成三维线。采样间距越小，三维线与 DEM 表面越吻合，线段越长(汤国安，2006)。

利用前面 ArcGIS 的 Topogridtool 法生成的实验区不同分辨率的 DEM，选取 A-B 剖面(NS 走向)、C-D 剖面(WE 方向)、E-F 剖面(NE-SW 方向)、G-H 剖面(NW-SE 方向)4 条剖面线(剖面线空间布局见彩图 6)。四条剖面线的中点重合，且平面长度相等(都为 1500m)。利用 ArcGIS 的“Surface Length”自动计算剖面线长度，长度值保存在剖面线属性表的“length”字段。在 EXCEL 中统计不同剖面线在不同 DEM 分辨率时的长度(表 2-4 和表 2-5)，以 DEM 分辨率为横轴，剖面线长 SL 为纵轴，制作剖面线长 SL 随 DEM 分辨率变化的趋势图(图 2-16 和图 2-17)。

从表 2-4 和图 2-16 可以看出，对于 1∶1万 DEM，四条不同剖面线长 SL 随 DEM 分辨率变化趋势略有差异，A-B 和 G-H 剖面线长在 DEM 分辨率为 0～2m 区间变化较平缓，在 2m 处出现较明显拐点；C-D 剖面线在 1m 处出现较明显拐点；而 E-F 剖面线长随 DEM 分辨率改变呈明显下降趋势，没有出现变化相对平缓的区域。

从表 2-5 和图 2-17 可以看出，对于 1∶5万 DEM，A-B 和 G-H 剖面线长在 DEM 分辨率为 0～8m 区间变化较平缓，在 8m 处出现较明显拐点；C-D 剖面线长在 4m 处出现较明显拐点；而 E-F 剖面线长在 2m 处出现较明显拐点。

综合前面地形粗糙度的分析结果，可以将 2m 确定为 1∶1万 DEM 的最佳分辨率，8m 确定为 1∶5万 DEM 的最佳分辨率。这样既可以保证 DEM 对地表模拟逼近程度最好，又使 DEM 数据量适中。而根据经验公式(2-2)计算的 1∶1万和 1∶5万 DEM 的适宜分辨分别是 13.30m 和 32.84m，如果采用这两个数分别作为研究区 1∶1万和 1∶5万 DEM 的最佳分辨率，其地表模拟逼近效果将与实地情况相差很远，用它计算的水库库容精度较低。所以，以 2m 和 8m 作为黄河上游某拟建水电站研究区 1∶1万和 1∶5万 DEM 生产时的最佳栅格分辨率。

以上实验结果表明，通过计算地形粗糙度和剖面线长度两个定量指标，分别点绘地形粗糙度、剖面线长度随 DEM 分辨率变化趋势曲线图，曲线出现明显拐点时所对应的 DEM 分辨率即可认为是最佳的分辨率。这样可以克服 GIS 空间分析中 DEM 分辨率确定的盲目性和随意性，确保基于 DEM 的各种空间分析的精度。

表 2-4 1∶1万不同分辨率 DEM、不同方向剖面线长度统计表 （单位：m）

分辨率	A-B 剖面	C-D 剖面	E-F 剖面	G-H 剖面
0.5m	1667.08	1639.61	1660.81	1613.03
1	1665.77	1638.26	1658.00	1612.01
2	1664.06	1636.22	1654.53	1610.37
4	1660.86	1632.00	1647.95	1607.68
8	1655.04	1626.02	1631.68	1603.73
16	1644.78	1619.91	1603.53	1596.75
32	1633.19	1609.06	1569.41	1585.28
64	1619.83	1594.43	1535.87	1585.06
128	1604.03	1559.40	1510.08	1578.06
256	1560.89	1529.30	1504.94	1564.58

表 2-5 1∶5万不同分辨率 DEM、不同方向剖面线长度统计表 （单位：m）

分辨率	A-B 剖面	C-D 剖面	E-F 剖面	G-H 剖面
0.5	1646.35	1629.35	1612.62	1593.24
1	1645.99	1629.24	1612.14	1593.00
2	1645.68	1628.70	1611.48	1592.51
4	1645.01	1627.61	1609.15	1591.72
8	1643.61	1625.98	1605.85	1591.07
16	1640.31	1622.88	1591.11	1588.53
32	1633.76	1609.68	1565.79	1586.52
64	1623.41	1593.32	1532.74	1584.36
128	1605.51	1562.10	1511.14	1578.43
256	1555.46	1528.94	1506.17	1556.27

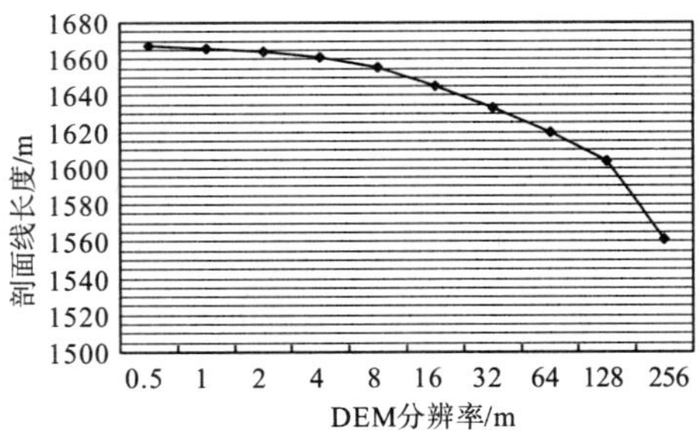

（1）A-B 剖面

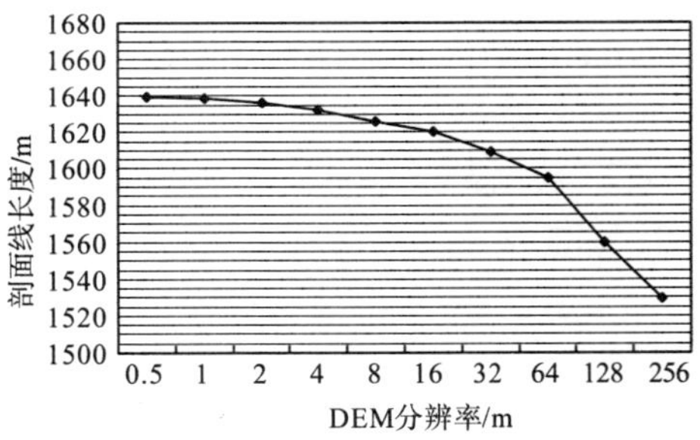

（2）C-D 剖面

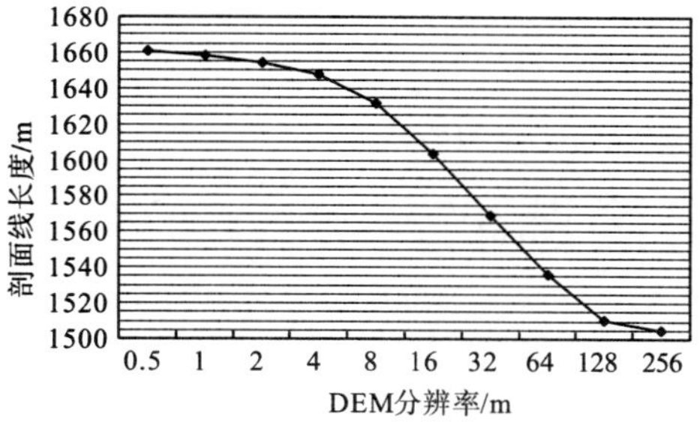

(3)E-F 剖面

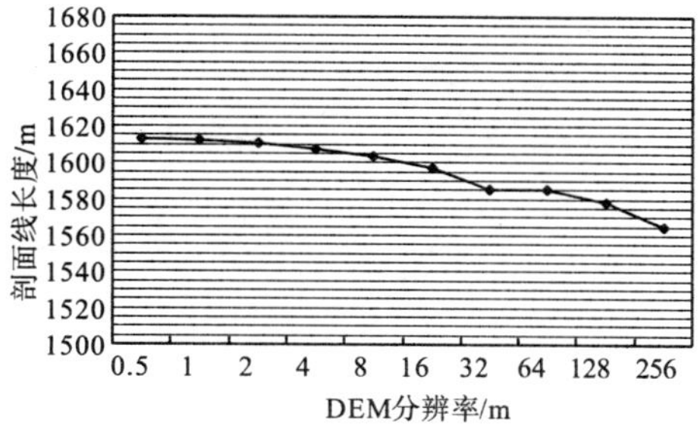

(4)G-H 剖面

图 2-16　1：1万不同分辨率 DEM 上不同方向剖面线长度随分辨率的变化趋势图

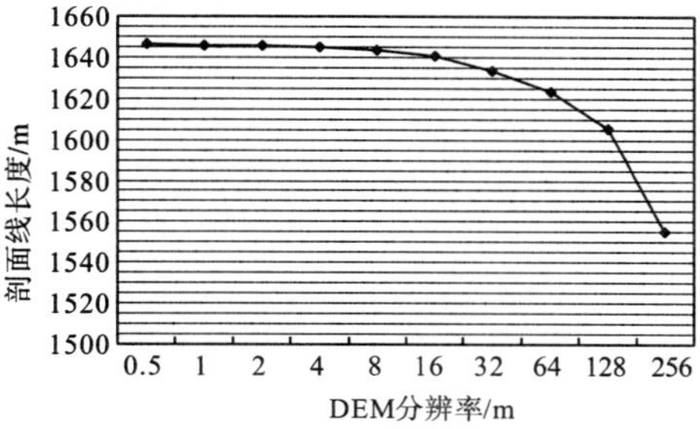

(1)A-B 剖面

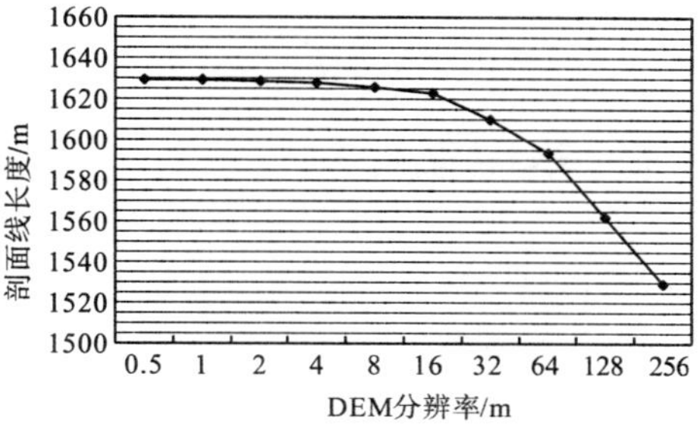

(2)C-D 剖面

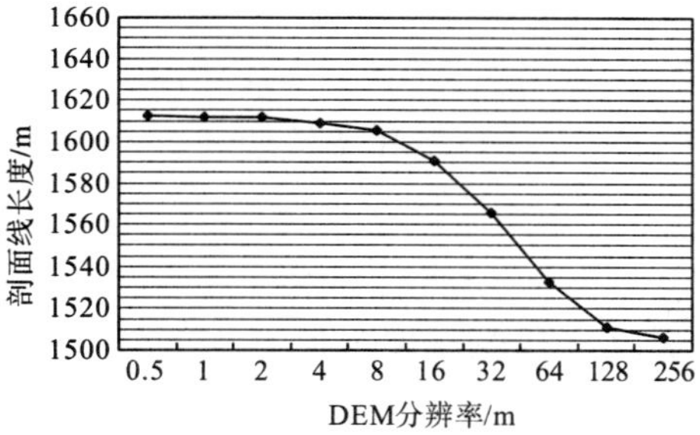

(3)E-F 剖面

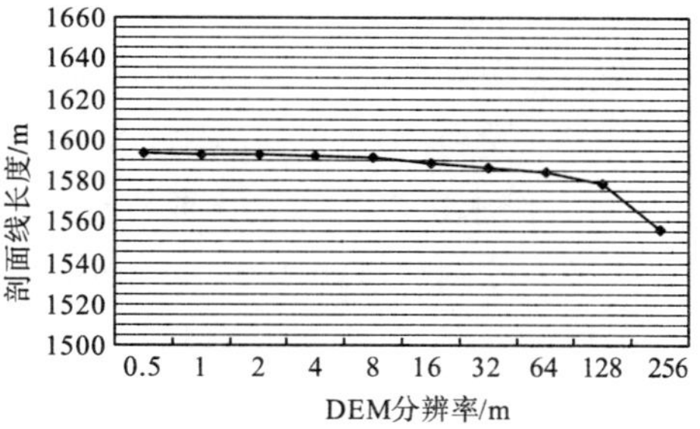

(4)G-H 剖面

图 2-17　1：5万不同分辨率 DEM 上不同方向剖面线长度随分辨率的变化趋势图

第3章　典型研究区选取及分析

3.1　黄河上游某拟建水电站研究区空间数据集成

3.1.1　水电站概况

黄河上游某拟建水电站坝址位于青海省玛沁县境内的黄河干流上，左岸为果洛州玛沁县，右岸为海南州同德县。西宁－果洛州省道(S101)通过下坝址右坝肩，距西宁市公路里程约363km。

坝址区地处青藏高原腹地，为典型高原深切峡谷地貌。河谷弯曲，总体西流，深切200～250m，河道狭窄，水流湍急，多有跌坎，岸坡陡峭，部分直立，基岩裸露较好，河床覆盖浅，冲沟支流发育，多常年有水，两岸高平台(海拔3330m左右)为黄河高阶地侵蚀堆积成因，受局部剥蚀，呈不连续分布。场内勘察工作环境和条件如气候(多雨雪、大风)、交通、供水供电、水上作业等极为困难。

坝址以上控制流域面积98346km^2，径流稳定(坝址处多年平均流量534m^3/s)，落差集中，水利资源丰富。按规划设计，该电站以混凝土双曲拱坝为代表坝型(坝高215m，底宽47m)，坝身泄洪(表、深、底孔)，坝后水垫塘消能，右岸布置引水隧洞及地下厂房。初拟正常蓄水位3270.0m，利用落差183.6m，总装机4×340MW，保证出力206MW，多年平均发电量59.5亿kW·h，年利用小时4375h。工程规模为Ⅰ等大(1)型工程，主要建筑物为1级，次要建筑物为3级，是一座以发电为主的大型水电枢纽工程。

本书以该水电站为水电开发生态环境影响预测评价的研究原型。

3.1.2　研究区基础地理、地质数据集成

1. 矢量数据集成

1)元数据信息

(1)工作区范围涉及27幅1∶1万地形图：北京54坐标系；1956年黄海高程基准，等高距5.0m；高斯3°带投影，34带。另外，还有电站下坝址1∶1000地形图1幅，坐标系和投影参数同上，等高距为1.0m；中、上坝址1∶2000地形图各一幅，坐标系和投影参数同上，等高距为2.0m。以上数据皆为电子版，格式皆为AutoCAD的DWG文件。

(2)1∶20万区域地质图：北京54坐标系，高斯6°带投影，17带。电站下坝址1∶1000地质平面图1幅，中、上坝址1∶2000地质平面图各一幅，北京54坐标系，高斯3°带投影，34带。以上数据皆为电子版，格式皆为AutoCAD的DWG文件。

(3)青海省1∶100万土壤类型数据：Albers投影，中央经线为105°E，第一标准纬线为25°N，第二标准纬线为47°N，坐标原点(105°，0°)，椭球体：Krassovsky，单位：m。数据格式为ArcGIS的SHP文件。土壤数据主要用于水土流失分析。

2)研究区矢量数据集成

研究区矢量数据集成主要采用数据格式转换法、坐标系转换和投影变换法完成。从矢量数据元数据信息可知，研究区数据格式、地理坐标系和投影坐标系都不统一，为了确保后续空间分析工作顺利完成，必须对数据进行集成处理。集成之前的首要任务是确定研究区空间数据的地理参照系。由于1∶1万的地形图是后续工作的基础，所以把它的地理参照系作为整个研究区地理参照系。即：北京54坐标系，高斯3°带投影，34带。凡是与标准参照系不一致的空间数据，都必须统一到此标准。GIS空间分析将基于ArcGIS平台进行，所以矢量数据的标准格式采用SHP文件。

(1)地形数据处理。地形数据中主要将等高线和高程点导出，因为这是生产DEM的基础数据源。对于等高线而言，DWG文件中已经赋了高程值，但是通过DXF转换为SHP文件时，因为线形的错误会造成高程属性值丢失。如果重新赋予属性的话，工作量巨大，所以得通过中间软件来实现。此处需要用到数据格式的二次转换模式。经过多次实验，先从DXF文件到MAPGIS文件，再从MAPGIS文件到SHP文件。这样，SHP格式的等高线数据就不会丢失高程值了。

由于CAD的地形数据已经按照高斯投影赋予了坐标值，转换得到的SHP数据也继承了已有的坐标值，但是投影信息却无法识别，因此需要在ArcGIS的“Define Project”模块中对SHP文件定义相应的投影信息。

(2)地质数据处理。地质数据中主要将构造线、地层界线和岩层产状导出，这里直接从DXF导出为SHP文件即可。由于地质数据都是高斯6°投影17带坐标系，所以必须通过投影变换将坐标系换到3°投影带34带。首先将导出的SHP文件定义6°投影带信息，然后在ArcGIS的“Project”模块中将6°带投影变换到3°带。由于在CAD中，地层及分界线、构造线、产状的属性信息都是通过文字注记的形式来表达的，所以将这些数据转换到SHP文件后，还必须构建各数据层的属性库。方法是对照CAD图形上标注的属性信息，在SHP文件属性表里面新建相关属性字段，将属性信息输入到相应属性表。

(3)土壤数据处理。土壤数据处理相对比较简单，由于已经具有Albers投影坐标系，且是SHP文件格式，直接用ArcGIS的“Project”模块将土壤数据从Albers投影变换到高斯3°带投影坐标系。

2. 栅格数据集成

就基础地理地质信息而言，研究区涉及的栅格数据有：1∶25万国家标准格式DEM一幅(北京54坐标系，经纬度坐标)和纸质1∶5万地形图6幅。集成目标地理参照系与矢量数据一致，即：北京54坐标系，高斯3°带投影，34带。

1∶25万DEM直接通过ArcGIS的“Project Raster”模块将北京54坐标投影变换到高斯3°投影34带坐标系即可。

由于1∶5万地形图是研究区ETM+影像几何校正和坐标配准的参考标准，且需要从1∶5万地形图上提取库区等高线数据，所以必须要将6幅纸质1∶5万地形图集成起来使用。其处理过程需要经过以下步骤：

1)地图模/数转换

通过宽幅扫描仪将纸质模拟地图转换成计算机识别的数字地图。为了确保地图数据的精度，扫描格式采用RGB彩色模式，TIF图像文件格式，扫描分辨率采用300DPI。

2)地形图的分幅几何校正和坐标配准

目前，一些从事GIS空间数据生产的公司，在以地形图为底图进行GIS建库时，通常对数字地形图不作任何处理就直接进行矢量化，在矢量化完成后再通过对图形校正，完成图形数据的几何畸变校正和坐标的配准，这样的操作至少会产生以下两个问题：一是数据精度问题。由于图纸变形、破损或其他原因，加之扫描时出现的变形问题，如果在这种底图上直接矢量化，将会导致数据失真，甚至出现错误；二是在建库完成后对矢量数据库进行校正和坐标配准，导致矢量和栅格数据没有统一的坐标系统，进而导致矢量、栅格数据无法一体化集成，会给数据的后续使用带来诸多不便。

研究表明，任何GIS数据库建设工作，都必须以精确的工作底图为前提，精确底图就包含两层含义，一是经过了几何畸变校正，二是完成了坐标配准。鉴于地形图几何校正与坐标配准的重要性，重点加强分幅地形图几何校正与坐标配准的质量控制。

通常，人们习惯于从地形图公里网交叉点上读取高斯投影坐标值作为地形图几何校正的控制点。但是，由于公里网线在地形图上比较粗，要准确识别交叉点中心位置比较困难。为此，许辉熙(2005)曾提出了基于地形图公里网线的逐格网地形图校正法。在多次实践应用中证明，这种方法操作简便、速度快、校正精度高，是一种非常实用的地形图几何校正方法。

从元数据信息可知，研究区1∶5万地形图都是西安80坐标系的，而目前整个研究区设定的是北京54坐标系。由于北京54和西安80坐标系，采用的是不同的椭球体和基准面，两个坐标系的转换是非常严格的，依靠目前的GIS的转换工具并不能完成两个坐标系之间的相互转换，而一些学者提出的三参数、五参数甚至七参数法，都必须知道北京54和西安80坐标系相对应点的坐标对，而非测绘人员要获取这些测绘保密数据非常困难。所以，北京54和西安80坐标系间相互转换是非常棘手的问题。

为了将研究区1∶5万地形图集成使用，必须解决西安80坐标系到北京54坐标系转换的问题。西安80坐标系启用后，为了尽快进行全国范围地形图的更新，国家测绘局大地测量数据处理中心根据理论推算制作了新旧地形图高斯平面坐标改正参数(乔连军等，2006)。这个改正参数实质上是给出了地形图上图框四个角点的北京54和西安80坐标系坐标平移的偏移量。由于高斯投影本身的原因，每幅地形图的改正参数都不一样，不能通用。

坐标改正参数的使用。如果是西安80坐标向北京54坐标转换，就用地形图图框四个角点的西安80坐标值分别减去改正数，得到四个角点对应的北京54坐标值。由于改正数为负数，减去它实际上是加上它的绝对值，也就是说西安80坐标向北京54坐标转换，其实质是分别向右、向上平移了坐标改正参数 DY、DX 的绝对值。

从理论上讲，如果知道了坐标改正参数，将地形图图框四个角点的西安 80 坐标系改正到北京 54 坐标系后，就用图框的四个角点作为控制点进行几何校正，就可以实现地形图坐标系转换。但是，只选取 4 个控制点，用多项式校正模型的话，只能选择 1 次项变换，对于一整幅地形图来说，由于控制点太少，校正后的地形图变形很大，不能满足精度要求。为此，本书在基于地形图公里网线逐格网地形图校正方法的基础上，提出了适合西安 80 坐标和北京 54 坐标系变换的一种简易方法。

下面以实例来说明该方法的基本原理和操作步骤。

(1)在 MAPGIS 软件中自动生成标准图框。MAPGIS 软件作为优秀国产 GIS 软件的代表，在处理我国地形图方面，提供了很多有针对性的功能，如它的“投影变换”模块就能自动生成(1∶1万)～(1∶100)万比例尺地形图标准图框。标准图框生成过程如下：

①启动 MAPGIS“投影变换”，点击“系列图框生成”下的“生成 1∶5万图框”工具，操作界面见图 3-1(a)，进行参数设置，图框模式选择“高斯坐标实线公里网”，起点经纬度为该图幅最左下角的经纬度坐标，公里网间隔选择 1km，“椭球参数”选择“西安 80/1975 年 I. U. G. G 推荐椭球”[(图 3-1(b)]。然后选择图框上需要表达的信息，如比例尺、坡度尺、邻带公里网等 [图 3-1(c)]。

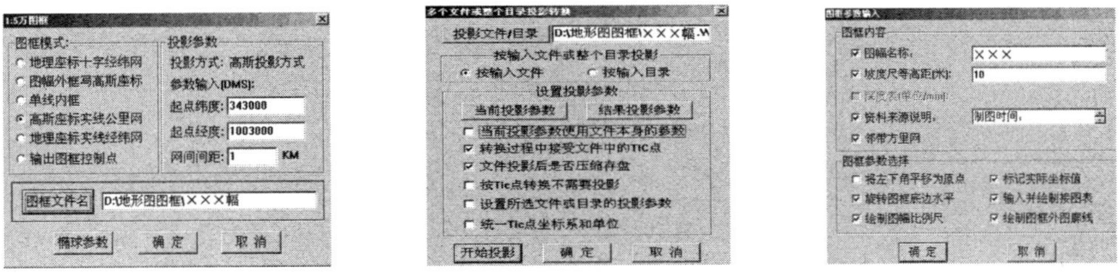

(a)　　(b)　　(c)

图 3-1　MAPGIS 下生成地形图标准图框

②对图框进行投影变换。由于 MAPGIS 自动生成图框时坐标单位是 mm，而实际需要的坐标单位是 m，所以需要对图框进行投影变换。

启动 MAPGIS“投影变换”，点击“投影变换”下的“成批文件投影转换”[图 3-2(a)]，进行“当前投影参数”和“结果投影参数”设置，见图 3-2(b)和 3-2(c)。经投影变换后得到了 1∶5万西安 80 坐标系高斯投影的标准图框，图 3-3 为标准图框中的公里网部分。

(2)利用坐标改正参数校正矢量图框。利用改正参数，将西安 80 坐标系的图框转换到北京 54 坐标系。基本原理是：读取标准图框四个角点的西安 80 高斯坐标，分别减去各自对应的坐标改正数，得到北京 54 高斯坐标。如图 3-3 中的 A 点，西安 80 高斯坐标为(3838639.88，637488.99)，它对应的坐标改正数为(－93.47，－62.15)，则改正后 A 点的北京 54 高斯坐标为(3838733.35，637551.14)。同理，对 B、C、D 三个角点坐标进行改正。B、C、D 三点的坐标改正数分别为(－93.42，－62.19)、(－93.41，－62.23)和(－93.47，－62.20)。

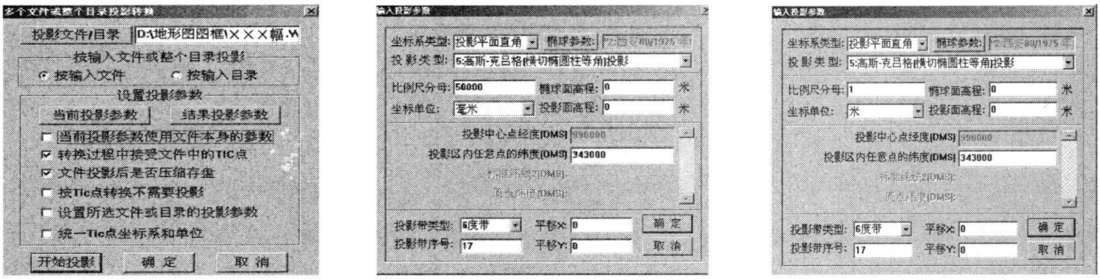

(a)　　(b)　　(c)

图 3-2　MAPGIS下地形图标准图框投影变换

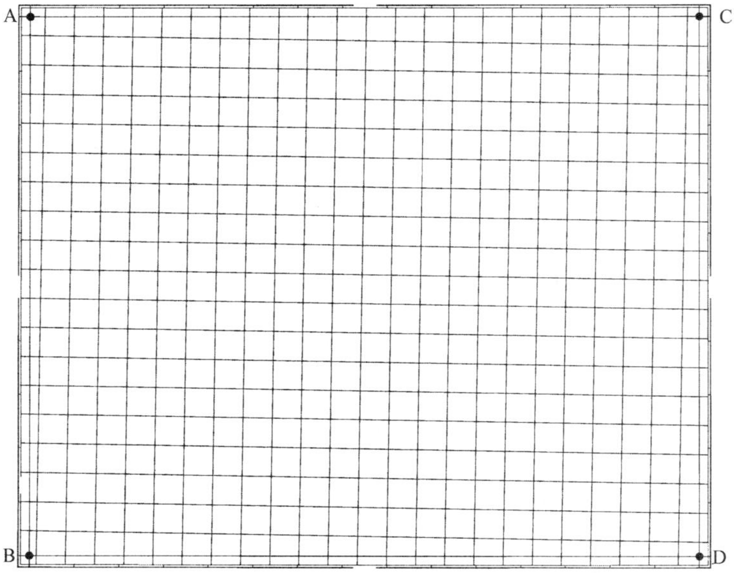

图 3-3　1∶5万西安 80 坐标系高斯投影公里格网

将改正后的 A、B、C、D 北京 54 高斯坐标作为控制点，在 MAPGIS 的“误差校正”模块下对图框进行校正，使整个图框的坐标都转换为北京 54 高斯坐标。

前面已经分析了，如果对一整幅地形图只选择 4 个控制点进行校正，图像的变形非常大。但是，对一幅地形图的标准图框而言，由于是矢量数据，且数据量很小，只选择四个角点作为控制点对矢量图框进行校正的几何变形很小，是完全可行的。作者专门对校正后的标准图框变形情况进行了统计。由于 MAPGIS 里面生成标准图框时，公里网间隔线是 1km，也就是每根网格线的理论距离都应该是 1km。对生成后的公里网线自动测算其真实长度，实际值也是 1km。但是，在对标准图框进行坐标改正后，图框会有一定的变形，那么每根公里网线的实际长度就不再是整数 1km。经过对校正后公里网线的统计，其长度变形的总体均方差是 6.6cm，也就是说总体变形误差在 0.0066%，所以矢量校正后公里网格整体变形很小，精度满足要求。

(3)以校正过的矢量公里格网为参照，对地形图进行逐格网几何校正。PCIGeomatica 软件(简称 PCI)、ERDAS IMAGINE 软件(简称 ERDAS)等遥感影像处理软件都支持几何校正功能的模块。从经过坐标改正的标准图框上选取和地形图一一对应的公里网交叉点，作为控制点，分别对每幅地形图进行几何校正。由于标准图框控制点坐标已经完成从西安80到北京54高斯投影的变换，所以经几何校正后的地形图也同时完成了北京54高斯投影坐标配准的操作。

此转换方法的实质是平面位置上的坐标平移。由于北京54坐标系对应的1956年黄海高程系和西安80坐标系对应的1985年国家高程基准，两者的平均海水面的高程相差仅为29mm，对已成地图上的等高线影响可以忽略不计(祝国瑞等，2001)，所以采取这种方式实现西安80坐标系地形图向北京54坐标系转换可以不考虑高程系的影响。该转换方法不需编程，操作简单，对于非测绘人员非常适用。

采用同样的处理思路，可以实现北京54坐标系地形图向西安80坐标系转换。

3)研究区地形图镶嵌

对分幅地形图完成几何校正与坐标配准之后，需要将6幅地形图镶嵌起来作为其他工作的基础参考底图。首先在ERDAS软件中利用Subset命令将6幅地形图的边框裁掉；然后用ERDAS软件的Mosaic命令将研究区6幅地形图镶嵌成一幅整图。

4)定义投影信息和投影坐标转换

由于对地形图几何校正的时候，选取地形图上公里网格交叉点坐标值作为控制点，所以校正后的地形图坐标已经从屏幕坐标变换到高斯投影坐标，只是数据本身无法识别投影信息，因此先在ArcGIS的“Define Project”模块中对研究区镶嵌地形图定义地形图原始6°带投影信息，然后利用“Project Raster”模块将镶嵌地形图从6°带投影变换到3°带投影，研究区1∶5万地形图集成到统一的坐标系。

3.1.3 研究区遥感影像集成

1. 元数据信息

遥感影像是获取地表信息的重要数据源。数字影像处理是遥感专题信息提取和应用的前提条件。遥感影像的处理总体上要遵循一定的技术流程，但是对于不同的遥感影像，其处理的技术方法也略有差异。在阐述遥感影像集成方法之前，首先介绍研究区遥感影像的元数据信息。元数据是关于数据的数据，是对数据本身的描述。研究区收集和定购的遥感数据主要有ETM+影像和Quick Bird影像。

1)Landsat-7ETM+影像元数据

Landsat-7的改进型增强专题制图仪ETM+比Landsat5上的专题制图仪TM敏感度更高。ETM+是一台8波段的多光谱扫描辐射计，工作于可见光、近红外、短波红外和热红外波段。与TM相比，主要有3方面的改进：热红外波段的分辨率提高到60m；首次采用了空间分辨率为15m的全色波段；改进后的太阳定标器使卫星的辐射定标误差率小于5%，即其精度比TM提高约1倍。ETM+影像共有8个波段，各波段信息特征及主要用途见表3-1。元数据见表3-2。

表 3-1　ETM+影像波段信息特征

波段序号	波段名称	波谱范围/μm	分辨率/m	光谱信息识别特征及实用范围
1	蓝色	0.45～0.515	30	能反映岩石中铁离子叠加吸收光谱，为褐铁矿、铁帽特征识别谱带，但因大气影响影像分辨率较差
2	绿色	0.525～0.605	30	对水体有一定的穿透能力，可用于水下地形、环境污染、植被识别，但受大气影响影像质量相对较差
3	红	0.630～0.69	30	对岩石地层、构造、植被等有较好显示
4	近红外	0.775～0.90	30	为植被叶绿素强反射谱带。反映植被种类，第四系含水量差异。适用于岩性区分，构造隐伏地质体识别，地貌细节显示较清楚
5	短波红外	1.550～1.75	30	为水分子强吸收带，适用地物含水量、植被类型区分；地质构造、隐伏断裂识别及冰川、雪识别等
6	热红外	10.45～12.5	60	为地物热辐射波段，影像特征取决于地物表面温度及热红外发射率，可用于地热制图，热异常探侧，水与植被热量确定
7	短波红外	2.090～2.35	30	为烃类物质、蚀变岩类和含羟基蚀变矿物吸收谱带，用于区分热蚀变岩类、含油气信息识别、岩性和地质构造解译
8	全色波段	0.520～0.90	15	信息域丰富，空间分辨率高，与多光谱波段影像融合，制作高空间分辨率和高光谱分辨的影像

表 3-2　研究区 ETM+影像元数据列表

轨道号	132/036
日期	2001-10-09
中心经纬度	99°01′52.86″E，35°7′51.58″N
太阳高度角	44.5267642°
太阳方位角	149.8659583°
数据质量评价	工作区范围内无云、无雾、无扫描坏线，影像质量好

2)Quick Bird 影像元数据

Quick Bird 卫星于 2001 年 10 月 18 日由美国 Digital Globe 公司发射。Quick Bird 卫星的技术参数见表 3-3。

本研究区没有历史存档的 Quick Bird 影像，是通过卫星影像销售公司向美国 Digital Global 公司编程定购的。编程接收周期是 2007 年 7 月 1 日～9 月 30 日。最终提供的是多光谱数据(近红外、红、绿、蓝四波段)及全色数据组成的捆绑数据，数据等级是预正射标准产品(orthoready standard)，数据格式为 Geotiff，数据经过了辐射校正、传感器和卫星平台引起的误差校正，WGS84 UTM 投影坐标系，可通过相关专业软件结合 DEM、RPC 参考模型、地面控制点来做正射校正。

由于研究区呈东西走向的狭长条带状，卫星经过三个条带的扫描才完成研究区影像获取，即图 3-4 中的 P001、P002 和 P003。由于影像文件存储量大小受到一定限制，为了便于影像存储和运输，每个条带的影像又被分成面积大小不等的若干块，其中 P001 被分成 5 块，即③④⑤⑥⑦；P002 被分成 2 块，即①②；P003 被分成 2 块，即⑧⑨。研究区 Quick Bird 影像除 P003 区域内有少量云层外，其余地区无云覆盖。由于太阳高度角和方位角的影响，在黄河干流局部峡谷地段存在阴影。

表 3-3　Quick Bird 卫星的技术参数(据中国遥感卫星地面站)

成像方式	推扫式扫描成像方式	
传感器	全色波段	多光谱
分辨率	0.61m(星下点)	2.44m(星下点)
波长	450～900nm	蓝：450～520nm 绿：520～660nm 红：630～690nm 近红外：760～900nm
量化值	16bit 或 8bit	
星下点成像	沿轨/横轨迹方向(+/−25°)	
立体成像	沿轨/横轨迹方向	
辐照宽度	以星下点轨迹为中心，左右各 272km	
成像模式	单景 16.5km×16.5km	
条带	16.5km×165km	
轨道高度	450km	
倾角	98°(太阳同步)	
重访周期	1～6 天，取决于纬度高低	

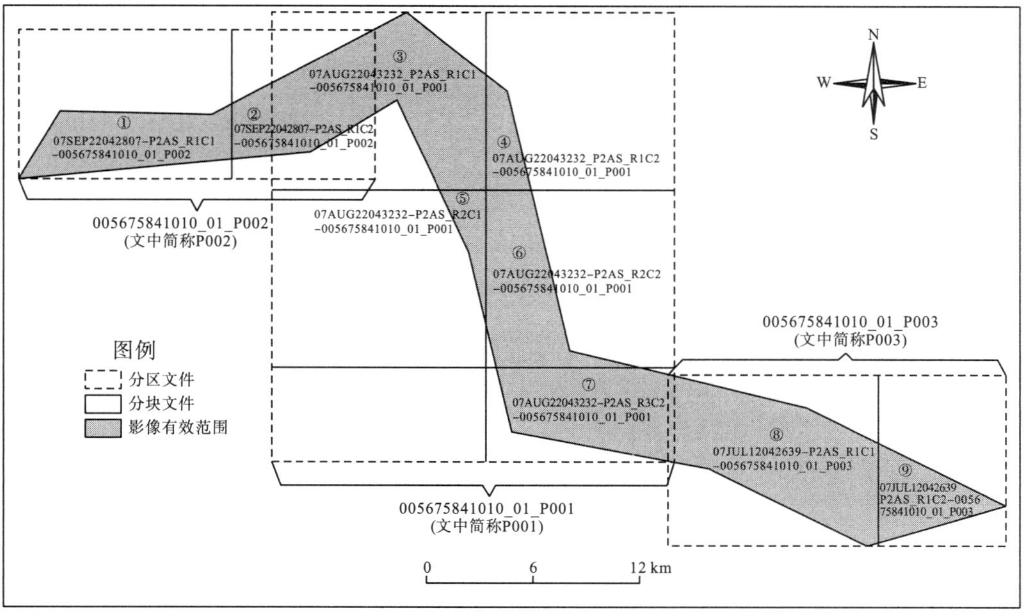

图 3-4　研究区 Quick Bird 卫星影像空间分布

来源：成都理工大学数字国土与生态科学研究所

2. 遥感影像预处理的总体技术框架

图3-5反映了遥感影像预处理的常规技术流程。本次研究使用的Quick Bird影像为预正射标准产品，经过了辐射校正、传感器和卫星平台引起的误差校正，可以不完成框架中的“辐射校正”工作。而ETM+影像不涉及“瓦块文件镶嵌”和“正射校正”两个操作步骤。ETM+影像处理方法和技术路线已经非常成熟，此部分不作重点阐述，直接利用研究区1∶5万镶嵌后的地形图为参考标准，对ETM+影像进行几何精校正即可。由于本研究区形状特殊，获取的Quick Bird影像分布形状极其不规则，处理起来非常具有挑战性，所以此部分重点阐述Quick Bird影像的处理。

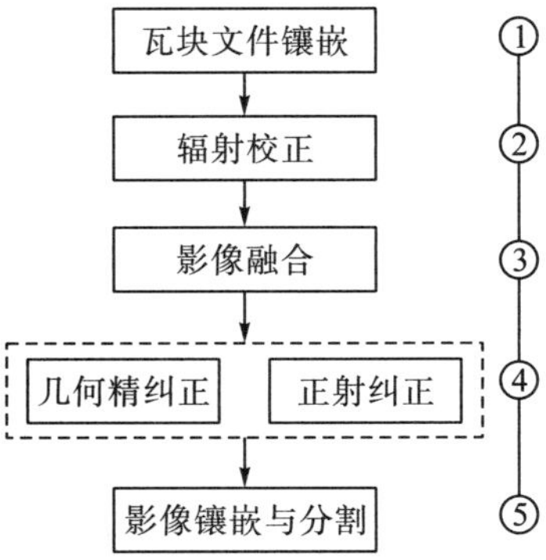

图3-5　遥感影像预处理的总体技术框架

3. 瓦块文件镶嵌

由于同一条带(也就是一个区)的影像被人为分成了若干块，Digital Global公司提供了反映每个区影像分片的元数据文件：*.TIL。比如，本研究区内第1个区的瓦块信息文件即为07AUG22043232-M2AS-005675841010_01_P001.TIL。这些分块的影像文件在物理上是无缝接边的，直接利用*.TIL文件可以将被人为分块的影像无缝镶嵌在一起。ENVI4.2以上版本的软件，支持Quick Bird瓦块文件*.TIL的自动镶嵌。

利用ENVI4.4软件，将三个条带的全色和多光谱影像分别自动镶嵌起来。具体操作方法和路径为：Basic Tools→Mosaicking→Tilde Quick Bird Product。

通过瓦块文件镶嵌，将研究区被分为9块的影像文件还原到三个扫描条带，即图3-4中标识的P001、P002和P003部分。由于每个条带影像获取时的成像参数有差异，三个条带的影像必须分别处理。

4. 辐射校正

遥感成像过程十分复杂，经历从辐射—大气层—地球表面—大气层—传感器等一系列复杂的过程，这一过程每个环节都受到各种因素(遥感器、大气、太阳高度角、地形等)的干扰。导致遥感传感器获得的测量值与地表真实反射信息不一样。如果想要了解某一物体表面的真实光谱属性，必须消除这些辐射失真，获得地表真实反射率数据。在早期遥感应用中，如LandSat MSS、TM，用户得到的是整数的DN值，可以直接用这些原始数据对地物进行识别和分类。随着遥感应用领域的扩大，遥感定量化要求越来越高，原始遥感数据的 DN 值必须经过辐射校正，才能满足现代遥感应用的新要求（池宏康等，2005）。

长期以来，关于辐射校正（radiometric correction）的定义和内容均没有统一。一些初涉遥感的应用人员，经常混淆辐射定标（radiometric calibration）、辐射校正和大气校正（atmospheric correction）。为此，池宏康等（2005）对三者进行了明确的界定（图 3-6），指出地物反射的辐射亮度 L 通过大气层后被卫星传感器接收，最后转换为 DN 值。理想状况下，光学传感器各波段记录的辐射通量应该是地物反射的精确测量值。然而，误差（噪声）在遥感数据获取过程中混杂进来，辐射校正的目的就是消除这些误差（噪声），包括由传感器本身引起的内部误差和环境引起的外部误差；内部误差一般是系统的、可以预测的，通过卫星发射前辐射定标（pre-flight calibration）和运行中星上定标（on board calibration）、替代（场地）辐射定标（vicarious calibration）来确定；外部误差是变化的、不确定的，由用户自行消除。图 3-6 清楚说明了辐射校正、辐射定标和大气校正等之间的关系；辐射定标是消除传感器本身的误差，定标完成后可以得到与地面像元 DN 值紧密联系的辐射亮度值 L 或反射率（reflectance）；大气校正则消除大气散射、吸收等引起的误差。

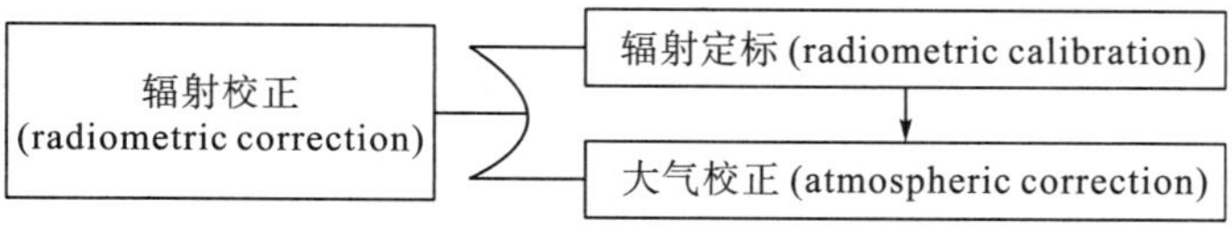

图 3-6　辐射校正、辐射定标和大气校正之间的区别与联系（据池宏康，2005）

对于辐射定标和大气校正，ENVI4.2 版本以上软件提供了现成的功能模块供遥感工作者使用（李小娟等，2007）。

ENVI 软件下：Basic Tools→Preprocessing→Calibration Utilities 直接提供了 MSS、NOAA、TM(ETM+)、Quick Bird 等数据的辐射定标功能。以 ETM+的 FAST 或者 HDF 格式数据为例，该模块能够根据影像元数据自动搜索成像日期、太阳高度角度等，快速实现数据定标，将像元 DN 值转换为辐射值或反射率。

ENVI 软件下：Basic Tools →Preprocessing Calibration Utilities 提供大气校正模型 FLAASH 的方法，直接实现对 ETM+等影像的大气校正。

FLAASH(fast line-of-sight atmospheric analysis of spectral hypercubes)是 ENVI 独有的大气校正模块，由光学研究权威机构-光谱科学研究所与美国空气动力研究室及光谱信息技术应用中心共同研发。FLAASH 使用了目前精度最高的大气辐射校正模型 MODTRAN 4+辐射传输模型，它基于像元进行校正，不仅校正了由漫反射引起的领域效应，还可以进行卷云和不透明云层的分类图，并调整由于人为抑制而导致的波谱平滑。该模块可以处理各种高光谱和多光谱数据，还能校正垂直成像数据和侧视成像数据（吕凤军等，2007）。FLAASH 模块采用向导式操作，用户可在短时间内完成复杂的大气校正工作。

5. 影像融合

随着遥感技术的迅速发展，遥感影像的分辨率随之大幅度的提高，遥感影像数据的数据量也相应增加，如何有效地利用不同传感器、不同时相及不同分辨率的多源数据成了遥感应用的瓶颈问题。与单源遥感数据相比，多源数据具有很重要的互补性，但也存在冗余性(戴昌达等，2004)。实践表明，应用单源遥感数据，即使很高的图像处理和解译水平，能够从中获得的信息也是有限的，难于满足实际需求的需要。因此，必须把各具特色的多源遥感数据结合起来使用，进行综合对比分析，相互补充，才有可能把遥感技术的优势发挥到最大。因此，遥感影像融合技术应运而生。通过影像融合，一方面可以有针对性地去除无用信息，消除冗余，大幅度减少数据处理量，另一方面又能将海量多源数据中的有用信息集成起来使用，融合在一起，便于各种信息特征互补，发挥各自优势，获得更多有用信息。

目前，高分辨率全色影像和低分辨率多光谱影像融合是遥感影像融合技术应用的主流。其实质是将高分辨率影像空间特征与低分辨率影像多光谱特征组合到一幅影像，使融合后影像既具有高空间分辨率，又具有丰富的光谱信息，达到影像增强目的。

遥感影像融合的关键有两点：一是融合前影像的高精度配准；二是融合算法选择。通常，只有将不同空间分辨率影像精确配准，才可能得到满意的融合效果，影像配准，包括相对配准和绝对配准，前者只是保证像元位置的一致性，以高空间分辨率影像为参照，作几何变换即可。后者是以地形图等为地理参照点，分别对高空间分辨影像和多光谱影像几何校正和坐标配准，同时达到两种影像的地理空间位置的绝对配准。当然，影像配准主要是针对不同传感器获取的影像而言，比如要将 SPOT2.5m 全色影像与 ETM+的多光谱影像融合，两者之间的空间位置配准必须达到一定的精度才能保证融合效果。但是对 ETM+、IKONOS、Quick Bird 等同传感器获取的全色和多光谱影像而言，则不需要进行影像间的配准，因为 ETM+、IKONOS、Quick Bird 的全色和多光谱影像成像范围一致，同时获取和存储，保证了影像空间位置一致性。所以对本研究使用的 ETM+和 Quick Bird 影像而言，其各自全色和多光谱影像融合的精度和效果取决于影像融合算法的选择。

遥感影像融合算法是近年来遥感领域内的研究热点，针对不同的遥感影像，提出了很多融合算法，且很多算法已经嵌入到了商业遥感影像处理软件，如 PCI、ERDAS、ENVI 等。选用 ENVI 4.4 版本软件作为遥感影像处理平台。ENVI4.4 新增了可向导式完成影像融合处理工具-SPEAR，具体操作为：Basic Tools → Spear tools → Pan Sharpening。SPEAR 提供 4 种专门用于全色遥感影像与多光谱融合的算法，即 PCA 变换、Gram-Schmid 变换、Brovey 变换和 HSV 变换。

1)四种影像融合算法的基本原理

(1)PCA 变换。主成分分析(principal components analysis，PCA)是在统计特征基础上进行的一种多维(多波段)正交线性变换，数学上称为 *K-L* 变换。它将一组相关变量转化为一组原始变量的不相关线性组合的正交变换，其目的是把多波段的影像信息压缩或综合在一幅图像上，并且各波段的信息所作的贡献能最大限度地表现在新图像中(孙华，

2006)。

PCA 变换在进行融合时有两种变换方法：一种是参与法，将参与变换的各波段(包括高空间分辨率影像数据在内)，统一进行主分量变换，然后再进行 PCA 逆变换。另一种是替换法，这也是目前 PCA 变换中最常用的方法。融合时，首先根据多光谱影像间的相关矩阵计算特征值和特征向量；其次，将特征向量按对应特征值从大到小排列，得到各主分量影像；再次将高空间分辨率影像进行拉伸，使之与第一主分量具有接近相同的均值和方差；最后用拉伸影像代替第一主分量，并将它与其余主分量做主分量逆变换即可得到融合影像(杨丽萍等，2007)。

PCA 变换可以融合多个多光谱波段的影像，保持多光谱特性的能力也比较强，但其缺点也比较明显。PCA 变换的第一主分量包含了多光谱波段的大多数信息，它的信息量要比全色波段影像的信息量高，当用拉伸后的全色波段影像的灰度值替代第一主分量，再进行反变换得到的增强的多光谱波段影像，其信息量会有所损失。

(2)Gram-Schmidt 变换。Gram-Schmidt 变换是线性代数和多元统计中常用的方法，通过对矩阵或多维影像正交变换消除冗余信息。Gram-Schmidt 变换融合的关键步骤如下：

第一步，使用低分辨率多光谱波段模拟出一个低分辨率的全色波段。

第二步，对模仿出的全色波段和多光谱波段进行 Gram-Schmidt 变换。

第三步，使用高分辨率全色波段替换 Gram-Schmidt 变换后的第一波段，并对替换后的数据进行 Gram-Schmidt 变换反变换，产生空间分辨率增强的多光谱影像。

Gram-Schmidt 算法具体可参阅李存军等(2004)的论述。Gram-Schmidt 变换能保持融合前后影像波谱信息的一致性，是一种高保真的遥感影像融合方法。

它与 PCA 变换的区别在于：PCA 变换的第一分量 PC1 包含信息最多，而后面的分量信息依次减少。Gram-Schmidt 变换产生的各个分量只是正交，各分量信息量没有明显的多寡区别。另外，Gram-Schmidt 变换后的第一个分量 GS1 就是变换前的第一分量，其数值没有变化。

(3)Brovey 变换。Brovey 变换融合又称比值变换融合，是一种比较简单的融合方法。它只能而且必须同时对 3 个波段进行融合运算。它将输入的遥感影像 3 个波段按照下列公式计算，获得融合以后各个波段的数值：Bi _ new= [Bi _ m/(Br _ m+Bg _ m+Bb _ m)] ×B _ h，Bi _ new 其中代表融合以后的波段数值(i=1，2，3)，Br _ m、Bg _ m、Bb _ m 分别代表多波段影像中的红、绿、蓝波段数值，Bi _ m 表示红、绿、蓝 3 波段中的任意一个，B _ h 代表高分辨率遥感影像(党安荣等，2002)。

(4)HSV 变换。在图像处理中经常应用的彩色坐标系统(彩色空间)有 RGB、HSV、HIS、YIQ 及 USGS Munsell 空间等。计算机上显示的彩色图像一般用 RGB 颜色空间来表示和存储像素点的颜色信息，虽然 RGB 有利于图像显示，但与人眼的感知差别很大，不符合人们的视觉习惯，不适合于图像分割和分析，因为 R、G、B3 个分量是高度相关的，只要亮度改变，3 个分量都会相应改变。而 HSV 空间中的 3 个分量 H、S、V 具有相对独立性，可分别对它们进行控制，并且能够准确定量地描述颜色特征，更加符合人眼感知特性，同时从 RGB 到 HSV 的转换是一个简单、快速的非线性变换。因此，在遥感影像融合中，常常需要把RGB空间转换为HSV空间，在HSV空间融合不同分辨率的影像。

HSV变换先将多光谱影像进行彩色变换，分离出色度(H)、饱和度(S)、亮度(V)分量；然后将高分辨率全色影像与分离的亮度分量进行直方图匹配；最后，将分离的色度和饱和度分量与匹配后的高分辨率影像按照HSV反变换，进行彩色合成。由于直接采用全色影像替换多光谱影像的亮度分量，从而使HSV变换在增强多光谱影像空间细节表现能力的同时，也带来了较大的光谱失真(杨丽萍等，2007)。

2)四种融合算法精度的定量评价

精度评价是影像融合过程中的重要环节。不同的融合算法得到融合影像质量肯定有差异，这就需要使用者对其精度做出评价，以根据实际应用目的，确定需要的算法。

目前，遥感影像精度评价，还没有统一标准，一般采用主观定性与客观定量相结合的方法(王海晖等，2003)。所谓主观定性评价即是从色调、清晰度、地物形状和纹理信息等方面对原始影像和融合影像进行比较，从而对融合效果有一个定性的认识。由于人的主观意识差别很大，不同的人对相同的结果可能会得出不同的结论，所以定性评价只能作为辅助手段，最主要的还是应该做出客观定量评价。

(1)定量评价指标的选取。定量评价主要通过多元统计方法进行，常用的评价指标很多，本书选取熵、偏差和相关系数作为评价指标(赵英时，2003；贾永红，2005)。

首先，假设影像大小为$m\times n$，灰度范围是(0，255)，$M(x,y)$代表低分辨率的多光谱影像，$F(x,y)$代表融合得到的高空间分辨率多光谱影像。

①熵。根据香农(Shannon)信息论原理，1幅8bit影像x的熵为

$$H(x)=-\sum_{i=0}^{255}P_i\log_2 P_i \tag{3-1}$$

式中，P_i为影像出现灰度值为i的像素的概率。$H(x)$值越大，影像所含信息越丰富。可用来评价融合影像信息增加程度。

②偏差。偏差是原始影像灰度平均值与融合影像灰度平均值之差。

$$D=\overline{M}(x,y)-\overline{F}(x,y)=\frac{1}{mn}\sum_{x=1}^{m}\sum_{y=1}^{n}[M(x,y)-F(x,y)] \tag{3-2}$$

它反映融合影像与原多光谱影像光谱特征变化的平均程度，还可以反映每一地物覆盖类型融合后的光谱变异程度。

③相关系数。

$$\rho=\frac{\sum_{x=1}^{m}\sum_{y=1}^{n}[M(x,y)-\overline{M}(x,y))(F(x,y)-\overline{F}(x,y)]}{\sqrt{\sum_{x=1}^{m}\sum_{y=1}^{n}[M(x,y)-\overline{M}(x,y))^2\sum_{x=1}^{m}\sum_{y=1}^{n}(F(x,y)-\overline{F}(x,y)]^2}} \tag{3-3}$$

融合影像与原始多光谱影像的相关系数ρ，能反映融合影像同原始多光谱影像光谱特征的相似程度，即保持光谱特性的能力。融合影像与高分辨率影像的相关系数ρ，则能反映融合影像空间分辨率的改善程度。

(2)评价结论。为了客观定量评价PCA变换、Gram-Schmidt变换、Brovey变换和HSV变换后影像融合的精度，使用ETM+543和全色波段(Pan)做了四种变换的实验。

并统计了熵、偏差和相关系数三个定量指标值(表 3-4)。彩图 7 是四种变换的效果对比图。

熵 $H(x)$反映了影像信息丰富的程度，融合影像的信息熵越大，表明融合影像的信息量增加，所含的信息越丰富，融合质量越好。根据表 3-4 可知，四种融合方法中，Brovey 变换后，各个波段的熵都大幅降低，而其他三种方法变换后的影像熵值基本都不同程度增大，特别是 HSV 变换后影像的熵增加最明显。

偏差 D 可以反映融合影像相对于原始多光谱影像光谱畸变的程度。从表 3-4 可知，PCA 变换和 Gram-Schmidt 变换后的影像光谱畸变很小，而 Brovey 变换和 HSV 变换后的影像光谱畸变都很大。

就相关系数 ρ 而言，PCA 变换和 Gram-Schmidt 变换后的多光谱影像与原对应波段影像相关系数，以及和全色影像的相关系数都高于 Brovey 变换和 HSV 变换后的影像。这说明 PCA 和 Gram-Schmidt 变换后影像，对原多光谱影像的光谱特征和全色影像的分辨率特征继承效果好于 Brovey 变换和 HSV 变换后的影像。

表 3-4 ETM+543 与全色波段(Pan)不同融合算法精度评价指标值

影像	波段	熵 $H(x)$	偏差 D	与对应波段相关系数 ρ	与全色影像相关系数 ρ
ETM+多光谱	3	4.452	0.000	1.000	—
	4	4.529	0.000	1.000	—
	5	4.939	0.000	1.000	—
PCA 变换融合	3	4.468	0.304	0.934	0.977
	4	4.642	0.301	0.958	0.948
	5	4.951	0.311	0.916	0.962
Gram-Schmidt 变换融合	3	4.486	0.304	0.947	0.988
	4	4.637	0.301	0.962	0.951
	5	4.953	0.305	0.916	0.974
Brovey 变换融合	3	3.384	57.851	0.927	0.946
	4	3.722	25.004	0.945	0.939
	5	3.451	26.076	0.941	0.876
HSV 变换融合	3	5.077	5.498	0.906	0.870
	4	5.426	−41.822	0.924	0.971
	5	5.406	−44.178	0.857	0.925
ETM+Pan	8	4.336	0.000	—	1.000

通过四种融合算法变换后的影像对比(彩图 7)，可以发现 PCA 变换和 Gram-Schmidt 变换后影像质量最好，而 Brovey 变换和 HSV 变换后影像质量较差，尤其是 Brovey 变换后影像光谱畸变很严重。再对比 PCA 变换和 Gram-Schmidt 变换后影像质量评价指标，两种变换的偏差 D 统计值相差不大，而在相关系数 ρ 和熵 $H(x)$指标上，Gram-Schmidt 变换总体高于 PCA 变换。这说明 Gram-Schmidt 变换后影像信息量比 PCA 丰富，且多光

谱影像的光谱特征和全色影像的分辨率特征继承性比PCA要好。

综合上述评价结果，在实验比较的四种影像融合算法中，Gram-Schmidt变换效果最好。因此，选用Gram-Schmidt算法作为本研究的融合算法，利用ENVI软件SPEAR工具的Pan Sharpening，选用Gram-Schmidt算法，分别完成研究区ETM+影像、Quick Bird影像融合。

彩图8是采用Gram-Schmidt变换对Quick Bird影像融合前后的效果对比图。从两个实例可以看出，以Gram-Schmidt变换融合后的Quick Bird影像空间纹理信息大大增强，光谱信息保真效果很好。图上反映的耕地田坎清晰可见、林木树冠的颗粒感特别明显，水体等地物颜色接近原始光谱信息，变异很小。

6. 几何精校正与正射校正

目前获取的遥感影像产品，存在不少系统误差，比如随地形起伏、星历参数不准确等因素导致的影像几何畸变。由于这些畸变随机性较大，尽管卫星数据在接收存储时会做一些系统性的处理，比如影像几何畸变的预处理，但这些处理是很粗略的，其影像质量很难满足实际应用的要求，还必须对影像做几何精校正。

卫星遥感影像属中心投影，受地形因素影响，部分像元会出现投影差(像点位移)，在遥感影像上表现就是像元位置错动，不能真实反映地物的地面位置关系(杨武年等，1998)。为消除地形投影差的影响，必须对遥感影像进行正射校正。正射校正可以将由传感器和相机旋转、地形起伏以及在影像获取和处理过程中产生的位置误差全部剔除，输出结果是以“真实世界”X、Y位置表示地表对象的真实影像(党安荣等，2002)。

正射校正的关键是地面控制点三维坐标获取。在平坦地区，或人能够进入的地区，用GPS获取。地形图资料仍然是遥感影像进行几何精校正和正射校正的常规手段。X、Y坐标从地形图上获取，高程Z值从DEM上自动获取。由于正射校正的地面控制点都属于某一地理坐标系或者投影坐标系，所以影像经正射校正后，同时也完成了遥感影像的坐标配准。

由于ETM+影像在本书研究中主要用于区域地质构造解译，涉及范围广，未能获取到大范围的DEM数据，所以只利用研究区的1∶5万镶嵌地形图对ETM+影像作几何精校正，不考虑作正射校正，几何精校正在ERDAS的几何校正(geometric correction)多项式模型中完成(详见2.1.3小节所述)。

研究区的Quick Bird影像等级为预正射产品，用户可作正射校正处理。影像范围内，有完整的1∶1万地形数据，利用该数据生成DEM，可以提供地面高程信息，具备了进行正射校正的条件。Quick Bird影像正射校正使用有理多项式模型(rational polynomial coefficients，RPC)，此模型由Digital Global公司提供。ERDAS软件支持Quick Bird影像的RPC校正模型。此部分重点阐述在ERDAS中对Quick Bird影像的正射校正。

1)数据准备

包括遥感影像准备和DEM准备。Quick Bird影像是已经过Gram-Schmidt变换融合影像，空间分辨率0.61m。融合后的影像分辨率高，色彩丰富，便于选取地面控制点。整个研究区影像分三块进行，即P001、P002和P003三个条带影像分别作正射校正。正射校正的 RPC 参数选用相应区域原全色影像的 RPC 参数(如 P002 扫描带影像的 RPC 参数文件为：7SEP22042807-P2AS-005675841010_01_P002. RPB)。

正射校正需要的 DEM 利用研究区内 1∶1 万电子地形图在 ArcGIS 软件中生成，用来插值的数据源是等高线和高程点，DEM 分辨率是 2m，具有投影坐标系信息(DEM 的构建详见本书 2.2 节)。将 DEM 数据导入成 ERDAS 的 IMG 格式文件，便于正射校正时自动获取地面高程值。

2)ERDAS 软件中实现正射校正

(1)启动 ERDAS 软件，打开几何校正模块，选取专门针对 Quick Bird 影像正射校正的 RPC 模型(图 3-7)。

(2)参数设置。A 为 RPC 模型参数来源文件；B 为校正模型的多项式次数；C 为 DEM 数据来源(图 3-8)。

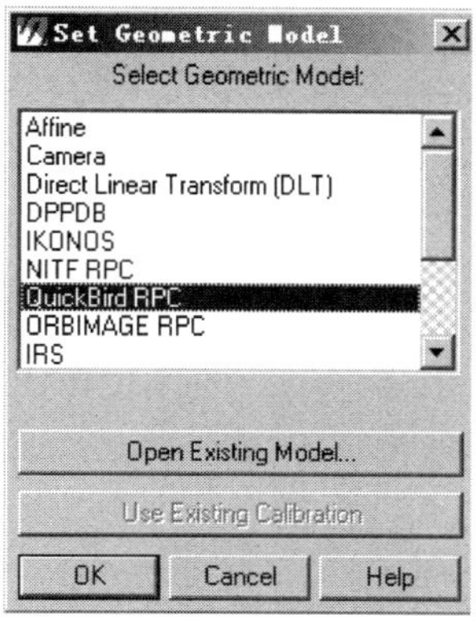

图 3-7　ERDAS 的 RPC 正射校正模型

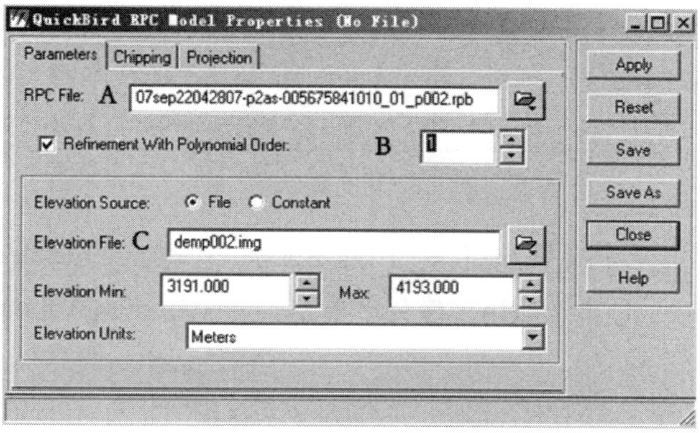

图 3-8　正射校正参数设置

(3)地面控制点采集。由于无法进入到研究区内，无法利用 GPS 来获取高精度的控制点。正射校正控制点只能从现有 1∶1万电子地形图选取，而最主要的是从河流的交叉点及拐点来确定，控制点尽量选在河流中心线位置交叉点上，这样精度更高。经过多次实验分析，就 Quick Bird 影像的正射校正，提出“二次选点”的渐进方法，即先粗略选取 4~5 个点(彩图 9)，进行初校正，然后将初校正影像与河流套合后作为二次精校正选取控制点的来源(彩图 10)，以河流和初校正影像为参考点对象，有以下好处：可以检查前次选点位置的偏差，进一步做出调整修改；还可以发现一般情况下很难发现的河流交叉点，如有些小的河流不容易发现，将河流与初步校正成果套合，很容易发现一些非常好的控制点，可以提高选点的精度，确保控制点分布均匀。

(4)控制点误差分析。由于本次正射校正的控制点只能从 1∶1万地形图上河流交叉点及拐点选取，所以可供选取的有效控制点比较少。以 P002 条带为例，总共选取了 11 个地面控制点(表 3-5)。表 3-5 反映了正射校正地面控制点的精度情况，总均方差(root mean square，RMS)为 8.23 个像元，折算成实际距离约为 5m，在没有更好的控制点可选的情况下，精度能够满足要求。

表 3-5 P002 条带 Quick Bird 影像正射校正地面控制点(GCP)表

ID	X Input	Y Input	X Ref.	Y Ref.	Z Ref.	X Residual	Y Residual	RMS Error	Contrib.
#1	656886.82	3838165.28	381995.87	3839224.01	3107.83	−8.71	8.75	12.35	1.50
#2	665557.42	3840517.85	390745.87	3841302.93	3135.13	4.80	8.18	9.49	1.15
#3	667099.52	3841756.51	392321.96	3842503.42	3139.48	−6.03	−5.66	8.27	1.01
#4	665755.06	3838569.49	390872.75	3839341.93	3318.00	−0.43	0.25	0.50	0.06
#5	654900.51	3837357.23	379980.80	3838468.77	3319.00	6.56	−4.79	8.12	0.99
#6	660890.30	3838434.18	386016.53	3839381.88	3115.00	0.31	−13.14	13.14	1.60
#7	653857.05	3839183.50	378999.10	3840335.81	3154.00	0.31	0.01	0.31	0.04
#8	657202.24	3838850.87	382333.73	3839903.05	3134.00	−1.93	−2.32	3.02	0.37
#9	659304.91	3838080.91	384417.68	3839063.80	3119.00	−2.62	10.84	11.16	1.36
#10	661182.85	3839567.19	386328.25	3840482.33	3309.00	5.88	−4.28	7.27	0.88
#11	666542.61	3842564.36	391794.13	3843322.48	3215.00	1.88	2.15	2.29	0.35

注：Refinement with Polynomial Order=2；Control Point Error：[X] 4.54；[Y] 6.85；[Total] 8.23，单位：像元。

(5)执行正射校正。如图 3-9，A 设置正射校正结果输出文件，B 选择影像重采样方法，C 设置输出影像分辨率大小。点击“OK”即可完成正射校正工作。

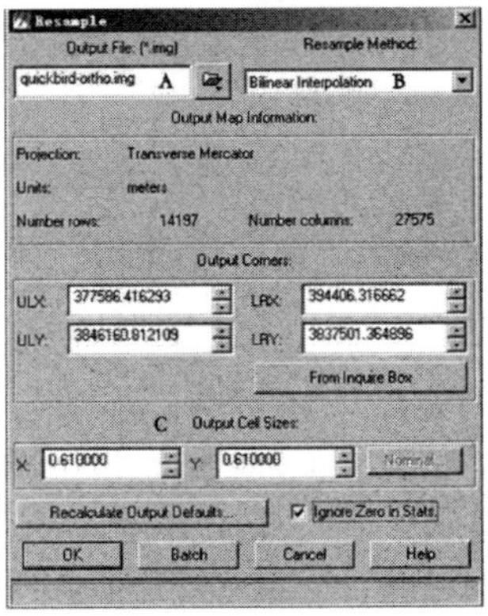

图 3-9 ERDAS 执行影像正射校正

通过正射校正消除了遥感影像部分薄云或者薄雾的影响。研究区 Quick Bird 影像的 P001 中个别地段有云覆盖。校正前，有些地方无法进行遥感信息提取；校正后，影像质量有了明显改善，基本能够进行信息提取(彩图 11)。

7. 影像分割与镶嵌

一般遥感系统获得的影像都是一个地区自然与人文景观全貌的综合反映，并按照一定格式分幅、编号记录、存储和检索。每类遥感影像的每幅覆盖面积都是有限的，而其包含的内容则是多方面的、综合性的(戴昌达，2004)。在遥感实际应用中往往会遇到以下两种情况：

(1)有的研究区局限在一个较小的范围内，仅涉及一幅影像的一部分，这种情况比较好办，可以根据感兴趣区(area of interest，AOI)的地理坐标或者明显地物特征点，很方便地把它从整幅影像中裁剪出来，这就是影像的分割。影像裁剪不涉及影像结构变换，容易操作实现。

(2)研究区域很大，或区域形状不规则延伸，涉及多幅遥感影像，或者研究区范围并不大，当恰恰在几幅影像的汇合处。在这种情况下，就必须将研究区涉及的所有影像合在一起形成一幅完整的包含感兴趣区域的影像，这就是影像镶嵌。影像镶嵌比影像分割复杂得多。如何在几何位置上将多幅不同的影像连接在一起，解决几何连接的实质仍是几何校正，按照几何校正原理将所有参与镶嵌的影像校正到统一的坐标系中，并去掉重叠部分将多幅影像拼接起来形成一幅更大的影像。

1 幅 ETM+影像的面积约为 32000km^2，研究区范围正好位于使用的 ETM+影像(轨道号 132/036)范围的中间部位，所以直接利用研究区边界文件作为 AOI，将研究区影像裁剪出来，得到研究工作需要的 ETM+遥感影像。裁剪工作在 ERDAS 软件的 Subset Image 模块下进行。

研究区范围内的 Quick Bird 影像被分成了三个部分(见图 3-4)，即 P001、P002 和 P003，为了得到研究区范围的完整影像，需要对三个分区内的 Quick Bird 影像进行镶嵌。研究区 Quick Bird 影像镶嵌工作在 P001、P002 和 P003 范围内已经完成正射校正的影像基础上进行，在 ERDAS 软件的 Mosaic Image 模块下自动完成。镶嵌之前，需要对参与镶嵌的影像分别进行直方图匹配，使影像的色调、亮度基本一致。为了消除镶嵌后影像接边处的接边痕迹，要选择边缘羽化效果处理。由于研究区三个条带的影像时相相近(分别为 2007 年 7 月、8 月、9 月)，色调差异小，所以镶嵌效果很好。彩图 12 为镶嵌前后的实例对照图(局部)。镶嵌后的 Quick Bird 正射影像即可作为研究区专题信息提取的工作底图，如库区地质灾害解译、土地利用类型解译等。

3.2 雅砻江二滩水电站研究区空间数据集成

3.2.1 雅砻江二滩水电站概况

二滩水电站位于四川省攀枝花市境内雅砻江下游河段二滩峡谷区内，以发电为主，水库两岸临江坡高 300～400m，河床枯水位高程 1011～1012m，水面宽 80～100m，水库正常高水位为 1200m，发电最低运行水位 1155m，总库容 58 亿 m^3，有效库容 33.7 亿 m^3，水库面积 101km^2。

二滩水电站于 1987 年 9 月开始施工前期准备，1991 年 9 月 14 日主体工程开工。1993 年 11 月 26 日二滩水电工程实现大江截流；1997 年 11 月 4 日导流洞下闸，由大坝临时导流底孔进行二期导流；1998 年 5 月 1 日水库开始蓄水，同年 8 月 18 日第一台机组并网发电；1999 年 12 月全部建成投产。它是我国 20 世纪末建成投产的装机容量最大的水电站。

水库区地处青藏高原东南缘、云贵高原北部、攀枝花以北38km处，介于东经101°10′～102°6′、北纬26°40′～27°59′之间。全区处于横断山系南段高山峡谷区，属于深切割的侵蚀剥蚀中山类型，是以山地地貌为主的川西南山地组成部分。

库区气候属我国亚热带西段金沙江－龙川江岛状南亚热带半干热河谷季风气候。因受西风南支急流与西南季风的交替控制，从而出现明显的干、湿季气候差异，年平均气温20°C，年平均日照2754小时，无霜期大于300天，年均降水量1000mm。

根据研究搜集到的基础资料，尤其是卫星遥感影像覆盖的地理范围，研究区工作范围以二滩水库为中心，主要包括攀枝花市米易县、盐边县的大部分地区以及凉山彝族自治州德昌县、盐源县以南的小部分地区，如图3-10所示。

本书以二滩水电站为水电开发生态环影响回顾评价的研究原型。

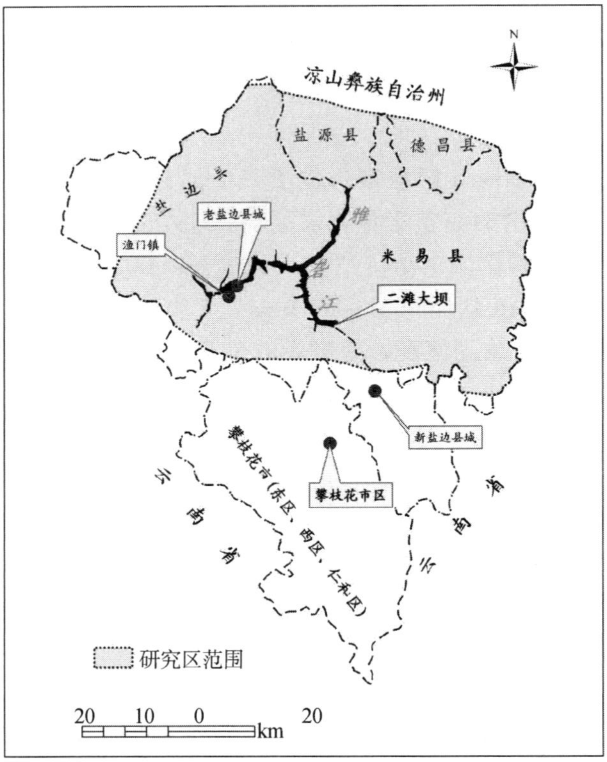

图3-10 二滩水电站

注：来源于成都理工大学.数字国土与生态科学研究所。

3.2.2 二滩水电站基础地理数据集成

1. 元数据信息

共收集研究区1∶5万地形图18幅，地形图元数据见表3-6。如表3-6所示，是研究区地形图分布的基本情况。从投影带来讲，有17带的，有18带的。从坐标系来讲，有1980西安坐标系，有1954北京坐标系。成图时间：新图成图于20世纪90年代左右，根据 1∶2.5 万地形图编绘成图。旧图成图于 20 世纪 60 年代左右，航测成图。

表 3-6　地形图元数据

	17 带投影		18 带投影
黄草乡	择木龙乡	树河乡	宽裕乡
岩口乡	新坪乡	普威乡	宁华乡
永兴	盐边县	麻龙	米易县
长官司	同德	孟粮坝	撒莲
		金江	会理县

2. 基础地理数据集成

1)基础地理框架参数确定

据表 3-6 可知，研究区地形图既有北京 54 和西安 80 两种坐标系，又有位于 17、18 两个投影带，为了将研究区地形图集成使用，须将所有地形图集成到同一个投影带、同一种坐标系的统一地理框架下进行。为此，首先确定基础地理参数，见表 3-7。

表 3-7　空间参考系设计

椭球体	KRASSOVSKY			基准面	KRASSOVSKY
投影	高斯投影	中央经线	99°	高程系	1956 黄海高程系
		西偏移	500km		
坐标系	北京 54 坐标系			单位	m

2)地形图分幅校正与坐标配准

针对表 3-6 列出的四种投影带和坐标系的地形图，采取不同的方式和步骤进行几何校正与坐标配准。

(1)17 带北京 54 坐标地形图。此种类型的地形图坐标系参数与空间参考系参数相同，处理方法的基本原理参见 2.1.3 节所述，需注意的是控制点的输入。

控制点选择和输入是几何校正的关键问题，直接影响图像校正的质量。控制点在整幅图像中应尽可能均匀分布，否则会导致图像局部严重变形。数量要适中，不宜过多也不宜过少，数量过多不仅不一定能得图像校正精度高，同时也会加大计算机的工作量，还会延长工作时间；而数量过少虽然工作量小，但是会严重影响图像的校正精度。在校正地形图过程中，控制点一般选择其公里网格的交叉点，人工手动输入参考坐标。精度一般要控制在一个像元之内，否则需要反复调整直至满足要求，见彩图 13。

控制点输入个数和精度达到要求以后，即可进行校正操作。图像重采样方法仍选用双线性内插法。

(2)18 带北京 54 坐标地形图。这类地形图参数与目标参考系参数存在投影带差异，其公里网是 18 投影带下的，所以不能直接按照常规方法将其公里网的交叉点作为控制点，而是要找到其图幅范围内邻带 17 投影带下的公里网交叉点作为控制点输入。因地形图覆盖区正好位于 17、18 投影带的交界处，所以地形图中内框显示为 18 投影带坐标，而其外框显示有17带刻度及坐标(彩图14)。为将其校正为17投影带下，首先要将外框的上下、左右相同坐标的刻度连接起来，建立起17带投影下公里网(彩图14，红线表示)，然后再按常规方式进行校正。方法同17带北京54坐标系地形图的处理方法，控制点选在17带投影下公里网交叉点，即红线交叉点。

(3)17带西安80坐标地形图。此类地形图参数与目标参考系参数之间存在着坐标系的转换问题，即西安80坐标系向北京54坐标系的转换。处理方法参见3.1.2节中所述。

(4)18带西安80坐标地形图。此类地形图参数与目标参考系参数之间存在着坐标系的转换问题，还存在着投影带的差异问题。所以，这里分两步进行，第一步解决坐标系转换，即将地形图西安80坐标系转换到北京54坐标系，第二步进行投影转换，将地形图从第18带转化到17带，解决投影带归一化问题。坐标系转换方法同3.1.2节中所述。投影转换方法如下[以宽裕乡(G48E005001)为例]。

①投影转换。将经坐标系转换得到的北京54坐标系下18投影带的图框投影到17投影带下，见图3-11。

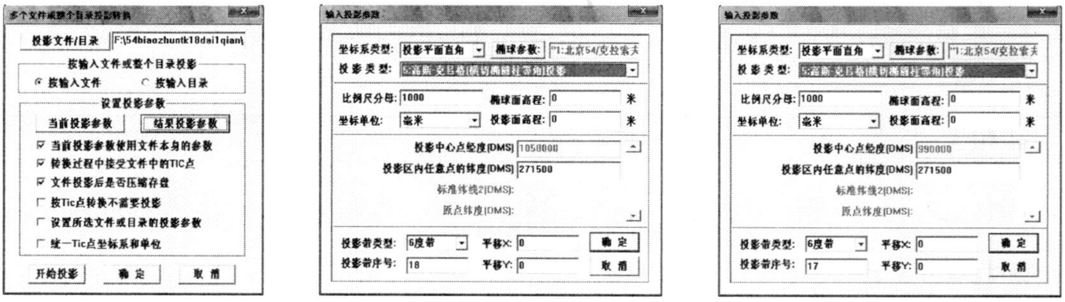

图3-11 图框投影换转

②利用投影转换后得到的北京54坐标系下17带图框对地形图进行几何校正，见彩图15。

3)地形图镶嵌

研究区共涉及地形图18幅，经几何校正和坐标配准后，需要将其整合到一起生成一幅完整的地形图，即无缝镶嵌。首先在ERDAS软件中利用Subset命令将地形图的边框裁掉，然后用ERDAS软件的Mosaic命令将研究区地形图镶嵌成一幅整图。

3.2.3 二滩水电站遥感影像集成

研究使用1988年2月2日、1999年2月16日和2006年11月18日的Landsat TM影像以及2003年2月19日Landsat ETM+影像，轨道号130/041。

1. 辐射校正

在遥感影像成像时，由于多因子的作用，使影像存在不同程度的辐射量失真现象，这会导致影像的质量和应用受到不同程度的影响，特别是在基于像元光谱特征的分析时，准确性受到很大影响(Chander G，2003)。因此，必须对其进行辐射校正处理。

在 ENVI 软中使用 FLAASH 模型完成 TM/ETM+影像的大气校正，具体参见 3.1.3 节所述。

2. 几何精校正和坐标配准

遥感影像在接收时由于种种原因总会产生或多或少的变形。主要原因有遥感平台位置和运动状态变化的影响、地形起伏的影响、地球表面曲率的影响、大气折射的影响和地球自转的影响。因此，数据在接收后要进行校正。遥感图像一般要经过两次校正才能应用到实际工作中。第一次校正是由接收部门根据遥感平台、地球、传感器的各种参数进行的系统校正。当用户拿到图像后，由于投影、坐标系等不同，或应用目的、比例尺不同，需要再做进一步的几何精校正。

几何校正方法有多种，这里采用前面校正地形图的方法——多项式模型进行。在 ERDAS 软件中完成，不同之处在于遥感影像校正是以研究区镶嵌地形图为参照，在地形图上和影像上分别选取相对应的同名地物点，作为地面控制点(ground control point，GCP)。GCP 一般选在河流交叉点、道路拐点、桥梁中心等易于识别的位置。本次影像处理工作中，先将 1988 年的影像根据地形图进行几何精校正，然后以校正后的 1988 年的遥感影像为地理参照，将 1999 年、2003 年和 2006 年的遥感影像分别配准到 1988 年的影像上来，其操作原理及方法和地形图校正的原理及方法一样。

彩图 16 是以研究区镶嵌地形图为参照，对 1988 年的遥感影像进行几何精校正。彩图 17 是以精校正后的 1988 年影像为参照，将 1999 年的影像配准到 1988 年影像上。

第 4 章　水电开发生态环境影响预测评价

4.1　地质灾害危险性预测与评价

4.1.1　地质灾害危险性预测评价的重要意义

水库库区地质灾害危险性预测十分必要，稍有不慎，即可造成不可估量的影响和损失(刘传正，1995)。意大利瓦依昂水库滑坡事件，就是惨痛例证。该水库坝高 267m，为当时(1963 年)世界上最高的双曲拱坝。勘测与施工过程中，早已发现库内紧靠左坝肩山体有变形迹象，但直到大坝建成后仍未对其稳定性和发展趋势做出明确判断。大坝蓄水后，于 1963 年 10 月 9 日，该山体突然以 25～30m/s 的速度下滑，近 2 亿 m^3 土石迅速淤满水库，掀起了高出坝顶 100 余米的涌浪。库水宣泄而下，摧毁下游约 3km 处的一个村镇，造成近 3000 人死亡，整个水库变为“石库”。

地质灾害危险性评价指分析特定区域内某种潜在的地质灾害现象在一定时期内发生的概率，其基本任务是分析致灾的孕灾环境和灾害发生敏感性，包括历史地质灾害危险性评价和潜在地质灾害危险性评价(王轶，2004)。

水库库岸受到库水浸泡、风浪冲击、水流侵蚀以及干湿交替的影响，使库岸岩土体风化加剧，抗剪强度降低及水位涨落引起库岸地下水动水压力变化，容易造成库岸侵蚀、崩塌、滑移，进而诱发古滑坡复活，同时诱发新的崩塌和滑坡，这对水库的安全运行构成巨大隐患(黄润秋等，2005)。

大型崩塌、滑坡破坏，不仅直接破坏工程地质环境，而且常常造成一些间接破坏，如在大坝附近发生，引起巨大涌浪，可能直接摧毁大坝、厂房等建筑，威胁下游人民生命财产安全。在水电开发工程预可研阶段进行地质灾害现状调查和区域地质灾害危险性预测评价，能够为下阶段工作奠定坚实基础。进行区域范围内的地质灾害危险性预测，涉及到大量的空间数据的获取、存储和处理，GIS 以其强大功能，为地质灾害危险性预测评价提供了强有力的支撑平台。本章将基于 GIS 进行黄河上游某拟建水电站库区地质灾害危险性预测评价。

4.1.2　地质灾害危险性预测评价模型与方法

基于 GIS 进行地质灾害危险性预测模型可分为两类：非确定性模型和确定性模型(施

斌等，2006)。确定性模型由于采用斜坡破坏的力学模型，被认为是最有前途的评价方法，但是由于它需要对力学模型和 GIS 进行高度耦合，因而目前应用较少。非确定性模型先对地质灾害影响因子的空间分布进行定量评价，然后利用数学模型和方法做出地质灾害危险性预测。

目前，常用的非确定性模型方法有：模糊综合评判法、信息量法、神经网络法、多元回归分析法、多因子分级加权法等。关于各种评价方法的优缺点，陈永波(2002)、李雪平(2005)和向喜琼(2005)等做了比较详尽地评述。不同的方法有各自的优缺点以及相对的适用范围。

多因子分级加权法是实践应用中比较成熟的一种方法(乔建平，1996)，在 GIS 中可以直接实现，而不需要进行二次开发相关功能模块，所以有很强的普适性。

多因子分级加权法用于地质灾害危险性评价的基本原理是：将地质灾害影响因子记做 C，将各因子的影响权重记做 W，用危险性指数(danger index，DI)表示各评价单元的地质灾害危险性程度，则

$$\mathrm{DI} = \sum_{i=1}^{n} C_i \times W_i \tag{4-1}$$

式中，DI 为评价单元地质灾害危险性指数，DI 值越大，危险性越大；C_i 为评价因子 i 的量化值，根据对地质危险性的影响程度，由大到小取值；W_i 为评价因子 i 的权重；n 为评价因子个数，$i=1, 2, 3, \cdots, n$。

基于 GIS，采用多因子分级加权法进行地质危险性预测评价的基本思路是：

①根据评价对象的特点和要求，筛选地质灾害危险性影响因子，并确定各个影响因子的权重，建立地质灾害危险性评价指标体系。

②根据对地质灾害危险性的不同“贡献”程度，给影响因子赋予不同数值进行量化，编制影响因子栅格数据图层。

③基于 GIS 的空间叠置分析工具，对各个影响因子图层进行加权叠加分析，得到地质灾害危险性指数图。

④将地质灾害危险性指数图，按照一定原则和分类标准，划分为若干危险性等级，得到地质灾害危险性等级空间区划图，并对评价结果进行评述。

4.1.3　地质灾害危险性预测评价的实施过程

1. 评价指标选取与 GIS 数据库构建

1)评价指标选取原则

基于遥感和 GIS 技术预测评价地质灾害危险性，指标选取时要遵循以下原则。

(1)主导性原则。影响地质灾害的因子很多，但其影响程度有所差异，影响程度大的成为主导因子。必须在综合分析的基础上找出与其关系密切的因子作为主导因子，忽略次要因子的影响。

(2)针对性原则。由于研究区域、评价目的和评价对象的不同，需要选择不同的影响

因子。例如，公路地质灾害与水库库区地质灾害的评价因子、农业区与煤矿区的评价因子、黄土高原区与西南山地区的评价因子都不一样。同样，评价泥石流和滑坡、崩塌的危险性，其评价指标有所不同。实践表明，采用同一套指标体系进行地质灾害危险性评价是欠妥当的，更不要说试图建立全省或者全国范围内通用的指标体系了。指标体系具有地域差异性。

(3)差异性原则。选取的因子在研究区域内要有差异性，在整个研究区内无差异的因子不予考虑，如降雨是地质灾害的重要诱发因子，尤其是滑坡泥石流的诱发因素。但是如果区域较小，无常规气象观测站点，且本身降雨量差异性不大，所以降雨因子不考虑，可认为降雨因子对每个区域的作用力都是一致的。

(4) 尺度性原则。地质灾害危险性评价是在一定的空间尺度上进行。总体上看，地质灾害危险性评价可以分为单体和区域两大类，而区域上又可以再划分为小比例尺(小于或等于1∶10万)，中比例尺［(1∶2.5)～(1∶5万)］。不同空间尺度的灾害危险性评价选取的指标并不完全相同，如单体滑坡危险性评价，一般选取滑体的物理性质指标和力学指标等，如天然含水量、柏松比、内摩擦角、抗拉强度等；而小比例尺评价则往往选取坡度、地质环境条件等因素(高宇，2005)。

(5)可操作性原则。选取的评价指标易于获取和实现。

2)评价指标体系选取与GIS数据库构建

经综合分析得知，研究区内不具备泥石流发生的必备条件，泥石流不发育。水库蓄水后，危害最大的还是崩塌和滑坡灾害。所以重点对崩塌和滑坡的危险性进行预测评价。由于崩塌和滑坡在成灾机理和致灾因子上基本相同，此处将地质灾害作为一个整体，不考虑灾害的类别，选用相同的评价指标。

从地质灾害发生的因素来讲，可以分为内因和外因(唐邦兴，1995)。地形地貌、地层岩性和地质构造是崩塌滑坡等地质灾害形成的三大内因(卓宝熙，2002)。内因实际上是灾害发生的地质背景条件。外因是灾害发育过程中起诱发作用的外部因素，外因又可以分为自然因素和人为因素。自然因素有地震、降雨等；人为因素人类活动引起的，如地下水开采、土木工程边坡开挖、土地利用方式的改变等。内因是地质灾害发生的必要条件，而自然与人为因素的诱发作用是地质灾害发生的充分条件。

根据评价指标选取的原则，充分考虑资料的可获得性、空间尺度的大小，综合参考已有研究成果(刘汉超等，1995；郑书彦，2002；柳源，2003；高宇，2005；邓荣贵，2005；唐胜传等，2005；向喜琼，2005；曲华，2006；邓辉，2007)，经过反复征求专家意见，最终确定斜坡结构、坡度、地层岩性、断层和河流水系五个因子作为库区地质灾害危险性预测评价的因子。因为只是预测目前天然状态下的潜在危险性，即只考虑区域内在地质背景条件下的稳定性，所以在指标的选取时，只考虑地质背景的孕灾条件。对于外在的诱发因素，如地震、降雨以及人类活动影响不予考虑。

栅格数据在空间分析方面具有强大优势，因此采用栅格单元作为地质灾害危险性预测评价的基本单元，单元大小和研究区1∶1万DEM最佳栅格单元大小一致，即2m×2m。在建立斜坡结构、坡度、地层岩性、断层和河流水系五个评价因子GIS栅格图层后，利用多因子分级加权模型，进行地质灾害的危险性预测评价。

(1)斜坡结构。斜坡结构是指在层状岩体组成的斜坡中，由坡面、岩层产状、河流或沟谷流向三者之间特定的组合方式决定的斜坡形态(杨卫中等，2007)。

斜坡结构类型对坡体的稳定性具有的控制作用。大量野外滑坡调查表明，在河流两岸地区，斜坡结构类型不同，坡体变形发展乃至最终破坏的形式完全不同。其中，岩层走向和河流走向之间的关系对斜坡稳定性的影响尤为突出，一般来说，横向直交坡最为稳定，斜向坡次之，而顺向坡对坡体的稳定性尤为不利。斜坡结构类型划分标准见表 4-1。

表 4-1　斜坡结构类型及危险性分级量化标准

斜坡结构类型划分			危险性等级	量化值
Ⅰ	平缓层状岸坡 ($\alpha<10°$；$0°\leqslant\beta\leqslant180°$)	Ⅰ$_1$：平缓倾内层状岸坡 Ⅰ$_2$：平缓倾外层状岸坡	较低	2
Ⅱ	横向岸坡($60°\leqslant\beta\leqslant120°$；$0°\leqslant\alpha\leqslant90°$)		低	1
Ⅲ	顺向层状岸坡($0°<\beta\leqslant30°$)	Ⅲ$_1$：缓倾外顺向层状岸坡($10°\leqslant\alpha\leqslant20°$)	较高	3
		Ⅲ$_2$：中倾外顺向层状岸坡($20°<\alpha\leqslant45°$)	高	4
		Ⅲ$_3$：陡倾外顺向层状岸坡($\alpha>45°$)	高	4
Ⅳ	逆向层状岸坡($150°<\beta\leqslant180°$)	Ⅳ$_1$：缓倾内逆向层状岸坡($10°\leqslant\alpha\leqslant20°$)	较低	2
		Ⅳ$_2$：中倾内逆向层状岸坡($20°<\alpha\leqslant45°$)	较低	2
		Ⅳ$_3$：陡倾内逆向层状岸坡($\alpha>45°$)	较高	3
Ⅴ	斜向层状岸坡($0°\leqslant\alpha\leqslant90°$)	Ⅴ$_1$：斜向倾内层状岸坡($120°<\beta<150°$)	较低	2
		Ⅴ$_2$：斜向倾外层状岸坡($30°<\beta<60°$)	较高	3

注：α 为岩层倾角，β 为岩层倾向与岸坡坡向间的夹角。

计算斜坡结构类型的关键是要知道岩层倾角(α)和岩层倾向与岸坡坡向间的夹角(β)。根据 DEM 可直接派生出区域岸坡单元的坡向，所以求解区域斜坡结构的关键就是求解单元格中岩层倾角和岩层倾向。由于地质图上提供了岩层产状要素，因此只要确定现有地质图上标识的每个岩层产状的影响范围，即可认为这个影响范围内所有评价单元的岩层倾角值和岩层倾向值就是由该产状要素决定的。根据地质图岩层产状确定其影响范围需遵循如下原则：取两个相邻产状的中点，按两个相邻产状的平均倾向的延伸线的圈闭范围就是一个产状的影响范围；断裂构造线直接作为分界线；遇到背斜或向斜，以其轴线为分界线。

按照上述原则，圈定研究区范围内每个产状的影响范围，在 GIS 中将每个影响区域赋予岩层倾角和岩层倾向两个属性值。然后在 ArcGIS 中分别根据倾向和倾角值，将矢量图层数据栅格化，得到研究区岩层倾向栅格图层和岩层倾角栅格图层。然后在 ArcGIS 的空间分析模块的 Map Algebra(地图代数)中，先计算坡向与岩层倾向间的夹角 β，再按照表 4-1 中斜坡结构的划分标准，利用岩层倾角 α 和 β 作条件运算，得到研究区斜坡结构类型，并按斜坡类型危险性等级进行量化打分。评价指标的稳定性等级划分为危险性高、危险性较高、危险性较低、危险性低四级，并对评价因子做半定量处理，采用 4、3、2、

1度量危险性由高到低四个等级。各评价因子的危险性等级划分及量化标准主要结合专家意见和经验值确定。

以下语句是ArcGIS的Map Algebra中实现斜坡结构类型划分及分级量化的表达式：

con([α]<10&([b]>=0&[β]<=180)，2，con(([α]>=0&[γ]<=180)&([β]>=60&[β]<=120)，1，con((([α]>=10&[α]<=20)&([β]>0&[β]<=30))，3，con((([α]>20&[α]<=45)&([β]>0&[β]<=30))，4，con((([α]>45)&([β]>0&[β]<=30))，4，con((([α]>=10&[α]<=20)&([β]>=150&[β]<=180))，2，con((([α]>20&[α]<=45)&([β]>=150&[β]<=180))，2，con((([α]>45)&([β]>=150&[β]<=180))，3，con((([α]>=0&[α]<=90)&([β]>120&[β]<150))，2，con((([α]>=0&[α]<=90)&([β]>30&[β]<60))，3)))))))))

(2)坡度。随着坡度的增加，包括重力在内的剪切力增大，相应的滑坡发生概率也会增大。但是，也并不是坡度越大越有利于滑坡的发生。滑坡和崩塌而发生的"最有利"坡度有一定差异性，一般情况下，滑坡一般发生在15°～50°，而崩塌则多发生在坡度大于50°区域。目前，绝大多数地质灾害危险性评价都要充分考虑坡度的影响。将坡度划分为四个等级，各等级危险性及分级量化标准见表4-2。

利用前面生成的DEM，在ArcGIS的空间分析模块，自动生成坡度图，然后再按照表4-2的分级标准对坡度图重分类，得到坡度因子栅格图层。

表4-2 斜坡坡度危险性分级量化标准

坡度区间	0°～15°	15°～25°	25°～35°	>35°
危险性	低	较低	较高	高
量化值	1	2	3	4

(3)断层。地质构造对斜坡的稳定性有明显的影响，尤其是断层的存在，使得岩体的破碎度增加，降低了坡体的完整性程度，造成残积、崩坡积碎石土层增厚，为崩塌、滑坡提供了丰富的物质来源。

断层主要根据Landsat ETM+ RGB741合成的影像，结合地质构造图来解译获取，由于断层的规模等级和活动性不同，对地质灾害的影响程度也不同，所以要区别对待。断层影响通过距离断层远近来刻画，通过GIS缓冲区分析来实现。断层影响范围及危险性分级量化标准见表4-3。

表4-3 断层影响范围及危险性分级量化标准

断层性质	影响范围/m	危险性等级	量化值
一般断层	>500	低	1
	>300，≤500	较低	2
	>100，≤300	较高	3
	≤100	高	4

续表

断层性质	影响范围/m	危险性等级	量化值
活动性断层	＞2000	低	1
	＞1000，≤2000	较低	2
	＞500，≤1000	较高	3
	≤1500	高	4

(4)河流水系。发生崩滑灾害的一个重要条件就是前方要有足够的临空面。水流不断冲刷岸坡，淘蚀坡脚、削弱斜坡支撑力，形成临空面。当下滑力增大到大于抗滑力时，斜坡就会产生滑动，坡度较陡时形成崩塌。调查分析表明，宝珠寺水库蓄水后水库沿岸发生的20 个滑坡中，都是由于水库水位的消长引起的侵蚀，其中 14 个是由库水侵蚀直接引起，6 个由库水侵蚀和降雨共同作用引起。而其中绝大多数滑坡都是水库蓄水以后，浸入水中部分承载力降低，形成牵引式滑坡(邓荣贵，2005)。B. Temesgen(2001)将研究范围按距河流远近分为六类，每 500m 为一间隔，分析表明：0～500m 区域内的滑坡数量远远大于其他距离河流相对较远的区域内滑坡数量，距离河流越远，其滑坡发生的数量越少。

库区两岸为高山峡谷，黄河冲刷、侵蚀两岸岸坡，形成有效临空面，大大降低了岸坡的稳定性。综合以上因素考虑，因子选取时，要充分考虑河流水系的影响。河流水系的影响通过距离河流远近来刻画，也是通过 GIS 缓冲区分析来实现。

结合 Quick Bird 遥感影像与地形图可以提取水系分布位置，根据河流宽度，将水系分为三级，一级水系为黄河干流，二级水系为黄河的面状支流，三级为黄河的线状支流。根据河流等级不同，设置不同等级的缓冲距离。河流水系影响范围及危险性分级量化标准见表 4-4。

表 4-4　河流水系影响范围及危险性分级量化标准

河流规模	影响范围/m	危险性等级	量化值
一级水系（黄河干流）	＞200	低	1
	＞150，≤200	较低	2
	＞100，≤150	较高	3
	≤100	高	4
二级水系（黄河支流，面状）	＞100	低	1
	＞70，≤100	较低	2
	＞40，≤70	较高	3
	≤140	高	4
三级水系（黄河支流，线状）	＞50	低	1
	＞30，≤50	较低	2
	＞10，≤30	较高	3
	≤10	高	4

(5)地层岩性。地层岩性对崩塌滑坡等地质灾害起着明显的控制作用。地层内的软弱岩层的存在是滑坡产生和发育的必要条件，只有当这些岩体中含有向坡外倾斜的软弱夹层、软弱结构面，崩滑灾害才易于发生。而在坚硬完整岩体构成的斜坡，则不容易发生。表4-5为地层岩性指标统计及危险性分级量化标准。本书前文中已经建立了地层岩性GIS数据库，可以直接用于地质灾害危险性预测评价。

表4-5　地层岩性指标统计及危险性分级量化标准

地层岩性				危险性等级	量化值
符号	名称	岩性	软硬程度		
N	新近系	紫红色粉砂岩、砂岩夹泥岩	软弱岩体	高	4
E	古近系	紫红色砾岩、角砾岩	中等坚硬岩体	较低	2
T_2^a	三叠系中统	薄层状长石砂岩、长石石英砂岩夹粉砂质、泥质板岩、局部夹薄层灰岩	中等坚硬岩体	较高	3
$\pi\gamma_5$		印支期侵入岩：灰白色似斑状中粒黑云母花岗岩	坚硬岩	低	1

2. 评价指标权重确定

不同指标对地质灾害的“贡献率”是不同的，因此不能把它们等效处理和平权处理，而用权重来体现这种重要程度的差异性(曲华，2006)。评价指标权重确定的常用方法有经验值法、反推法和层次分析法。

经验值法，即参照已有研究成果，借鉴别人指标权重。但是由于不同对象、不同目的差异性，应该有针对性地借鉴，并加以修正。反推法，根据现有调查成果，分析灾害发生的频率进行统计，分清影响因子之间的轻重关系反推(石菊松等，2005；王征征，2006)。

综合考虑，本次研究采用专家打分，用层次分析法确定权重。层次分析方法(analytic hierarchy process，AHP)，是美国著名的运筹学家T·L·Satty于1973年提出的。它是一种定性与定量相结合的多目标决策分析方法，适于在目标结构复杂且缺乏必要的数据时使用。它是半定性、半定量问题转化为定量问题的行之有效的方法，它将各种有关因素层次化，并逐层比较多种关联因素，为分析、决策、预测或控制事物的发展提供可比较的定量依据。这一方法可归结为各层次的排序问题(赵焕臣，1986)。运用层次分析法建模，大体上可按下面三个步骤进行。

1)建立递阶层次结构模型

应用AHP分析决策问题时，首先要把问题条理化、层次化，构造出一个有层次的结构模型。在这个模型下，复杂问题被分解为元素的组成部分。这些元素又按其属性及关系形成若干层次。上一层次的元素作为准则，对下一层次有关元素起支配作用。这些层次可以分为三类：

①最高层：这一层次中只有一个元素，一般它是分析问题的预定目标或理想结果，因此也称为目标层。

②中间层：这一层次包含了为实现目标所涉及的中间环节，它可以由若干个层次组

成，包括所需考虑的准则、子准则，因此也称为准则层。

③最底层：这一层次包括了为实现目标可供选择的各种措施、决策方案等，因此也称为措施层或方案层。

递阶层次结构中的层次数与问题的复杂程度及需要分析的详尽程度有关，一般层次数不受限制。每一层次中各元素所支配的元素一般不要超过 9 个。这是因为支配的元素过多会给两两比较判断带来困难。

根据前面对库区地质灾害危险性评价指标的确定与 GIS 数据库构建，将地质灾害危险性评价指标体系分为目标层 A、指标层(因素层)B 两个层次。具体层次结构见图 4-1。

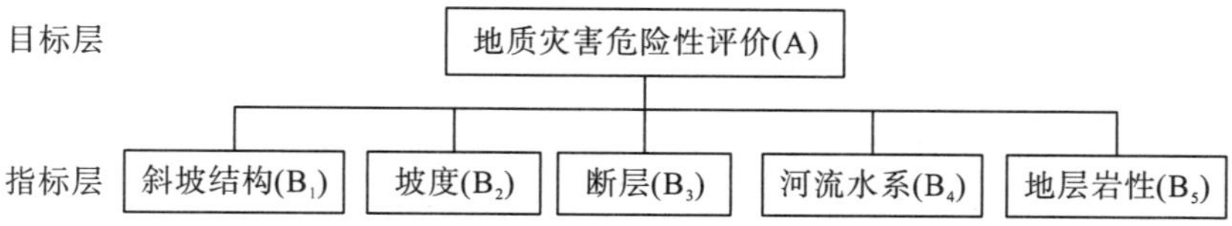

图 4-1　评价指标体系层次结构图

2)构造判断矩阵

层次分析法要求逐层计算有关相互联系的元素间影响的相对重要性，并予以量化，组成判断矩阵，作为分析的基础(马国斌，2003)。

一般在构造判断矩阵的时候我们常用的是 Satty 提出的标度方法，即分别以 1、3、5、7、9 来标度两个元素之间的重要性程度。根据前人研究经验，虽然 Satty 比例标度法在确定事物的排序上基本是合理的，但其对相互之间的重要性程度差异的描述与人的常识有一定偏差。例如“稍微重要”的标度值为 3，也就是将比“同等重要”大 3 倍的情况认为是稍微重要，而“明显重要”的标度值为 5，与“稍微重要”的标度比为 5/3=1.67，远小于 3，即“明显重要”的事物与“稍微重要”的事物相比较得出的差异，还远不能与“稍微重要”的事物与“同等重要”的事物相比较得出的差异想比较，这是不合理的。故有的研究者(汪树玉等，2002)提出了一些新的比例标度值(表 4-6)，使得重要性等级之间数量差异能更真实地反映人们的量化概念。

表 4-6　改进的比例标度法汇总表

定义	Satty 1～9 标度	9/9～9/1 标度	10/10～18/2 标度	指数标度
同样重要	1	9/9(1)	10/10(1)	9^{0}(1)
稍微重要	3	9/7(1.286)	12/8(1.50)	$9^{(1/9)}$(1.277)
明显重要	5	9/5(1.800)	14/6(2.333)	$9^{(3/9)}$(2.080)
重要得多	7	9/3(3.00)	16/4(4.000)	$9^{(6/9)}$(4.327)
极端重要	9	9/1(9.00)	18/2(9.00)	$9^{(9/9)}$(9.00)
通　式	K	9/(10−K)	(9+K)/(11−K)	$9^{(K/9)}$
K　值	K=1～9	K=1～9	K=1～9	K=0、1、3、6、9

本书中使用的比例标度法为指数标度，即：按因子 a 比因子 b 的重要性，从“同等重要”到“极端重要”，只分别取 1、1.277、2.080、4.327、9.00；反之，若因子 a 比因子 b 次要，则取相应权重的倒数。这样，就构建了判断矩阵 **T**，如表 4-7 所示。

表 4-7　T-Bi(1，2，3，4，5)判断矩阵

T	B_1	B_2	B_3	B_4	B_5	权重
B_1	1.000	0.783	2.080	4.327	1.277	0.254
B_2	1.277	1.000	4.327	9.000	2.080	0.413
B_3	0.481	0.231	1.000	1.277	0.783	0.105
B_4	0.231	0.111	0.783	1.000	0.481	0.065
B_5	0.783	0.481	1.277	2.080	1.000	0.163

利用方根法计算判断矩阵 **B** 的最大特征根及其对应特征向量步骤如下：

a. 计算判断矩阵每一行的元素的乘积：

$$M_i = \prod_{j=1}^{m} B_{ij} \qquad (i = 1,2,3,\cdots,m) \tag{4-2}$$

b. 计算 M_i 的 m 次方根：

$$\overline{W}_i = \sqrt[m]{M_i} \tag{4-3}$$

c. 对向量 $\overline{W}=(\overline{W}_1, \overline{W}_2,\cdots,\overline{W}_m)^T$ 作归一化处理，即：

$$a_i = \overline{W}_i/(\sum_{j=1}^{m}\overline{W}_j) \quad (j = 1,2,3,\cdots,m) \tag{4-4}$$

则 $A=(a_1, a_2, \cdots, a_m)^T$ 即为所求特征向量，即各评价因子的权重值。

经计算，A-B_i矩阵的特征向量为：W=(0.254，0.413，0.105，0.065，0.163)，即斜坡结构对地质灾害危险性影响的“贡献”权重是0.254，坡度是0.413，断层是0.105，河流水系是0.065，地层岩性是0.163。

d. 计算判断矩阵的最大特征根 λ_{max}：

$$\lambda_{max} = \frac{1}{m}\sum_{i=1}^{m}\frac{(TA)_i}{a_i} \tag{4-5}$$

式中，$(TA)_i$ 表示向量 TA 的第 i 个元素。代入有关数据，得 $\lambda_{max}=5.0861$。

$$TA = \begin{bmatrix}(TA)_1\\(TA)_2\\ \vdots \\(TA)_m\end{bmatrix} = \begin{bmatrix}B_{11} & B_{12} & \cdots & B_{1m}\\ B_{21} & B_{22} & \cdots & B_{2m}\\ \vdots & \vdots & \vdots & \vdots \\ B_{m1} & B_{m2} & \cdots & B_{mm}\end{bmatrix} \times \begin{bmatrix}a_1\\a_2\\ \vdots \\ a_m\end{bmatrix} \tag{4-6}$$

3)一致性检验

由于客观事物的复杂性或对事物认识的片面性，通过判断矩阵求出特征向量，需要对判断矩阵进行一致性和随机性检验，检验公式：

$$CR = \frac{CI}{RI} \tag{4-7}$$

式中，CR 为判断矩阵的随机一致性比率；RI 为判断矩阵的平均随机一致性指标，由大量试验给出，对于低阶判断矩阵，RI 取值列于表 4-8。

表 4-8　1～10 阶矩阵的 *RI* 值

矩阵阶数/m	1	2	3	4	5	6	7	8	9	10
RI	0.00	0.00	0.58	0.90	1.12	1.24	1.32	1.41	1.45	1.49

CI-判断矩阵的一致性指标，由下式确定：

$$CI = \frac{(\lambda_{\max} - m)}{m - 1} \tag{4-8}$$

式中，$\lambda_{\max}$为判断矩阵的最大特征根；m 为判断矩阵的阶数。

对于判断矩阵 A-B_i

$m=5$，$RI=1.12$，$CI=(5.0862-5)/(5-1)\approx 0.0215$

$CR=\frac{CI}{RI}=0.0215/1.12=0.0192<0.10$

当 CR 小于 0.10 时认为判断矩阵具有一致性；否则，不具有一致性，需要重新构造判断矩阵。对于判断矩阵 T，$CR<0.1$，表明判断矩阵 **T** 具有满意的一致性。

3. GIS 与数学模型的耦合分析

将地质灾害危险性的五个影响因子分级量化后，根据层次分析法确定的各因子权重，在 ArcGIS 的 Spatial Analysis Tool 工具中，进行多因子分级加权运算，得到地质灾害 DI 图。根据地质灾害 DI 图，采用直方图分割法，划分危险性等级(刘正军等，2007)，得到分区预测评价图，即假定 DI 值随机分布，根据 DI 的标准差确定直方图分割区间的阀值，具体参见表 4-9。

基于 GIS 和多因子分级加权模型预测评价地质灾害危险性的实施过程如图 4-2 所示。

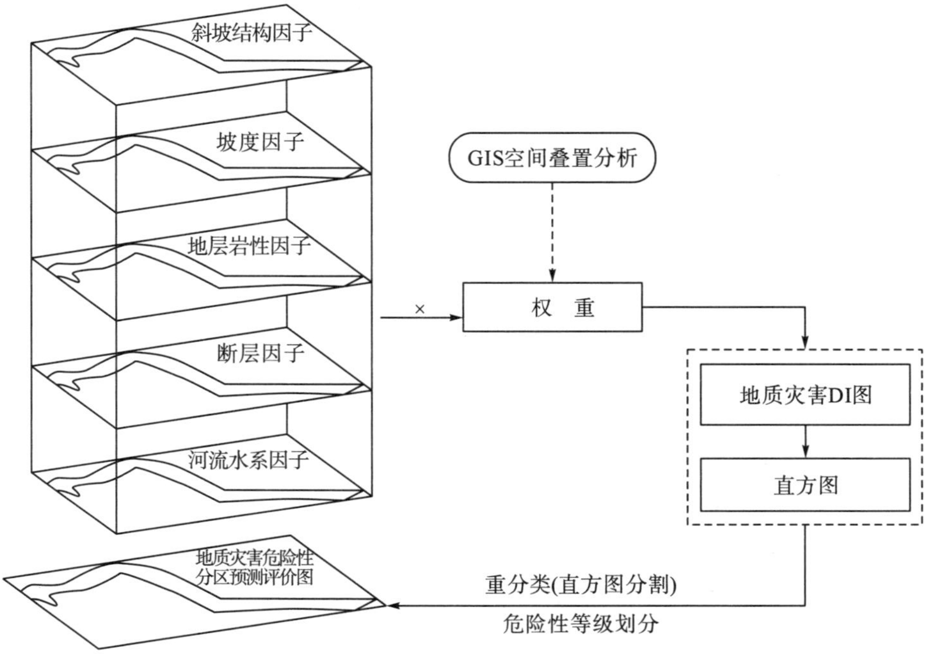

图 4-2　地质灾害危险性评价实施过程

表 4-9 地质灾害危险性分区参数

稳定性等级	危险性低	危险性较低	危险性较高	危险性高
危险性指数 DI 分区标准	[min，mean-c)	[mean-c，mean]	(mean，mean+c]	(mean+c，max]
危险性指数 DI 分区	<1.56	≥1.56，≤2.25	>2.25，≤2.94	>2.94

注：max 为危险性指数 DI 的最大值，min 为最小值，mean 为均值，c 为标准差，以上各值均可以通过察看 DI 的直方图直接得到。

4.1.4 地质灾害危险性预测评价的结果分析

根据地质灾害危险性划分的等级，先对各等级定性描述。

(1)危险性低：表示区域稳定，发生崩塌和滑坡的可能性不大。

(2)危险性较低：表示区域稳定，发生崩塌和滑坡的可能性一般，不会发生大型的崩塌和滑坡。

(3)危险性较高：表示发生崩塌和滑坡的可能性较大，可能会发生中小规模的崩塌和滑坡。

(4)危险性高：表示发生崩塌和滑坡的可能性比较大，需要高度关注。

从分析结果来看，危险性高的区域主要集中在黄河干流的两岸地区。从水库分段来讲，危险性高低的空间分布情况是：坝前及近坝库区 > 库区中段 > 库尾段。据此可以推断，水库建成蓄水后，库尾段发生崩塌、滑坡的可能性不大，库岸是相对稳定的；而坝前及近坝库区，发生地质灾害的可能性很大。该段范围内的不稳定因素主要受坡度因子和断层因子控制，此段范围内的地质灾害对工程影响较大，需进一步加强岸坡稳定性评价研究。库区中段发生崩塌和滑坡的可能性也较大，但是由于离水库大坝相对较远，所以对工程的影响不大。

通过对各个等级栅格单元数统计，得到不同危险性等级的面积比例(图 4-3)。从各个危险性等级的面积统计图来看，危险性较高和危险性高的面积占研究区面积的 40.51%。所以整个研究区的地质灾害危险性处于中等水平。

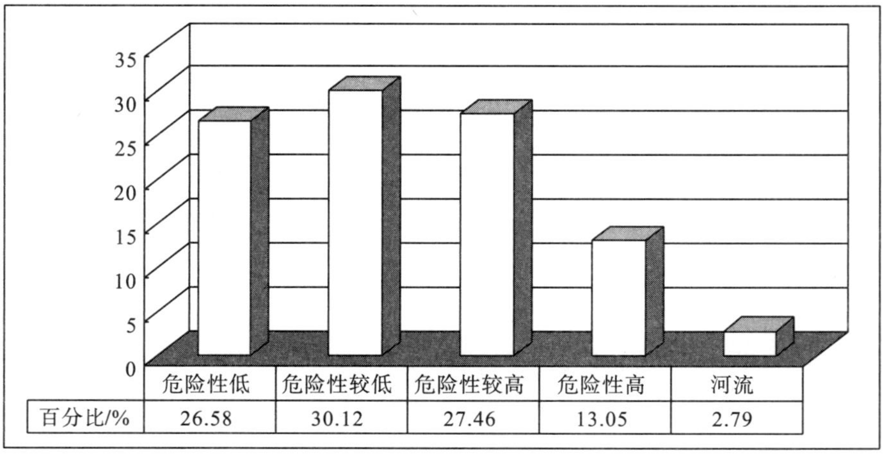

图 4-3 地质灾害危险性不同等级面积百分比

4.2 水库淹没影响预测与评价

4.2.1 水库淹没影响概述

就淹没而言，分为无源淹没和有源淹没(刘仁义等，2002；李天文等，2005)。无源淹没中，凡是高程低于给定水位的点都记入淹没区，这种情形相当于整个区域大面积均匀降水，所有低洼处都可能积水成灾。有源淹没情况下，水流受到地表起伏特征的影响，在这种情况下，即使在低洼处，也可能由于地形的阻挡而不会被淹没。在实际情况中，有源淹没更为普遍也更为复杂。就水库蓄水淹没而言，直接视为无源淹没，即所有高程值低于水位值的区域，均被认为是可以淹没的。根据水电站水库设计水位线，即可确定水库的淹没区域，进行淹没影响评估。

水库淹没影响是确定工程设计方案的一项重要比选内容，水库淹没处理补偿投资是工程总投资的重要组成部分(袁锦明，1999；武鹏林，2000)。通常情况下，修建大中型水库，淹没损失补偿可能会占到水库枢纽总投资的 15%～30%(范云，2001)。水库规划阶段十分重视淹没问题，以便进行技术、经济和社会政治因素的综合比较。淹没影响常常会限制水库工程的规模，甚至会妨碍成库条件很好的大型水库的修建。

通常情况下，水库淹没会引发以下问题(毛文永，2003)：

(1)土地淹没。这是水库建设最直接且影响深远的问题，此亦为不可逆影响。水库库区按照形态划分，一般有河道型和湖泊型两种形式。前者多为狭长沟谷，其主要损失峡谷景观资源，生物多样性资源等；为获得较大的库容，湖泊型水库则多占据山区的平坝地带，淹没大量土地和城镇，需要搬迁大量人口、迁建大量城镇，进而引发一系列社会性生态问题。

(2)水库淹没道路、电力通讯线路等，不得不开辟新线路。这些线路大多数开辟水库边坡的山体上，山高坡陡、线路蜿蜒，易造成植被破坏、水土流失、景观损失，有时可能比水库工程造成的影响还要大。

(3)淹没历史文化遗迹。如在人类活动较早的地区，历史文化遗迹较多；有些库区是少数民族聚集地，可能有特殊的文化遗迹；另外，古栈道、古关隘、古墓葬以及近代革命活动遗址等，都可能出现在库区。

(4)淹没自然景观资源。峡谷景观是很重要的一类自然景观，也是一类重要的旅游资源，而且大多数尚未被人们认识和开发。水库将这一类资源埋葬在水底，或者破坏其形态，使其失去美学意义和价值。

(5)淹没区可能有矿产资源，或者有开采矿产的通道等。蓄水可能增加开采的困难或者因功能不相容而完全禁止。

传统的水库淹没影响评价完全依靠人力获取各种淹没数据，既费时又耗钱，而且数据精度受人为因素影响很难得到保证，这种方法已经明显不适应于现代水电开发决策的需要。近年来，飞速发展的遥感与 GIS 等空间信息技术，已广泛地应用于资源环境调查、灾害监测等领域。遥感与GIS技术在水库淹没影响调查评价中，可以完成包括淹没实物指标调查、移民规划设计等工作。如，通过水库设计水位与遥感影像叠置，可以迅速、直观、客观地获得淹没区内土地、城镇、工矿企业、交通通讯设施、名胜古迹和矿产资源等信息，在此基础上有针对性通过野外实地调查，客观公正地评估水库淹没影响，掌握水库蓄水后的淹没状况，为水库建设土地征用、淹没损失赔偿、移民安置规划提供客观的依据，进而为工程造价估算提供准确依据。

通常，在工程预可研阶段，由于项目还未立项，往往存在前期经费不足、设计周期较短等不利因素，而引入空间信息技术可以节约大量人力、财力和物力，且具有工作效率高的优势。本节基于景观生态学的理论和方法，在遥感和GIS技术支持下来预测评价黄河上游某拟建水电站水库淹没的影响，进而为工程决策提供参考依据。

4.2.2 土地利用景观分类与制图

景观生态学是研究景观的结构、功能及其空间格局分布动态过程的生态学分支(王兮之等，2002)。景观生态学方法是一种既可以用于生态环境现状评价，又可以用于生态环境影响评价的方法。它是《非污染环境影响评价技术导则》用于非污染生态影响评价中推荐的方法(国家环境保护总局，1997)。它可阐述评价范围内在水利水电工程建设前后生态系统类群的格局、特点，也可标识资源变化趋势存在问题等。通过景观格局变化的分析，能较准确反映水电开发项目对生态环境的影响程度。

景观分类与制图是景观生态学研究的主要内容(傅伯杰，2001；程维明，2002；王兮之等，2002)，它是景观结构与功能研究的基础，又是景观生态规划、评价及管理等应用的前提条件，是景观生态学理论与应用研究的纽带(邬建国，2000；傅伯杰等，2001)。景观分类是景观制图的基础，也是研究景观格局与过程的前提。利用遥感技术和GIS技术划分景观类型，通过对不同时期的遥感影像景观分类制图和比较，可以研究景观空间格局的动态变换过程，这已经成为景观生态学研究中比较实用的方法。

1. 土地利用景观分类体系的制定

景观格局定量分析必须在景观分类的基础上进行。景观分类有不同分类体系(肖笃宁等，1998)：按人类影响强度的景观分类、以土地利用方式为主的景观分类、据自然度不同的景观分类以及植被类型或地貌特征为主的景观分类等方式。

本次研究按照土地利用方式进行景观分类。《土地利用现状分类，GB T21010－2007》，将全国土地利用现状分为12个一级类，57个二级类。在参考国家分类标准的基础上，结合Quick Bird影像特征与土地利用类型的可解译性，制定适合研究区的土地利用分类体系标准(表4-10)。

表4-10 土地利用景观分类体系

编号	地类名称	含义
01	耕地	指种植农作物的土地。

续表

编号	地类名称	含义
02	有林地	指树木郁闭度≥0.2 的乔木林地。
03	其他林地	包括疏林地(指树木郁闭度 10%～19%的疏林地)、未成林地、迹地、苗圃和灌木林地等林地。
04	草地	指生长草本植物为主的土地，包括天然牧草地、人工牧草地和其他草地。
05	居民地	指主要用于人们生活居住的房基地及其附属设施的土地。
06	道路	指用于运输通行的地面线路、场站等的土地。
07	河流水面	指天然形成或人工开挖河流常水位岸线之间的水面。
08	裸地	指表层为土质，基本无植被覆盖的土地；或表层为岩石、石砾，其覆盖面积≥70%的土地。

2. 土地利用景观遥感解译

景观分类体系标准制定完成以后，在已经处理好的 Quick Bird 正射影像上人工目视解译研究区土地利用类型。融合后的 Quick Bird 影像空间分辨率很高，地表土地利用类型反映非常清晰。解译之前需要建立土地利用类型遥感解译标志。

1)遥感解译标志的建立

遥感解译标志是指所有反映目标地物信息的遥感影像特征，包括颜色、纹理、形状大小、阴影与特征地物等(陈文波，2002；龚建周等，2004)。解译标志是遥感解译准确性的保证。建立遥感影像解译标志主要是通过目视判读，建立影像与地物的对应关系(田建林等，2006)。

解译标志是在 Quick Bird 321 真彩色合成影像基础上建立，真彩色影像反映了地物真实色彩，符合人的视觉习惯，易以判识；在不易判识的时候，尤其是在判识植被的时候，可借助于 Quick Bird 432 假彩色合成影像进行识别，植被信息在假彩色影像上呈红色，易与其他地类区分；在地形地貌复杂地区，还可以将遥感正射影像叠加在 DEM 上，借助于三维模型，综合考虑地形地貌特征来做进一步判识。在 1∶1万电子地形图上有地类界线和符号，在无法确定遥感影像上的地类时，可以将地形图与影像套合，借助地形图上的信息做出判断。各地类遥感影像标志见彩图 18，具体描述如下：

(1)耕地：分布在地形平坦区，形状较规则，边界明显，田坎清晰，纹理细腻。

(2)有林地：呈绿色，树冠轮廓非常清晰，颗粒感明显，分布密集，有明显的阴影。研究区内林地发育，主要分布在黄河干流两侧的阴坡地带。

(3)其他林地：呈绿色，树冠轮廓清晰，但分布密度比有林地稀疏。

(4)草地(含牧草地、人工牧草地和其他草地)：呈绿色，影像纹理平滑细腻，研究区内草地大面积连片集中分布。

(5)居民地：形状规则、轮廓清晰，建筑物顶部色调发亮，分布在地势平坦、水源充足地带，有道路等相通，房前屋后有林木分布，与耕地和地貌结合，易于判释。

(6)道路：亮色调，条带状分布。

(7)河流水面(含河滩地)：在遥感影像上，河流水面呈带状连续分布，水面及河岸清晰可见，水体颜色保持自然色。河滩地位于河流两侧，颜色呈亮白色。

(8)裸地：色调发亮，无植被覆盖，研究区内裸地主要分布在坡度较大的地带以及黄河干流两侧的阳坡地带。

2)土地利用景观制图

遥感影像标志建立以后，利用ArcGIS软件，以Quick Bird正射影像为工作底图，人机交互式解译研究区土地利用类型，同时输入图斑地类代码。解译完成后，构建矢量图形拓扑关系。在人工目视解译矢量化过程中，易产生错误多边形，为确保矢量数据的质量，在构建拓扑关系后，利用ArcGIS软件的Eliminate命令去除矢量化过程中产生的错误多边形，在此基础上得到研究区土地利用现状景观分类图和相应的属性数据库。

根据《水电工程预可行性研究报告编制规程》(DL/T 5206－2005)规定，水库淹没范围在初选正常蓄水位基础上，提高0.5～1m水位予以拟定。黄河上游某拟建水电站初拟正常蓄水位为3270m。因此，选定淹没影响评价的范围为3271m以下区域。基于ArcGIS的Update命令，在研究区土地利用现状景观分类图基础上，用水库淹没范围自动更新图层，得到水电站建成以后的土地利用景观类型模拟图。

4.2.3 土地利用景观空间分异规律分析

高程、坡度、坡向是描述地貌形态的基本因子，这些因子的变化，直接决定着温度、水分、光照等条件的变化，必然引起土地利用景观格局分布随海拔、坡度、坡向的变化呈现出一定的规律性(焦超卫等，2005；汤国安等，2005)。以往土地利用景观格局研究中，土地利用受坡度、坡向等地形因子影响的空间信息往往通过实测或在地形图上量取，工作效率和精度都不高。DEM理论与技术的兴起和发展，为自动提取坡度、坡向等地形因子创造了有利条件，能够更加快捷地分析土地利用景观格局的空间分异特征。将研究区土地利用现状景观类型图与DEM派生出的研究区高程分带图、坡度图和坡向图在GIS中叠置分析，可以发现土地利用景观受地形因子影响的空间分异规律。

1. 土地利用景观随高程变化的分异规律

海拔每升高100m，平均气温约下降0.5～0.6℃，海拔分带按100m为间隔较为合理(伍光和等，2000)。按100m高程间距，将研究区范围分为10个高程带(表4-11)，应用ArcGIS空间分析模块的分类区统计(zonal statistics)工具，结合高程分级和土地利用数据，得到研究区内土地利用景观类型在不同高程带的分布比例，统计结果见表4-12。

表4-11 高程分带标准

高程分级	高程分布范围/m	高程分级	高程分布范围/m
1	3081～3180	6	3580～3680
2	3180～3280	7	3680～3780
3	3280～3380	8	3780～3880
4	3380～3480	9	3880～3980
5	3480～3580	10	3980～4021

表 4-12 土地利用景观类型在不同高程带的分布比例 （单位：%）

分级	耕地占比例	有林地占比例	其它林地占比例	草地占比例	居民地占比例	道路占比例	河流水面占比例	裸地占比例
1	0.00	2.99	1.25	0.38	0.00	0.00	37.72	6.37
2	0.00	18.01	6.17	2.50	0.59	1.60	61.34	23.40
3	99.36	34.59	16.98	14.16	44.22	56.94	0.84	25.94
4	0.53	25.58	25.89	25.16	41.66	41.07	0.10	24.14
5	0.11	12.78	32.28	23.33	10.99	0.39	0.00	14.55
6	0.00	4.83	12.81	19.54	2.09	0.00	0.00	5.02
7	0.00	1.05	4.00	11.09	0.45	0.00	0.00	0.58
8	0.00	0.17	0.61	3.22	0.00	0.00	0.00	0.00
9	0.00	0.00	0.01	0.60	0.00	0.00	0.00	0.00
10	0.00	0.00	0.00	0.02	0.00	0.00	0.00	0.00
合计	100.00	100.00	100.00	100.00	100.00	100.00	100.00	100.00

从表 4-12 可知，各种地类随海拔升高具有明显的层次性，耕地主要分布在 3280～3380m 第 3 高程带，居民地和道路主要分布在 3280～3480m 第 3 和第 4 高程带，这种分布特征反映该区人类活动的主要区域在海拔 3280～3480m 范围内。有林地主要分布在海拔约 3180～3580m 4 个高程带范围内，为本区地类的第二主体，而占本区第一主体的草地主要分布在 3280～3780m 5 个的高程带范围内，垂直分布范围广，反映出畜牧业是当地产业结构的主体，说明该区具有畜牧业发展的广阔空间。裸地主要分布在 3081～3680m 共 6 个高程带范围，各高程带所占比例不一，虽然占总土地利用面积比例不大，但其生态环境效应不容忽视，这些区域往往水土流失较严重。

2. 土地利用景观随坡度变化的分异规律

研究区内坡度范围 0°～73.6236°，结合坡度分级标准(图 4-4)和土地利用数据，得到研究区土地利用景观类型在不同坡度范围的分布比例，统计结果见表 4-13。

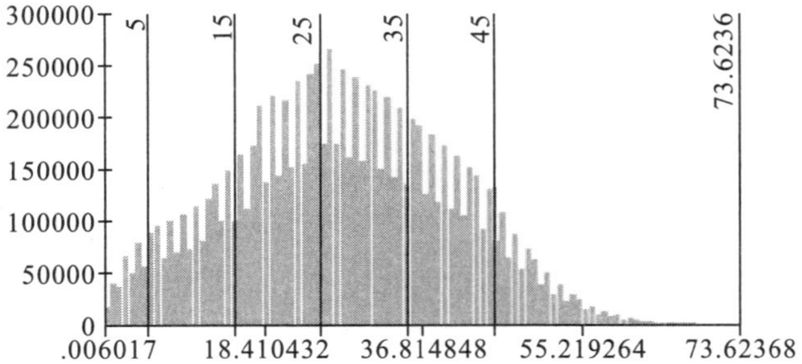

图 4-4 研究区坡度直方图及其坡度等级划分

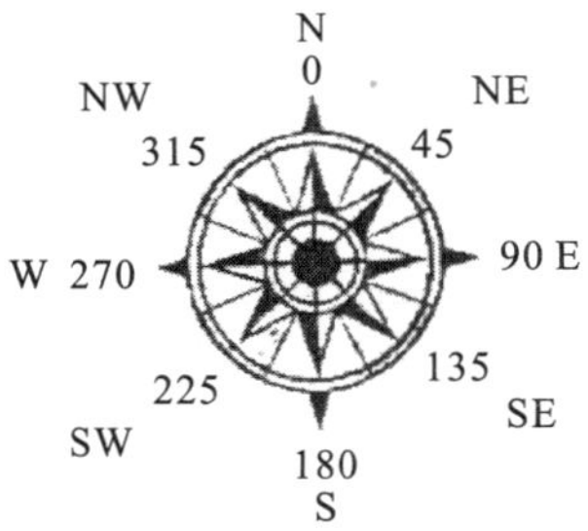

图 4-5 地学分析八个基本坡向示意图

表 4-13 土地利用景观类型在不同坡度范围的分布比例 （单位：%）

坡度分级	耕地占比例	有林地占比例	其他林地占比例	草地占比例	居民地占比例	道路占比例	河流水面占比例	裸地占比例
1(0°～5°)	60.12	0.52	0.39	3.60	13.6	11.3	27.26	0.63
2(5°～15°)	32.51	3.04	2.74	17.61	63.41	34.45	38.56	5.35
3(15°～25°)	5.76	11.09	13.57	32.50	22.99	35.53	13.20	11.81
4(25°～35°)	1.61	27.29	31.22	30.14	0.00	18.72	8.47	22.69
5(35°～45°)	0.00	35.85	36.79	12.96	0.00	0.00	6.72	37.19
6(>45°)	0.00	22.23	15.29	3.20	0.00	0.00	5.78	22.33

从表 4-13 可知，总体上，耕地平均坡度较低，而植被分布(林地、草地)的平均坡度较高。本区耕地主要分布在小于 5°的坡度带上，占总耕地面积的 60.12%，其次是 5°～15°坡度带，占耕地总面积的 32.51%，在坡度大于 25°的陡坡上有 1.61%的耕地。坡度大于 25°的坡耕地，水土流失严重，不宜垦种，应考虑退耕还草。

居民地主要分布坡度在小于 25°坡度带范围内。林地主要分布在大于 25°的坡度带上，草地主要分布在 5°～45°的坡度范围内，草地和林地作为本区的两大土地利用主体，分布范围广，有利于高原区水土涵养，对延缓黄河流域水土流失的速度起到了积极的作用。裸地主要分布在坡度大于 15°的范围，以 35°～45°坡度带分布最广。

3. 土地利用景观随坡向变化的分异规律

通常的地学分析涉及到 8 个基本坡向(图 4-5)。将地面坡向分为为阳坡(S、SW)，阴坡(N、NW)、半阳坡(SE、E)、半阴坡(W、NE)和平地(曾宏达，2005；周启鸣等，2006)，结合坡向分级和土地利用数据，可以得到研究区内基于坡向分级的土地利用景观空间分异情况，统计结果见表 4-14。

从表 4-14 可知，有林地、草地在阴坡和半阴坡分别占其总面积的 64.59%和 60.6%，这主要是由青藏高原的自然条件所决定。青藏高原日照条件好，而年均降水量少(研究区 1995～2004 年平均降雨量为 442.57mm)，蒸发量大于降水量，而阴坡水分条件较好，有利于植被发育；裸地大多分布在阳坡和半阳坡，其分布面积占总面积的 87.52%，这也与其自然条件密切相关，光照条件好，湿度小，植被不易生长。由于居民地、道路的分布主要受人类活动控制，所以二者无明显的坡向分异规律，分布较为均匀。分析表明，坡向对土地利用景观格局有深刻影响。

表 4-14 土地利用景观类型在不同坡向的分布比例 （单位：%）

坡向	耕地占比例	有林地占比例	其他林地占比例	草地占比例	居民地占比例	道路占比例	河流水面占比例	裸地占比例
阳坡(S/SW)	6.52	17.34	28.41	18.45	23.35	26.00	27.80	44.62
阴坡(N/NW)	49.24	32.03	17.72	31.56	23.84	24.91	22.24	3.85
半阳坡(SE/E)	15.82	18.06	32.46	20.95	31.85	23.97	22.65	42.90
半阴坡(W/NE)	28.40	32.56	21.40	29.04	20.96	25.11	27.30	8.63
平地	0.01	0.00	0.00	0.00	0.00	0.00	0.00	0.00

综合分析研究区内土地利用景观类型随高程、坡度和坡向变化的空间分异规律，可以发现，林地在 3280～3580m 高程带范围且坡度大于 25°的地区，阴坡和半阴坡分布多于阳坡和半阳坡；草地在 3280～3780m 高程带范围且在 5°～45°的坡度带，阴坡和半阴坡分布多于阳坡和半阳坡；裸地面积不大，主要分布在 3180～3580m 高程带大于 25°的陡坡带上，阳坡和半阳坡分布多于阴坡和半阴坡。耕地、居民地和道路主要分布在海拔相对较低、坡度平缓地区，无明显的坡向分布特征。土地利用景观格局的空间分异特征符合当地自然规律和社会经济规律。

分析土地利用景观格局的空间分异规律，有利于掌握水电开发的生态环境背景，有助于项目的科学论证和工程建设的顺利实施。

4.2.4　水库淹没对景观格局的影响

景观格局指数是能够高度浓缩区域景观格局信息，反映其结构组成和空间分布特征的定量化指标体系(马安青等，2002)。景观格局变化通过计算不同时期的景观格局指数来定量评价。水库淹没对研究区景观格局的影响仍然表现在景观格局指数的变化上。因此，可以从景观格局指数的变化上来定量分析水库淹没影响。但是，水利水电工程环境影响景观评价比较独特，工程建设后的景观不是实际观测来的，而是通过工程规划资料进行修编，绘制可能发生的景观变化图，然后计算分析建成后景观格局的可能变化趋势，这种分析具有预测性(李春晖等，2003)。

1. 景观格局指数的选取及其生态学意义

本书中的景观格局指数计算采用 Fragstats 3.3 软件提供的算法。Fragstats 是由美国俄勒冈州立大学森林科学系开发的一个景观指标计算软件(邬建国，2000)，它有两种版本，矢量版本运行在 ARC/INFO 环境中，接收 ARC/INFO 矢量图层；栅格版本可以接收 ARC/INFO、IDRISI、ERDAS 等多种格式的栅格数据。Fragstats 可以在斑块水平(patch-level)、斑块类型水平(class-level)以及景观水平(landscape-level)3 个层次上计算 66 种指数(McGarigal、Marks，1993；陈文波，2002)。斑块指数往往作为计算其他景观指数的基础，而其本身对了解整个景观的结构并不具有很大的解释价值。因此，斑块水平指数不作深入探讨。在综合分析各个指数生态学意义的基础上，并结合已有研究成果(傅伯杰，2001；李春晖，2003；史志华，2003；唐占辉等，2004；廖迎芸等，2006；秦富仓，2006)和研究目的，从 Fragstats 软件中选取 9 个指数作为评价分析指标，其中斑块类型水平景观指数 6 个，分别是：斑块数量 NP、斑块类型面积 CA、斑块密度 PD、最大斑块指数 LPI、景观比例 PLAND 和平均最近距离 MNN；景观水平上的景观指数 3 个，分别是：多样性指数 SHDI、均匀度指数 SHEI 和景观破碎度 C。

1)斑块数量

$$NP = n_i \tag{4-9}$$

斑块数量(number of patches，NP)在类型级别上等于景观中某一斑块类型的斑块总个数。单位为个，范围为 $NP \geq 1$，无上限。

生态意义：NP 反映景观的空间格局，被用来描述整个景观的异质性，其值的大小与景观的破碎度有很好的正相关性，NP 大，破碎度高；NP 小，破碎度低。

2）斑块类型面积

$$CA = \left(\frac{1}{10000}\right) \times \sum_{j=1}^{n} a_{ij} \tag{4-10}$$

斑块类型面积（class area，CA）表示某一斑块类型的总面积（hm^2），$CA>0$，无上限；a_{ij} 是 i 类 j 个斑块的面积（m^2）；10000 是将 m^2 转换成公顷（hm^2）的系数。

生态意义：CA 度量的是景观的组分，是计算其他指标的基础，有很重要的生态意义。不同斑块类型面积的大小能够反映出其间物种、能量和养分等信息流的差异。一般来说，一个斑块中能量和矿物养分的总量与其面积成正比（肖笃宁等，1998）。

3）斑块密度

$$PD = \frac{n_i}{A_i} \times (10000) \times (100) \tag{4-11}$$

斑块密度（patch density，PD）为景观类型 i 的斑块密度，单位：每 $100hm^2$ 的斑块数，范围为 $PD>0$。A_i 为景观类型 i 的斑块面积，单位为 m^2；n_i 为景观类型 i 的斑块数量。

生态意义：景观斑块密度反映景观整体斑块分化程度，斑块密度越高，表明一定面积上异质景观要素斑块数量多，斑块规模小，景观异质性越高。

4）最大斑块指数

$$\mathrm{LPI} = \frac{\mathrm{Max}(a_1, \ldots, a_n)}{A} \times 100 \tag{4-12}$$

最大斑块指数（largest patch index，LPI）为景观中最大班块的面积（m^2）除于景观总面积 A（m^2），再乘以 100（转换成百分比），LPI 取值范围为 $0<\mathrm{LPI}\leqslant 100$。

生态意义：其值显示最大斑块对单一类型或整个景观的影响程度，有助于确定景观基质或优势类型等。其值的变化可反映人类活动的方向和强弱。

5）景观比例

$$\mathrm{PLAND} = P_i = \frac{\sum_{j=1}^{n} a_{ij}}{A} \times 100 \tag{4-13}$$

景观比例（percentage of landscape，PLAND）等于某一斑块类型的总面积占整个景观面积的百分比，范围为 $0<\mathrm{PLAND}\leqslant 100$。

生态意义：PLAND 度量的是景观的组分，它计算的是某一斑块类型占整个景观的面积的相对比例，是帮助确定景观中基质或优势景观元素的依据之一。其值为 100 时，整个只由一类斑块组成景观；它也是决定景观中的生物多样性、优势种和数量等生态系统指标的重要因素。

6）平均最近距离

$$\mathrm{MNN}_i = \frac{\sum_{j=1}^{n} h_{ij}}{n_i} \tag{4-14}$$

平均最近距离(mean nearest-neighbor distance，MNN)在斑块级别上等于从斑块 ij 到同类型的斑块的最近距离之和除以具有最近距离的斑块总数。单位为 m，范围为 MNN >0。

生态意义：MNN 度量景观的空间格局。一般来说，MNN 值越大，反映出同类型斑块间相隔距离越远，分布较离散；反之，说明同类型斑块间相距近，呈团聚分布。

7)香农多样性指数

$$\text{SHDI} = -\sum_{i=1}^{n}(P_i \times \ln P_i) \tag{4-15}$$

香农鸩样性指数(shannon's diversity index，SHDI)在景观级别上等于各斑块类型的面积比乘以其值的自然对数后和值的负值。单位无，范围为 SHDI≥0，无上限。式中，P_i是斑块类型 i 在景观中出现的概率(以该类型栅格像元数占景观栅格单元总数的比例来估算)，n 是景观中斑块类型总数。

生态意义：SHDI 反映不同景观类型分布的均匀性，它的大小反映景观要素的多少和各种景观要素所占比例的变化。SHDI=0 表明整个景观仅由一个斑块组成；SHDI 增大，说明斑块类型增加或各斑块类型在景观中呈均衡化趋势分布。

8)香农均匀度指数

$$\text{SHEI} = \frac{-\sum_{i=1}^{n}(P_i \ln P_i)}{\ln n} \tag{4-16}$$

香农均匀度指数(shannon's evenness index，SHEI)等于香农多样性指数除以给定景观丰度下的最大可能多样性(各斑块类型均等分布)。单位无；范围为 0≤SHEI≤1。式中，P_i是斑块类型 i 在景观中出现的概率，n 是景观中斑块类型的总数。

生态意义：SHEI=0 表明景观仅由一种斑块组成，无多样性；SHEI 值较小时反映出景观受到一种或少数几种优势斑块类型所支配；SHEI 趋近 1 时说明景观中没有明显的优势类型且各斑块类型在景观中均匀分布。

9)破碎度指数

$$C = \frac{\sum N_i}{A} \tag{4-17}$$

破碎度指数(fragmentation index，用 C 表示)描述景观里的生境类型在给定时间里和给定条件下的破碎程度式中，A 为区域总面积，$\sum N_i$ 为景观中所有景观类型总斑块数。反映景观空间结构的复杂性和人类活动对景观结构的影响程度。景观破碎度指数大，说明景观要素被分割的程度大，人类活动对景观结构的影响程度大。

2. 水库淹没前后景观格局变化分析

根据淹没前后景观格局指数对照表(表 4-15)来分析水电站水库淹没前后景观格局变化。

1)景观类型面积 CA 及景观比例 PLAND 变化分析

景观结构的基本组成要素包括斑块、廊道和基质，它们的时空配置形成景观格局。

其中，基质是景观的背景地域，是一种重要的景观元素类型，在很大程度上决定着景观的性质，对景观的动态起着主导作用。判定基质的标准是：相对面积要大，连通程度要高，具有动态控制功能(傅伯杰，2001)。根据表4-15中的数据可知，淹没前，草地占总景观面积的64.317%，它是景观的基质；淹没后，尽管区域土地利用方式发生变化，草地仍占总景观面积的62.776%，仍是本区景观的基质，控制着整个景观过程。

其余景观类型面积及比例变化情况是：以河流为主的水库河流生态系统面积由原来的668.515hm^{2}增加到2452.735hm^2，增加了近3倍，景观比例由淹没前的2.792%提高到10.243%。有林地、其他林地、草地、居民地和裸地的面积和景观比例均相应减少，其中有林地、裸地和草地减少较多，分别减少了938.175hm^2、405.850hm^{2}和368.828hm^2，减少比例分别为3.918%、1.695%和1.541%；其他林地、居民地分别减少了71.22hm^{2}和0.15hm^2，减少比例分别为0.297%和0.001%。耕地、道路的面积和景观比例没有发生变化。

这些数据说明，水电站的修建，对土地利用景观影响最大的是有林地、裸地和草地，这与它们的空间分布特征基本一致，因为它们主要分布在黄河干流两岸的斜坡地带，水库蓄水必将先淹没这些地带。由于耕地和道路的分布离水库区较远，水库蓄水并不会对它造成影响，不淹没耕地和道路。淹没较少的居民地和草地，说明水库蓄水对当地社会经济结构的影响程度较低，同时表明移民搬迁任务轻。

表4-15　水电站水库淹没前后景观格局指数对照表

斑块类型	*NP*/个		*CA*/hm^2		*PD*(斑块数/100hm^2)		LPI/%		PLAND/%		MNN/m	
	A	B	A	B	A	B	A	B	A	B	A	B
耕地	10	10	41.798	41.798	0.042	0.042	0.069	0.069	0.175	0.175	1197.29	1197.297
有林地	150	258	5130.585	4192.410	0.626	1.077	3.765	1.981	21.425	17.507	66.464	65.236
其他林地	271	277	1151.858	1080.638	1.132	1.157	0.425	0.425	4.810	4.513	187.589	176.158
草地	129	152	15401.533	15032.705	0.539	0.635	6.706	6.670	64.317	62.776	69.890	63.579
居民地	419	416	39.163	39.013	1.750	1.737	0.004	0.004	0.164	0.163	109.609	105.753
道路	34	34	10.950	10.950	0.142	0.142	0.017	0.017	0.046	0.046	784.444	784.444
河流水面	62	42	668.515	2452.735	0.259	0.175	2.781	10.239	2.792	10.243	11.718	11.644
裸地	149	184	1502.038	1096.188	0.622	0.768	0.828	0.614	6.273	4.578	248.621	217.470
总计	1224	1373	23946.438	23946.438	—	—	—	—	100.00	100.00	—	—
A	多样性指数SHDI=1.059；均匀度指数SHEI=0.509；景观破碎度C=0.051											
B	多样性指数SHDI=1.137；均匀度指数SHEI=0.547；景观破碎度C=0.057											

注：A代表淹没前；B代表淹没后。

2）景观斑块数NP及斑块密度PD变化分析

总斑块数增多，由原来的1224增加到1373，在区域总面积不变的情况下，淹没前连通的斑块已经被割断，斑块更加分散和破碎，斑块之间的类型差异大。

从单个景观类型上看，除耕地、道路的斑块数和斑块密度未发生变化外，其余景观类型的斑块数和斑块密度均发生变化。

其中河流水面斑块数从62块降到42块，斑块密度从0.259下降到0.175，这说明水库蓄水后水体连通性增强，景观异质性降低。居民地斑块数和斑块密度也减小，但减小幅度很小。

而有林地、其他林地、草地、裸地的斑块数和斑块密度都不同程度地增加，斑块数分别从150、271、129、149增加到258、277、152、184，斑块密度分别从0.626、1.132、0.539、0.622增加到1.077、1.157、0.635、0.768。说明了这些景观斑块分布更加分散，破碎化程度增加，景观异质性变高。

以上分析仍说明了水电站修建影响最大的是有林地、裸地和草地。

3)最大斑块指数LPI和平均最近距离MNN变化分析

水库建成前最大斑块指数值最高的是草地；建成后的最大斑块指数最大的是河流水面(实际上是形成的水库水面)，其次是草地。尽管河流水面在水库建成后最大斑块指数值比草地的指数值高，但是从总面积上看，河流的总面积相对于草地来说仍然很小，因此不能说它在本区内是优势类型，草地的基质地位并没有改变。

水库蓄水淹没前，斑块的平均最近距离最大的依次是耕地、道路、裸地、其他林地和居民地，说明这些斑块类型之间的距离相隔较远，分布较离散；而河流、有林地、草地斑块之间分布的距离相对较近，连接度较高。水库蓄水淹没后，除了耕地和道路的指数值未发生变化，其余的指数值都相应减小了，说明同类斑块间相隔的距离变近，但总体上变化不大。

4)香农多样性指数SHDI、香农均匀度指数SHEI和破碎度指数C变化分析

水库淹没前后，斑块数由原来的1224增加到1373，过去的大斑块由于水库的淹没，被切割成小的斑块，香农多样性指数和均匀度指数增加，从淹没前的1.059和0.509增加到淹没后的1.137和0.547，也说明景观异质程度上升，景观类型在空间上的分布将变得越来越均匀。但总的来说并不会引起本区域整体环境大的改变，草地仍然在本区的生态环境中起着主导作用，是本区域的基质，林地作为第二优势类型也不会动摇，同时破碎化程度增大，但变化相对都不大。

4.2.5　水库淹没的生态环境效应分析

根据前面对水库淹没前后土地利用景观格局的对比分析，可对水库淹没的生态环境效应做出如下预测评价：

(1)水库不淹没耕地，淹没较少的居民地和草地，淹没区内无历史文化遗迹，无矿产资源分布，说明水库蓄水对当地社会经济结构影响较小，移民安置人口少，移民搬迁任务轻，进而可以推知，由于移民安置引发次生环境问题(如水土流失)的可能性较小。

(2)水库蓄水不淹没现有道路等，除施工期间临时公路修建外，不必再新开辟道路。这样就可以减小补偿性修路造成植被破坏、水土流失、景观损失等影响。

(3)水库蓄水对黄河水质可能造成的影响。由于水库蓄水，被淹没的土壤中有毒物质和营养物质被水溶出，加之库水淹没的草木在水中腐烂溶解，可能引起水库的水质下降。

据对一些已建大型水库进行观测的资料表明，土地淹没对水质的影响，主要与水库的蓄水度有关，即与淹没面积和年径流量的比值有关(钮新强等，2003)。蓄水度越大(即淹没的土地多，流经被淹没土地的水量小)，则水质受影响就越大。水库属峡谷型水库，淹没面积较小，加之青藏高原地区属牧业区，土壤受化肥农药影响程度低，淹没后的土地不会有过多有毒物质和营养物质溶出。那么，只要严格按照国家有关规定，做好蓄水前的库区清理工作，尤其是淹没林木的清理，完全能够保证黄河水质不会受到太大的影响。

(4)水库蓄水对局地气候可能产生的影响。由于水库淹没，被淹没的区域将从陆生生境变为水生生境。由于水库蓄水后形成广阔水域，蒸发量比蓄水前的陆地蒸发量明显增加，进入大气的水汽增多，太阳辐射能量得到调节，气温变化过程比较均衡，高气温降低，低气温升高，空气湿度增加，而库区降雨量减少，雾日略有增加，形成一种带有海洋性气候的特征。根据一些大型水库的观测资料表明，大型水库对局地气候的影响是较为明显的。例如，丹江口水库建成前后相比，库区 10km 范围内年降雨量减少 12%。新安江水库中心地区年降水量减少 150mm，库区大约减少 100mm。水库达到正常蓄水位后，水面面积由原来的 668.515hm^2增加到 2452.735hm^2，比原面积增加约 3 倍，形成一个高原峡谷型湖泊。由于水面面积的增加，可能会对局部气候产生一定影响，但由于形成的湖泊面积本身不大，所以对气候的影响也应该是比较轻微的。

4.2.6 基于 VR-GIS 的水库淹没模拟分析

1. VR-GIS 的基本原理

虚拟现实地理信息系统(virtual reality GIS，VR-GIS)是集虚拟现实技术、GIS 和遥感技术于一体用于虚拟地理环境的系统。虚拟现实技术是利用计算机生成逼真的三维视觉、听觉、触觉等形式虚拟世界的技术(冯德俊等，2001)。GIS 是采集、管理、处理、分析、建模和显示地理空间数据的技术；遥感是对地观测的综合性技术，为人们提供现实世界的真实地理信息。

VR-GIS 的制作思想是采用纹理映射技术把纹理图像映射到高精度 DEM 上模拟真实的地形表面，再叠加矢量模型，按所选特定路线飞行生成研究区一系列虚拟三维影像动画，打包输出. avi 产品，再经过多媒体软件剪辑并配以音乐、片头片尾生成多媒体产品。所谓纹理映射就是把纹理空间的坐标系映射到多边形坐标系，将纹理图像粘贴于几何图形表面上来增强图形真实感的一种计算机技术(邓辉，2007)。在此过程中必须保证纹理图像与 DEM 具有相同的坐标投影信息和比例尺。纹理图像可以是遥感影像、遥感解译成果、文字及一系列专题矢量图等。

VR-GIS 综合了 VR、GIS 和遥感技术的优势，能真实逼真地反映研究区域地形地貌，视觉效果好，给分析人员以临场感，为其分析处理问题提供一个良好的虚拟环境；同时为各级领导提供直观的评价载体(杨武年等，2007)，提高工程决策效率。如今在机场建设(李天华，2007)、输电线工程(贺庆等，2006)等已得到广泛应用。

将 VR-GIS 技术引入到水电工程开发决策中，将为工程技术人员把握库区概况提供形象直观的第一手资料，并可辅助进行工程方案的调整和完善。比如，可以进行水库淹没预演与评估，可以设置不同的设计水位高度，对比选择水库设计方案等，从而为工程决策提供依据。不同的应用领域，VR-GIS 技术应用的重点和难点有所不同。水电工程 VR-GIS 技术应用还没有可以借鉴的技术路线。本节将基于水电站库区已有高精度 DEM 和 Quick Bird 正射遥感影像，在 ERDAS 的 Virtual GIS 虚拟现实技术扩展模块中，模拟分析水库淹没情景。

2. 水电站库区 VR-GIS 研制

水电站库区 VR-GIS 是在 ERDAS 的 Virtual GIS 模块中输入高精度 DEM，在其基础之上叠加了高精度高分辨率的 Quick Bird 正射影像、大坝模型和文字标注等建立起三维立体模型，根据水库设计水位线，编辑飞行路线并沿飞行生成一系列三维影像动画并打包输出为. avi 产品，再经过绘声绘影多媒体软件编辑而成。水电站库区 VR-GIS 研制按照图 4-6 的技术路线进行。

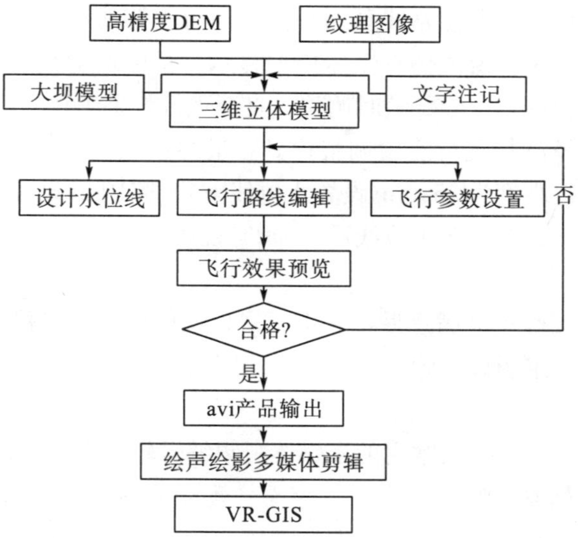

图 4-6　水电站库区 VR-GIS 制作技术路线

1)水电站库区三维立体模型的建立

基于高精度 DEM，采用纹理映射技术，将库区 Quick Bird 正射影像等叠加到 DEM 上，采用层次细节度(level of detail，LOD)技术调整 DEM 和 Quick Bird 影像的详细程度，再添加大坝模型及文字注记。为保证制作的三维立体模型能更好地模拟真实的地表形态，Quick Bird 影像采用 RBG321 真彩色组合。在映射过程中必须保证纹理图像的投影坐标信息及比例尺与 DEM 完全一致，否则无法进行叠加。LOD 技术是用来解决由于数据较大导致的数据难以实时显示问题的。该技术的思想是在不同层次、不同视觉条件下，采用不同精细程度的模型来表示同一个对象，以提高场景的显示速度。它描述的数据越多，细节程度越高，数据量越大，速度越慢；而描述的数据越少，细节程度越低，数据量越小，速度就越快(汤国安，2005)。ERDAS 的 Virtual GIS 模块采用 LOD 技术的透视手法，可以减少三维场景中所需显示的数据，仅当图像的内容位于观测者视域范围内时才被调入内存，而远离观测者的对象比接近观测者的对象以较低的分辨率显示。设置 DEM 和 Quick Bird 影像的详细程度分别为 30%、100%。大坝模型先在 AutoCAD 2004 中绘制而成，在建立三维立体模型时导入使用。为了对 VR-GIS 中的所显示的地理位置信息一目了然，需在立体模型中加入文字注记层。

此外，为了使模型能够真实模拟 Quick Bird 影像拍摄时的情形，对当时太阳所处位置的方位角和高度角(从影像元数据中获取)进行了设置。

2)设置水库设计水位线

ERDAS 软件中提供了两种设置水位线的方式，一种是 Fill Entire Scene 模式，另一种是 Create Fill Area 模式，本研究采用第一种模式。水电站水库初拟设计水位 3270m。水的显示参数为：表面特征为水波纹，颜色为淡蓝色，透明程度为 25%。

3)飞行路线编辑及参数设置

首先在 ArcGIS 软件中编辑飞行路线。为了能更清楚地了解库区内地形地貌和自然概况，选取的飞行路线基本位于黄河的中心线上。在黄河拐弯处，三维显示速度非常快且不稳定，在拐弯处增加节点使路线更加平滑，同时将路线稍向黄河内侧偏移，使系统飞行到弧度最大的地方时视窗内仍有立体模型显示。具体增加结点的数量和路线偏移距离视黄河弯曲度大小而反复实验、随时调整，直至飞行效果满意为止。

飞行参数的设置经反复飞行实验调整得到。最终参数设置为：DEM 夸张系数 0.6；背景颜色为黑色；飞行高度为 3500m(设置水位线前)、3710m(设置水位线后)；俯视角－15°(设置水位线前)、－20°(设置水位线后)；瞬时视场为 45°；飞行速度为 2m/s。

4)avi 产品输出

对三维立体图像飞行效果满意后，在 ERDAS 软件中，将其沿选取的飞行路线飞行生成的研究区一系列三维影像动画，打包生成通用动画文件(. avi)。

5)多媒体剪辑

绘声绘影软件 9.0 是目前最常用的多媒体视频编辑软件之一，操作简单、功能强大，可以从捕获、剪接、转场、特效、覆叠、字幕、配乐到刻录进行全方位剪辑，速度快、效率高。在绘声绘影 9.0 软件中调入所需处理的. avi 文件进行剪辑，选取质量好的动画帧，剔除质量不好的动画帧，再设置片头片尾，添加动画帧之间的转场效果，调试满意之后配以音乐，之后输出为. avi 多媒体文件，即得到库区的 VR-GIS。彩图 19 和彩图 20 展示了水电站下坝址区水库淹没前后的三维仿真情景。VR-GIS 可用于水库淹没影响评价等工作，其效率和精度将明显高于常规工作手段。

4.3 水土流失调查与影响预测评价

4.3.1 水库淤积与水土流失

水库淤积不仅是水利水电工程环境影响评价的一项重要内容，也是规划设计阶段不可缺少的计算项目。水库的淤积速度决定着水库的寿命，也是决定水库效益的关键因素。

水库淤积严重时，不仅会淤满死库容，还会减小兴利库容，进而缩短水库的使用寿命，这是规律性的结果(武鹏林等，2000)。在水库设计的时候，需要估计水库可能的淤积速度，以便判断水库的寿命(工作年限)，以确定是否值得兴建。

水库淤积是一个世界性的问题。在美国，1935 年以前修建的水库已有 10%完全淤积报废，14%的水库库容损失达 1/2～3/4，33%的水库库容损失 1/4～1/2。在印度由于森林破坏，流失泥沙增多，17 个主要水库的淤积速度为预计速度的 3 倍；台湾省石门水库 1963 年建成蓄水，库容 3.16 亿 m^3，同年 9 月遭遇台风雨，剧烈的水土流失使入库泥沙大增，次年 3 月淤积量近 2000 万 m^3，为预计年淤积量的 24 倍，亦即 1 年的泥沙淤积，能缩短水库寿命 23 年；黄河三门峡水库，1958～1960 年间，年平均淤积率达到 9.8%；又如丹江口水库建库十余年后，至 1985 年共淤积 8 亿立方米，相当于淤塞 8 个大型水库，如果没有上游大量的水库分散泥沙负荷，丹江口水库的寿命将更会缩短(杜榕桓等，1994；陈亚宁等，2006)。

水库淤积的主要物质为泥沙，而泥沙的主要来源有(朱党生等，2006)：入库河流带来的泥沙；水库区泥石流；库岸变形破坏以及库周斜坡的坡流冲刷物质，如塌岸、滑坡等。其中，水土流失产生的泥沙是水库淤积的最主要来源。

水土流失一般是指土壤或者其他地面组成物质在外营力作用下，被剥蚀、破坏、分离、搬运和沉积的过程(唐克丽，2004)。水土流失在国外更多被称为土壤侵蚀，而在国内，水土流失和土壤侵蚀均被广泛使用，也经常被替代使用。本书中将水土流失和土壤侵蚀视为同义词，不做严格区分。

准确预测水土流失量，对于水库淤积年限的计算有很好的参考价值，进而能够更好地客观评价水电站的效益；同时对制定水土保持规划、开展水土流失综合治理都有重要意义。

4.3.2　水土流失测算模型的选择与影响因子确定

水土流失调查与评价可以分为两大类：一是定性评价，较多的体现在对区域水土流失的潜在危险度区划与评价以及水土流失的敏感性评价(王春菊等，2005；张东云，2005；林涓涓，2005；陈燕红等，2007)，主要反映区域水土流失的宏观趋势；二是定量评价，较多的是利用美国的 USLE 和 RUSLE 方程，在遥感和 GIS 等技术的支持下，实现区域水土流失的快速估算与动态监测(刘淼等，2004；罗志军等，2005；许月卿等，2006；田静毅等，2007)。

USLE 是美国的 Wischmeier 和 Smith 于 1965 年基于大量小区域观测资料和人工模拟降雨资料建立的。自 USLE 提出以来，得到了广泛的应用(Yoder，1995)。但方程中各个因子的计算很复杂，为此美国农垦部于 1992 年提出了修正的通用土壤流失方程(revised universal soil loss equation，RUSLE)模型(Renard，1997)，并于 1997 年正式实施。研究选用 RUSLE 模型测算黄河上游某拟建水电站研究区水土流失量。RUSLE 模型经过实践检验具有较高的准确性。RUSLE 模型的基本表达式为

$$A = R \times K \times L \times S \times C \times P \tag{4-18}$$

式中，A 为年均土壤潜在侵蚀量，单位为 t/(hm^2 • a)；R 为平均降雨和径流侵蚀力因子，单位为(MJ • mm)/(hm^2 • h • a)；K 为平均土壤可蚀性，取决于不同的土壤类型，单位为(t • hm^2 • h)/(MJ • mm • hm^2)；L、S 分别为坡长、坡度因子；C、P 分别为植被与经营管理因子、水土保持措施因子。L、S、C 和 P 因子皆为无量纲因子。

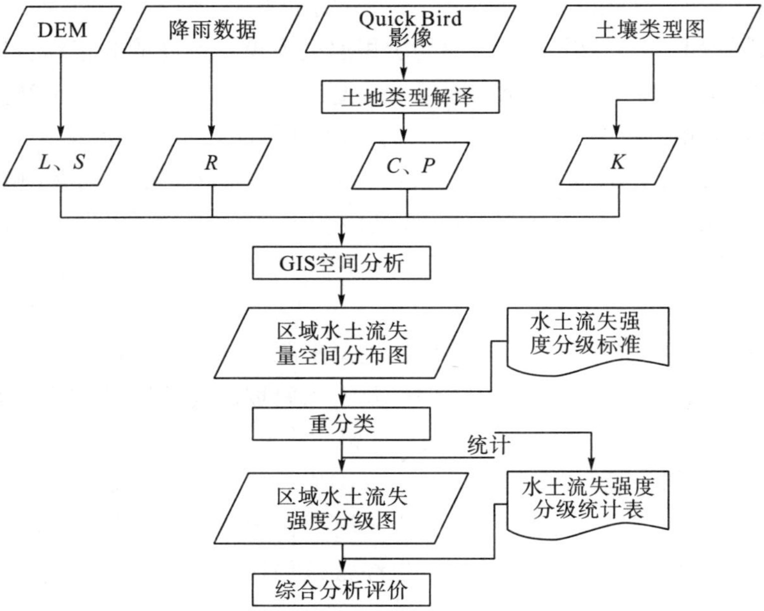

图 4-7　基于 RUSLE 模型的水土流失分析技术路线

基于遥感和GIS技术，可以快速计算 RUSLE 方程的各个因子，其关键在于确定各个指标的取值和生成因子图，图 4-7 为水土流失测算的技术路线。水土流失评价仍然采用 2m×2m 栅格评价单元。在建立 6 个评价因子 GIS 矢量图层后，将其转为 2m×2m 的栅格单元，利用 RUSLE 模型，进行水土流失评价。

1. 降雨因子 R 的计算

降雨是诱发水土流失的最主要外营力，降雨强度越大，水土流失强度越大，除直接打击土壤、形成击溅侵蚀，同时还形成地表径流冲刷土壤，以一种综合的效应来影响水土流失。关于 R 值的计算，算法很多(Wischmeier、Smith，1978；Arnoldus，1980)。根据实际收集到的研究区降雨资料(表 4-16)，采用 Renard 提出的回归方程模型(式 4-19)计算，Renard 分析了 155 个实验站点的数据，建立降雨量和 R 因子之间的回归方程(Renard，1994；王静，2006)。

$$R=\begin{cases}0.0483Pa^{1.61} & (Pa<850\text{mm})\\ 587.8-1.249Pa+0.004105Pa^2 & (Pa>850\text{mm})\end{cases} \tag{4-19}$$

式中，R 的单位为(MJ • mm)/(hm^2 • h • a)；Pa 为年降雨量，单位为 mm。

首先，利用重标极差分析法(Rescaled range analysis，R/S)计算 Hurst 值，以及利用回归方程计算相关系数与 F 检验值、剩余标准差来分析玛沁县和同德县 1995～2004 年各月及年降雨量变化规律。

R/S 分析法是英国水文学家 Hurst 在研究尼罗河水文数据时提出的一种时间序列统计方法(Mandelbrot，et al.，1979；孙海云等，2007)，后来在其他领域也得到广泛应用，它主要通过计算 Hurst 指数来判断时间序列是否具有长程依赖性。R/S 分析方法属于非参数分析，不必假定潜在的分布是高斯分布，只要求独立(主要是不存在短期相关性)，已成为比方差分析和谱分析更好的统计量。

表 4-16　青海省玛沁县和同德县 1995~2004 年降雨量　　(单位：mm)

月	一月	二月	三月	四月	五月	六月	七月	八月	九月	十月	十一月	十二月	年降雨量
1995	3.85	5.05	8.50	23.05	23.80	58.90	150.90	113.65	55.35	26.80	2.65	1.45	473.95
1996	2.75	3.30	12.45	28.45	60.55	81.30	85.65	72.00	55.60	31.05	1.75	0.00	434.85
1997	1.90	7.40	16.45	23.60	62.95	73.00	118.25	95.75	43.05	31.90	1.85	6.25	482.35
1998	0.45	2.45	22.40	23.05	57.95	67.75	91.50	79.10	41.55	21.65	0.00	1.45	409.30
1999	2.95	1.30	6.50	8.10	31.50	133.55	126.00	66.25	60.05	43.35	1.30	0.30	481.15
2000	0.30	1.15	4.90	4.10	19.60	83.35	46.30	68.00	56.75	30.30	7.30	2.15	324.20
2001	3.50	1.80	2.15	22.35	44.75	49.15	63.40	78.75	115.00	25.35	5.90	2.75	414.85
2002	2.65	2.75	8.45	11.40	66.65	78.80	98.10	52.85	77.00	3.70	6.70	1.00	410.05
2003	0.25	0.85	9.30	13.95	68.00	61.80	121.00	121.40	56.85	29.35	3.05	2.15	487.95
2004	1.95	3.00	4.50	28.55	75.70	84.65	82.15	124.75	69.00	31.30	0.10	1.35	507.00
平均降雨	2.06	2.91	9.56	18.66	51.15	77.23	98.33	87.25	63.02	27.48	3.06	1.89	442.57

注：降雨资料来源于青海省气象局

R/S 分析方法原理如下：

设有时间序列 $\{\xi t\}$，$t=1，2，\cdots，n$。对于任意正整数 $\tau \geqslant 1$，有均值序列

$$\langle \xi \rangle_\tau = \frac{1}{\tau}\sum_{i=1}^{\tau} \xi_t ,(\tau = 1,2,\cdots,n) \tag{4-20}$$

由此求得累计离差

$$X(t,\tau) = \sum_{u=1}^{t} (\xi_u - \langle \xi \rangle_\tau),(1 \leqslant t \leqslant \tau) \tag{4-21}$$

极差 R 定义为

$$R(\tau) = \max_{1 \leqslant t \leqslant \tau} X(t,\tau) - \min_{1 \leqslant t \leqslant \tau} X(t,\tau),(\tau = 1,2,\cdots,n) \tag{4-22}$$

标准差 S 定义为

$$S(\tau) = \left[\frac{1}{\tau}\sum_{t=1}^{\tau} (\xi_t - \langle \xi \rangle_r)^2\right]^{\frac{1}{2}} \tag{4-23}$$

Hurst 发现 R、S、τ 满足一般关系式

$$R(\tau)/S(\tau) = c \cdot \tau^H \tag{4-24}$$

式中，c 为常数，$R(\tau)/S(\tau)$为重标极差，H 为 Hurst 指数。Hurst 指数的计算反映了时间序列均值的累计离差随时间变化的范围。根据方程

$$\log (R/S)_\tau = \log(c) + H \cdot \log(\tau) \tag{4-25}$$

以 $\log(\tau)$序列为自变量，对应的 $\log(R/S)_\tau$序列为因变量，采用最小二乘回归法，

即可得到Hurst指数的估计值。

一个具有Hurst统计特性的系统，不需要通常概率统计学的独立随机事件假设。它反映的是一长串相互联系事件的结果。今天发生的事将影响未来，过去的事也会影响现在。Hurst指数有三个不同类型：

a. 当$H=0.5$，标志着所研究的序列是一个随机序列，即过去的增量与未来的增量不相关，这是通常概率统计学的研究对象。

b. 当$0.5<H<1.0$，标志着所研究的序列是一个持久性序列，即过去的增量与未来的增量正相关，序列有长程相关性。

c. 当$0<H<0.5$，标志着所研究的序列是一个反持久性序列，即过去的增量与未来的增量负相关，序列有突变跳跃逆转性。

我们可对所建立的回归方程能否代表实际问题作一个判断，即利用复相关系数，其值越接近1，回归效果越好。统计量F计算所得的数值F，与F_a(a为检验水平)比较，如果$F>F_a$，则表示在检验水平之上，认为该模型有显著意义，即该模型能够代表实际问题；反之，则该模型不能使用。而剩余标准差越小，预测的精度越高。通过以上方法计算得到表4-17。

表4-17　青海省玛沁县和同德县1995～2004年降雨量变化趋势与持续性状况分析表

月份	相关系数	F检验值	剩余标准差	Hurst指数	样本数
1	0.3362	1.0194	1.3276	0.2948	10
2	0.5569	3.5959	1.7694	0.5502	10
3	0.4826	2.4294	5.665	0.5693	10
4	0.2536	0.5496	8.8433	0.5883	10
5	0.4479	2.0078	18.8903	0.461	10
6	0.0146	0.0017	24.3742	0.4341	10
7	0.3725	1.2887	30.8434	0.4444	10
8	0.169	0.2351	26.327	0.5903	10
9	0.4516	2.0496	19.933	0.4958	10
10	0.2081	0.3623	10.4584	0.4098	10
11	0.2349	0.4672	2.7464	0.6047	10
12	0.0667	0.0358	1.8484	0.3978	10
年均	0.0558	0.025	58.2936	0.5111	10

由表4-17可以看出，玛沁县和同德县1995～2004年降雨量相关系数与F检验值都较低，剩余标准差值较高，说明该区域年降雨量波动较大，很难用函数模拟这种变化趋势，在没有2007年降雨资料的情况下只能取1995～2004年的年均降雨量来计算出唯一的R值。

由于研究区较小，且项目区位于青海省玛沁县和同德县交界处，为客观反映项目区的降雨情况，取两个县降雨量观测值的多年平均值，且规定降雨量处处相等。

根据表4-16与式(4-19)计算玛沁县和同德县1995～2004年年均降雨侵蚀力因子R值

为 878.96(MJ·mm)/(hm^2·h·a)。

2. 土壤可侵蚀因子 K 的估算

土壤可侵蚀因子 K 值，是一项评价土壤被降雨侵蚀力分离、冲蚀和搬运难易程度的指标，不同类型的土壤对侵蚀的敏感性不一样。土壤因子是 USLE 及 RUSLE 模型中最难确定的指标，因为它需要比较详尽的土壤资料。根据获取的土壤资料的不同，K 值的求算方法也不同。常用的 K 值求算方法有：查诺模图法(Wischmeier，1971)、柯克比查表法(柯克比，1987)、公式计算法(Romkens，1986；Declercq，1992)。本研究采用以下公式(Sharply A N，1990)计算 K 值：

$$K = \{0.2 + 0.3\exp[-0.0256\mathrm{SAN}(1 - \mathrm{SIL}/100)]\} \times \left(\frac{\mathrm{SIL}}{\mathrm{CLA} + \mathrm{SIL}}\right)^{0.3} \times \left[1.0 - \frac{0.25C}{C + \exp(3.72 - 2.95C)}\right] \times \left[1.0 - \frac{0.7SN_1}{SN_1 + \exp(-5.51 + 22.9SN_1)}\right] \tag{4-26}$$

式中，K 为土壤可蚀性因子值；SAN 为砂粒(0.1～2.0mm)含量(%)，SIL 为粉砂(0.002～0.1mm)含量(%)，CLA 为粘粒(<0.002mm)含量(%)；C 为有机碳含量(%)，其值为有机质含量(%)/1.72；SN_1 为 1－SAN/100。

根据式(4-26)可以看出，只要知道有机质含量，土壤砂粒、土壤粉砂和土壤粘粒的百分含量，就可以计算 K 值。这些理化属性在研究区土壤类型图 GIS 数据库中可以直接获取。在常用的土壤可蚀性 K 值的公式中，要求土壤颗粒分析标准是美国制，而研究区土壤的理化属性来自青海省第二次土壤普查的成果《青海土壤》。《青海土壤》中的土壤颗粒分析采用的国际制，两种制的标准粒径见表 4-18(刘吉峰，2006)。因此，要利用现有的土壤资料，必须将国际制的土壤质地转换为美国制，本研究利用朱秋潮等(1999)提出的国际制的实测值的拟合三次样条函数曲线，然后利用 Matlab 软件进行插值即可得到相应美国制表示值。

表 4-18　土壤质地标准对比

国际制		美制标准		K 值计算对应名称及粒径范围	
名称	粒径/mm	名称	粒径/mm	名称	粒径/mm
粘粒	<0.002	粘粒	<0.002	粘粒	<0.002
粉砂	0.02～0.002	粉砂	0.002～0.05	粉砂	0.002～0.1
细砂	0.02～0.2	极细砂	0.05～0.1		
粗砂	0.2～2.0	细砂	0.1～0.25	砂粒	0.1～2.0
砾	>2.0	中砂	0.25～0.5		
		粗砂	0.5～1.0		
		极粗砂	1.0～2.0		
		砾	>2.0		

通过 Matlab 软件进行三次样条函数计算，将插值结果代入式(4-26)，即可得到研究

区土壤K值(表4-19)。

3. 坡长坡度因子的计算

地形因子对水土流失的影响也很大，一般随着坡度的增加，水土流失强度会加剧。地形因子对水土流失的影响通过坡长 L 和坡度 S 来表达。

1)坡长

当降雨强度和坡度相同时，物质沉淀量、水力侵蚀和冲刷的速度依据坡面的长度来确定，坡面越长，汇聚的流量越大，侵蚀力和冲刷力就越强。同时坡长也直接影响地面径流的速度，进而影响对地面土壤的侵蚀。坡长定义为在坡面上，由给定点逆流而上到水流起点之间轨迹(也称水流路径)的最大平面投影长度(周启鸣，2006)。

坡长的求取较为复杂，国内外研究者提出了许多不同的算法(Wischmeier，1978；卜兆宏，1993)。本书算法采用Moore和Burch提出的算法(陈燕红等，2007；曾慧娟等，2007)(式4-27)，并基于格网DEM和ArcGIS的水文分析模块(Hydrology)提取 L 因子。

$$L = \left(\frac{F_a \times \lambda}{22.13}\right)^m \tag{4-27}$$

式中，λ 为DEM栅格大小，Fa 为累积流量；m 为坡长指数，本书取值为0.5，因为该值比较适合于坡度较陡的坡长估算(陈燕红，2007)。

表4-19　经过插值转换后的土壤质地及其K值计算结果

亚类名称	国际制名称及粒径/mm	取值/%	美国制名称及粒径/mm	取值/%	K 值计算对应名称及粒径/mm	取值/%	有机质/%	K 值
草毡土(高山草甸土)	粘粒(<0.002)	24.02	粘粒(<0.002)	24.02	粘粒(<0.002)	24.02	8.09	0.232
	粉砂(0.02～0.002)	36.79	粉砂(0.002～0.05)	36.79	粉砂(0.002～0.1)	36.79		
	细砂(0.02～0.2)	0	极细砂(0.05～0.1)	0				
	粗砂(0.2～2.0)	39.19	细砂(0.1～0.25)	1.09	砂粒(0.1～2.0)	39.19		
	砾(>2.0)	0	中砂(0.25～0.5)	5.44				
	—	—	粗砂(0.5～1.0)	10.89				
	—	—	极粗砂(1.0～2.0)	21.77				
	—	—	砾(>2.0)	0	—	—		
薄草毡土(高山草原甸土)	粘粒(<0.002)	12.80	粘粒(<0.002)	12.8	粘粒(<0.002)	12.80	2.91	0.118
	粉砂(0.02～0.002)	8.5	粉砂(0.002～0.05)	8.5	粉砂(0.002～0.1)	8.5		
	细砂(0.02～0.2)	0	极细砂(0.05～0.1)	0				
	粗砂(0.2～2.0)	78.7	细砂(0.1～0.25)	2.19	砂粒(0.1～2.0)	78.7		
	砾(>2.0)	0	中砂(0.25～0.5)	10.93				
	—	—	粗砂(0.5～1.0)	21.86				
	—	—	极粗砂(1.0～2.0)	43.72				
	—	—	砾(>2.0)	0	—	—		

续表

亚类名称	国际制名称及粒径/mm	取值/%	美国制名称及粒径/mm	取值/%	K 值计算对应名称及粒径/mm	取值/%	有机质/%	K 值
黑毡土(亚高山草甸土	粘粒(<0.002)	12.75	粘粒(<0.002)	12.75	粘粒(<0.002)	12.75	10.18	0.243
	粉砂(0.02～0.002)	41.53	粉砂(0.002～0.05)	41.53	粉砂(0.002～0.1)	41.53		
	细砂(0.02～0.2)	0	极细砂(0.05～0.1)	0				
	粗砂(0.2～2.0)	45.72	细砂(0.1～0.25)	1.27	砂粒(0.1～2.0)	45.72		
	砾(>2.0)	0	中砂(0.25～0.5)	6.35				
	—	—	粗砂(0.5～1.0)	12.7				
	—	—	极粗砂(1.0～2.0)	25.4				
	—	—	砾(>2.0)	0	—	—		
薄黑毡土(亚高山草原甸土)	粘粒(<0.002)	8.71	粘粒(<0.002)	8.81	粘粒(<0.002)	8.71	9.1	0.152
	粉砂(0.02～0.002)	16.37	粉砂(0.002～0.05)	16.37	粉砂(0.002～0.1)	16.37		
	细砂(0.02～0.2)	0	极细砂(0.05～0.1)	0				
	粗砂(0.2～2.0)	74.92	细砂(0.1～0.25)	2.08	砂粒(0.1～2.0)	74.92		
	砾(>2.0)	0	中砂(0.25～0.5)	10.41				
	—	—	粗砂(0.5～1.0)	20.81				
	—	—	极粗砂(1.0～2.0)	41.62				
	—	—	砾(>2.0)	0	—	—		
棕黑毡土(亚高山灌丛草甸土)	粘粒(<0.002)	14.17	粘粒(<0.002)	14.17	粘粒(<0.002)	14.17	17.06	0.253
	粉砂(0.02～0.002)	44.32	粉砂(0.002～0.05)	44.32	粉砂(0.002～0.1)	44.32		
	细砂(0.02～0.2)	0	极细砂(0.05～0.1)	0				
	粗砂(0.2～2.0)	41.51	细砂(0.1～0.25)	1.15	砂粒(0.1～2.0)	41.51		
	砾(>2.0)	0	中砂(0.25～0.5)	5.77				
	—	—	粗砂(0.5～1.0)	11.53				
	—	—	极粗砂(1.0～2.0)	23.06				
	—	—	砾(>2.0)	0	—	—		

注：土壤数据来源：国家自然科学基金委员会“中国西部环境与生态科学数据中心(http://westdc.westgis.ac.cn)”。Data source: Environment & Ecology Scientific Data Center of western China, National Natural Science Foundation of China(http://westdc.westgis.ac.cn)，由中国科学院南京土壤研究所生产。

在 ArcGIS 中实现上述算法的具体技术路线见图 4-8。

在格网 DEM 上计算坡长是对地表水流路径的模拟，这就要求 DEM 在水流表面上能够畅通无阻的流动。但是，DEM 在建模的过程中，地表本身存在的洼地(如凹坑)或者插值过程中的伪洼地都会影响水的流动路径，使水流路径到不了出口。因此，应该首先对 DEM 中的洼地进行填平处理，形成无洼地 DEM，从而使水流路径畅通无阻(周启鸣等，2006；汤国安等，2006)。在无洼地 DEM 基础上求算地面某点的水流方向(即该点的坡向)，进而利用公式中的算法求算坡长 L 值。

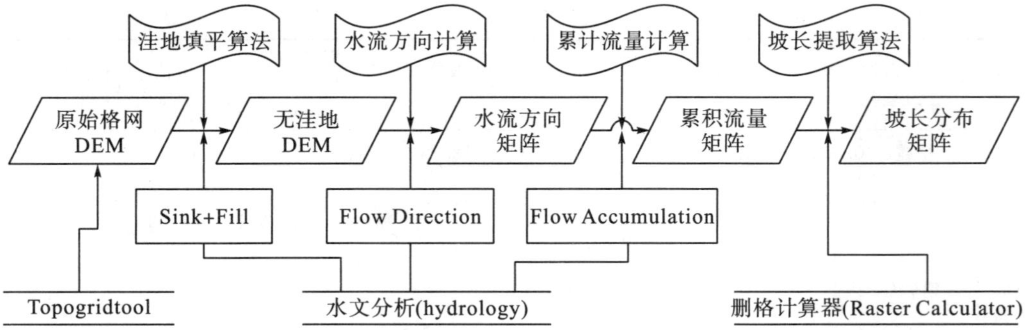

图 4-8 ArcGIS 自动提取坡长 L 的技术路线

在 ArcGIS 水文分析模块(Hydrology)，使用“Sink”实现洼地计算，使用“Fill”实现洼地填平，使用“Flow Direction”实现水流方向计算，使用“Flow Accumulation”实现累积流量计算。在累积流量计算的基础上，利用 ArcGIS 的 Spatial Analysis 中的栅格计算器(Raster Calculator)带入式(4-27)计算得到研究区的 L 值。

2)坡度

坡度是决定径流冲刷能力的基本因素之一。径流具有的能量是径流质量与流速的函数，而流速主要决定于径流深度和地面坡度(陈剑平等，2003)。因此，坡度直接影响着径流的冲刷能力。在相同条件下，坡度越大，径流流速越大，冲刷能力越强，土壤侵蚀量也越大。在早期 USLE 模型中，坡度因子 S 与坡面坡度角 θ 具有下式关系：

$$S=65.41\sin^2\theta+4.56\sin\theta+0.065 \tag{4-28}$$

该式主要是根据美国的耕地坡度(大多小于 20%，即 11.3°)推导出的，对我国绝大多数地区都不适合。因此，一些研究者提出了改进的 S 因子算式。根据坡度等级不同，坡度因子计算选用不同算法(曾慧娟，2007)，即缓坡选用 McCool 坡度公式(McCool，1987)，陡坡选用 LIU B Y 的坡度计算公式(LIU B Y，2000)

$$S=\begin{cases}10.8\sin a+0.03 & a<5\\ 16.8\sin a-0.50 & 5\leqslant a<10\\ 21.9\sin a-0.96 & a\geqslant 10\end{cases} \tag{4-29}$$

式中，S 为坡度因子，a 为坡度(°)。

利用 ArcGIS Spatial Analyst 或者 ArcGIS 3D Analyst 可以直接根据格网 DEM 计算单元坡度值，然后在 ArcGIS Spatial Analyst 模块 Map Algebra(地图代数)中通过条件选择，按照式(4-29)分级计算 S 值。最后将 L 和 S 因子在栅格计算器中相乘得到研究区坡长坡度 LS 因子栅格图层。

以下语句是在 ArcGIS 的 Map Algebra 中实现坡度因子 S 计算的表达式：

con([slope] < 5, (10.8 * Sin([slope] / 180 * 3.1415926)+ 0.03), con([slope] < 10, (16.8 * Sin([slope] / 180 * 3.1415926)- 0.5), (21.9 * Sin([slope] / 180 * 3.1415926)- 0.96)))

4. 植被覆盖因子和水土保持措施因子值的确定

植被覆盖因子(C)和水土保持措施因子(P)对水土流失具有控制作用。根据研究区土地利用状况和实地调查的情况，并参考借鉴前人(王万忠等，1996；蔡崇法等，2000；杨广斌，2004；王静，2006)的研究成果确定 C 值和 P 值。P 值是采取水土保持措施后水土流失量与顺坡种植时水土流失量的比值。经过实地调查，研究区内无水保措施，且本项目计算的主要是潜在的水土流失量，故 P 值均取为 1(房世波，2004)。

C 因子与植被类型和植被覆盖度有关，当地表为完全裸露土时，C 值为 1；当地表为裸露岩石时，认为不发生水土流失，C 值为 0；当地面得到良好的植被覆盖时候，C 值指定为 0.001。结合 Quick Bird 影像分析发现，研究区的裸地主要为裸露土，故此处 C 取值 0.5。研究区解译出的道路均为水泥路面或沥青路面，故认为道路的 C 值为 0；而河流水面和居民地通常被认为不发生水土流失(杨广斌，2004)，故河流水面和居民地 C 值为 0。C 的最终取值结果见表 4-20。

将 C、P 值属性添加到土地利用属性库中，在 ArcGIS Spatial Analyst 的“Features to Raster”中转化得到 C、P 因子栅格图层。

表 4-20　不同土地利用类型 C 因子值

编号	地类名称	C 值	编号	地类名称	C 值
01	耕地	0.250	05	居民地	0.000
02	有林地	0.001	06	道路	0.000
03	其他林地	0.050	07	河流水面	0.000
04	草地	0.010	08	裸地	0.500

4.3.3　水土流失现状与生态效应分析

1. 研究区水土流失特征分析

1)水土流失量计算及等级划分

在确定 RUSLE 模型的六大因子后，将六个因子在 ArcGIS 中 Spatial Analysis 的栅格计算器中叠加相乘计算得到每个栅格单元的水土流失(土壤侵蚀)模数，然后根据土壤侵蚀强度分级划分标准(SL 190-96，1996)，进行研究区水土流失强度等级划分，得到研究区水土流失强度分级图。关于强度划分标准需要说明的是，RUSLE 模型计算的侵蚀模数单位是 t/(hm^2·a)，而国家标准是 t/(km^2·a)。为便以等级划分，需要将国家标准单位 t/(km^2·a)转换为 t/(hm^2·a)，转换对照结果见表 4-21。

表 4-21　水土流失(土壤侵蚀)强度分级标准

级别	侵蚀强度	平均侵蚀模数 [(t/(km^2·a)，国标]	平均侵蚀模数 [(t/(hm^2·a)，转换后)]
1	微度	<200，500，1000	<2，5，10
2	轻度	200，500，1000~2500	2，5，10~25
3	中度	2500~5000	25~50
4	强度	5000~8000	50~80
5	极强烈	8000~15000	80~150
6	剧烈	>15000	>150

注：国标中，200、500 和 1000 分别为东北黑土区和北方土石山区，南方红壤丘陵区和西南土石山区，西北黄土高原区的土壤允许流失量。

2）水土流失评价结果分析

对所获得的研究区水土流失强度的分级结果进行统计分析，生成面积及百分比统计图(图 4-9)。研究区水土流失强度以轻、微度流失为主，其面积占研究区总面积的 47.49%；中度流失为 16.03%，强度流失为 11.89%，极强度流失为 9.47%，剧烈流失为 12.33%。微度、轻微和中度流失居主导地位，面积比例占研究区总面积的 63.52%。强度、极强度和剧烈流失面积占研究区总面积的 33.69%。由此可见，整个研究区水土流失水平较低。

经分析可知，不同水土流失等级在空间分布上差异明显。剧烈流失区主要集中分布在坝前及近坝库区、库区中段的下半段(火居沟附近)的黄河右岸地区，结合 DEM 和 Quick Bird 影像分析可知，这部分区域水土流失非常严重的原因是这些地区处于阳坡，坡度较大、植被覆盖度低，地表松散堆积层为水土流失提供了物质来源。微度流失区主要集中在黄河干流两岸的平台地区，坡度较缓、草地或者林地覆盖情况较好，具有良好的水土保持效果。其他等级的水土流失类型则交叉分布在整个研究区。彩图 21 为水土流失强度等级划分结果与 Quick Bird 影像对照图(局部)，对比分析表明利用 RUSLE 模型进行水土流失测算并进行等级划分的结果比较客观，与实际情况吻合。

2. 水土流失生态效应及防治建议

从对研究区水土流现状的分析可知，尽管整个研究区的水土流失水平较低，但是剧烈流失区域主要分布在坝前及近坝地区。水电站建成后，水土流失产生的泥沙将直接进入水库。所以，在进行水电站泄洪排沙等工程设计时，应该充分考虑近坝地区水土流失对水库淤积的影响。

水土流失产生的泥沙是水库淤积的主要物质来源。尽管水库的淤积是不可能完全消除的，但可以尽量减轻和延缓淤积的速度。做好水库上游及库周的水土保持工作，是解决水库泥沙淤积的最好办法。水土流失量预测是水土保持方案编制的依据和关键，在本书研究的基础上，充分掌握研究区水土流失现状，能够为水土保持规划和生态环境保护规划提供客观依据。

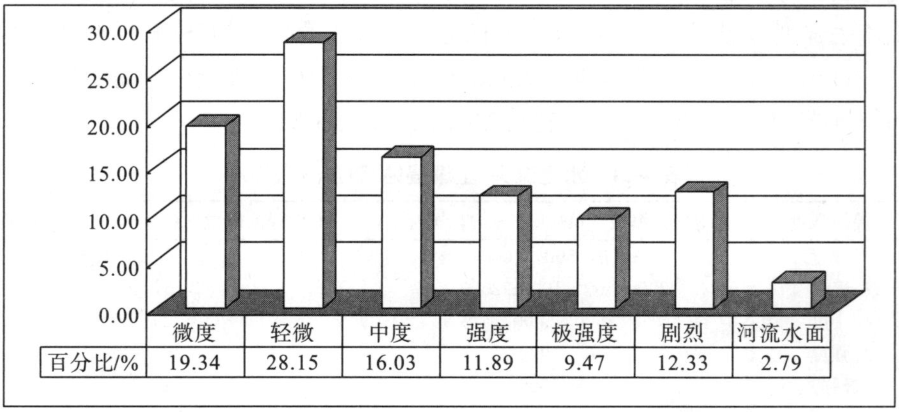

图 4-9　研究区不同水土流失强度等级面积百分比

第5章　水电开发生态环境影响回顾评价

5.1　二滩水电站库区地质环境调查与评价

2006年10月27～29日(枯水期，水库蓄水位1200m)、2007年7月27～29日(丰水期，水库蓄水位1195m)、2008年5月9～11日(即将进入汛期，水库蓄水位降至死水位1155m)，作者在二滩水电站库区(攀枝花市)，乘汽车沿库区公路，乘快艇水上考查，采用GPS定位、数码相机拍摄、问卷调查等形式获取了大量第一手宝贵、客观的资料。根据野外考查资料，从以下几方面对地质环境问题进行描述与评价。

5.1.1　泄洪雾化

水电工程泄水建筑物泄洪时，下泄水流一般呈现急流或挑射流状态，由于水流内部紊动和周围空气阻力的影响，射流水股表面产生波纹，并掺气、扩散，部分水体失稳、脱离水流主体，碎裂成水滴，其中大粒径水滴降落形成雨(抛洒降雨)，小粒径水滴漂浮在空中成为雾(彩图22)；随后，掺气射流落入下游河床内，与下游水体相互碰撞，产生喷溅，飞溅出的水体受到重力、空气阻力和坝后风速场的影响，斜向抛射并在射流入水点附近区域内降落，形成溅激斜抛降雨(溅雨)，喷溅过程中产生的大量小粒径水滴漂浮在空中形成浓雾，雾滴受到坝后风速场的影响，不断扩散、飘逸形成雾流，雾流向四周逐渐扩散变淡，降雨强度随之减小。一般而言，水头越高，流量越大，泄洪雾化的降雨强度与影响范围也越大。随着一大批巨型电站的陆续兴建，泄洪雾化问题日益受到广泛关注。高坝泄洪雾化，不仅对水利枢纽与下游岸坡的工程安全造成一定威胁，同时也是一个社会影响较大的环境问题。运行实践表明，大型水电工程的泄洪雾化，由于降雨强度及其影响范围相当大，与常规的自然降雨相比，对水利枢纽附属建筑物与下游岸坡所造成的威胁与破坏要大得多。因此，泄洪雾化作为环境问题也开始受到来自社会方面的关注。

苏建明等(2002)的研究表明：二滩水库泄洪雾化主要对边坡破坏较大，破坏类型主要表现为：①孤石、悬石在泄洪雾化产生的地表水作用下失稳滚落；②覆盖层、全风化岩体在泄洪雾化产生的地表水作用下塌滑；③冲沟内，覆盖层、施工弃渣在泄洪雾化产生的地表水作用下形成泥石流；④强风化松弛卸荷岩体受不利结构面切割，在泄洪雾化产生的地表水作用下，局部失稳。尽管泄洪雾化较原设计要严重，但边坡整体是稳定的，对水垫塘边坡等工程边坡的支护处理是合理的，雾化对边坡的影响主要发生在自然边坡，且主要为浅表层滑动及局部破坏，对工程的安全运行不会构成大的威胁。目前，已经建立了大坝泄洪预警系统，泄洪前提前半小时拉响警报，有效保护了下游水上作业人员的生命财产安全。

5.1.2　施工迹地恢复

二滩公司对工程建设期间的渣场、料场等施工迹地都进行了植树种草，实施了景观恢复工作。水电站建设的施工迹地恢复得很好，彩图23-(2)为仅存的一处施工迹地。

欧方营地是修建二滩水电站时，意、德、法、英等44个国家1200多名专家的居住地，被誉为“小联合国”。欧方营地内错落有致地分布有120余幢中西结合风格的别墅式建筑。经多次修缮和改造，它已成为一家典型的亚热带园林、花园式的四星级度假酒店，见彩图23-(3)至彩图23-(5)。

5.1.3　水质污染问题

(1)库区移民生产生活污水直接排放至水库，以及近库岸的居民厕所、牲畜养殖房直接修建在水库岸边，人畜大小便直接排放到水库，严重污染水质，见彩图24-(1)～(3)。

(2)移民种植农作物所使用农药化肥后的残留物直接或者间接进入水库。

(3)库区网箱养鱼，饲料残留物造成局部水域营养元素超标，易造成富营养化。从二滩大坝至渔门镇河段，网箱养鱼点比较密集，雅砻江干流河段网箱养鱼点比较少，见彩图24-(4)。

(4)库区旅游开发，外来游客产生的各种废物和垃圾。

(5)船舶燃烧汽油、柴油后的废弃物以及本身的渗漏等。水库蓄水至正常蓄水位时，坝上游干流145km、鳡鱼河支流40km河段已成为库区主要交通通道。库区乡镇居民可通过渔门集镇与库区码头至攀枝花市，为库区物资流通和旅游业的发展提供了便利条件。航船已成为库周及库周居民对外交通的主要工具，见彩图24-(5)。

(6)由于雅砻江流经高山峡谷，经济落后，沿线除少数中小型煤矿外，无大型工矿企业的分布，加之水库不断泄水发电，以及行洪期间的泄洪交换，二滩水库的水质总体较好。只是库区两岸煤矿的洗煤场，废水直接进入水库，对水质有所污染，见彩图24－(6)。

5.1.4　水库淤积问题

2008年5月9～11日期间，对库区的实地考查获取到的资料表明，二滩水库的泥沙淤积问题比较严重。因为此时段即将进入汛期，为了腾出更大的库容用于汛期防洪，水库水位已经降至死水位1155m。此时，雅砻江很多支流的库尾已经干涸，泥沙淤积现象十分明显，见彩图25-(1)～(2)。根据现场的观察，水库淤积的泥沙呈鲜明的层状分布彩图25-(3)，每层泥沙代表二滩电站下闸蓄水以来每年的淤积情况。经过实地测算(彩图

25-(4))，年均泥沙淤积速度约 1m/a。

根据实地调查分析，水库淤积问题的产生可以归纳为以下原因：

1. 水土流失

二滩水电站库区河段两岸山高坡陡、土层瘠薄、基岩疏松。由于移民等因素，库岸一带人口密度增加，对土地利用的需求增加，并伴随荒地利用，道路及房屋修建等，植被受到一定破坏、水土保持能力下降，水土流失加重。

(1)大量坡耕地种植，水土流失严重，见彩图 26-(1)～彩图 26-(2)；后靠移民为了生存，肆意毁林开荒，见彩图 26-(3)。

(2)库区公路边坡未治理，破坏严重；没有硬化的道路，雨季暴雨冲刷水毁严重，见彩图 26-(4)；新建公路，产生新的山体破坏和松散物质，一遇暴雨冲刷，极易流失，见彩图 26-(5)。

(3)库区煤矿废弃矿渣堆积在沟道中或顺坡堆积，一遇暴雨，极易爆发泥石流，直接进入水库。煤矿的开采应该注意水土保持工作，见彩图 26-(6)。

2. 地质灾害

库区(工作区)地质灾害主要包括泥石流、塌岸和滑坡等。此次实地调查的工作区范围包括：二滩大坝沿雅砻江干流至盐源县甘塘乡境内约 60km 河道两岸，以及两河口至雅砻江支流鳡鱼河境内渔门镇约 20km 河道两岸。经调查，工作区范围内共有泥石流 4 条，其中大型泥石流 2 条，小型泥石流 2 条；滑坡 14 处，其中大型滑坡 11 处，中型滑坡 1 处，小型滑坡 2 处；塌岸 41 处，其中大型塌岸 11 处，中型塌岸 21 处，小型塌岸 9 处。以上地质灾害共计 59 处。在 59 处地质灾害中，位于鳡鱼河流域共计 7 处，都为位于河流左岸；位于雅砻江干流共计 52 处，其中雅砻江左岸 26 处，雅砻江右岸 26 处。灾害体具体描述，详见 5.1.5 节。

5.1.5　地质灾害问题

1. 水库区地质灾害诱发因素及其危害

库区泥石流的最大危害是将固体物质带入库内，减小库容，缩短水库的使用寿命。而库岸再造垮塌和滑坡直接进入库区的泥沙量，远远大于泥石流，因此水库区影响最大的地质灾害是塌岸。

水库蓄水后，由于库岸工程地质条件的变化，引起原来斜坡的破坏，叫做塌岸或边岸再造(郭见扬等，1995)。水库边岸失稳，是由于水库蓄水，水位抬升，浸没了大部分边坡或边坡角，从而改变了边坡前缘或整体的受力条件，边坡中原来存在的软弱带泥化，孕育成滑动面或使滑坡复活。另外，由于江风和船队激起的拍岸浪也是一种动荷载作用(刘传正，1995)。

水库的库岸失稳，一般可分为两种形式：一种是缓慢地小型边坡蚀坍；一种是对水库环境有重大影响的大型崩滑破坏。修建水库引起的大规模岸坡失稳，其明显的诱发因素是库水的漫洞、托浮作用。而实质上，库水仅起了诱发作用，本质原因则在于岩体结构条件和构造抬升造成的河谷卸荷带。

塌岸危及两岸农田和工程，塌下物质是库区淤积来源。库区山坡的冲刷以及河流携带的泥沙在库区淤积，使水库库容逐渐减小，影响到水库的效益。

2. 地质灾害调查的方法

地质灾害调查采用实地调查法进行。

1)调查范围和路线设计

本次调查范围为二滩库区攀枝花市范围，主要包括攀枝花的盐边县和米易县，以及与米易县相邻的凉山州盐源县靠近雅砻江的邻近区域。

调查过程中为避免照相时太阳逆光的影响，设计了彩图 27 所示调查路线。

2)地质灾害信息的获取

乘坐快艇，沿设计的调查路线，进行水库库岸调查。在灾害发生地，利用 GPS 获取经纬度坐标(北京 54 坐标系，在 GPS 中进行坐标参数设置)，利用数码相机现场拍照并编号，结合地形图、遥感影像图进行现场描述，再回实验室进行成果整理。

GPS 获取的灾害点坐标以“度”为单位存储为. txt 文件，然后用 ARCGIS 软件 ARCMAP 的“Add xy data”工具，直接导入到 GIS，存储为经纬度单位的 SHP 文件，然后转换为北京 54 坐标系的公里网坐标，与研究区地形图套合，便于后续统计分析。

3. 地质灾害的命名规则

(1)以坐标配准后的 1∶5万地形图为参考，将灾害点与地形图叠加来获取地名，如果在灾害点周围没有地名标识，则以就近地名来描述(以距离或者方位标识，距离以 GIS 的距离量测工具测算，方位主要以地名的上下游来区分，彩图 28)，如果同一地名有多处灾害，则以“−1，−2”标识(彩图 29)。使用地形图取名使得其成果具有通用性，并方便野外验证。尽管前人已经有一些调查成果，但因命名不统一，很难综合分析。

(2)河口位置的则以河流名字命名(如藤桥河，彩图 30)。

(3)有些灾害点名称在前人成果基础上进行了修正，如，原下荒田泥石流，实际离下荒田还有 1200m 距离，而离它最近的地名则是蒋家滩(彩图 31)。

(4)沿用现有的研究成果的命名方式，如金龙山滑坡、霸王山滑坡。

4. 二滩库区(攀枝花市)地质灾害分布

1)灾害总体分布情况

调查区地质灾害总体情况见表 5-1 和彩图 32。

2)总体情况描述

(1)泥石流。考查范围内泥石流总体不发育，但蒋家滩(原下荒田)泥石流和检察官培训中心泥石流危害却很大，泥石流堆积物直接进入水库，淤积严重。库区泥石流按形成的地貌特征分都属于沟谷型泥石流；按泥石流成因分都属于降雨型泥石流。

表 5-1　库区崩塌滑坡泥石流灾害情况统计表

编号	地质灾害名称	距大坝距离/km	东经/°	北纬/°	所在库岸	规模	稳定性/活动性	类型	工程效应/危害性分析
1	金龙山泥石流	0.30	101.7801	26.8290	雅砻江左岸	小型	偶发、间歇性	稀性、沟谷型	淤积水库
2	金龙山滑坡	0.40	101.7780	26.8283	雅砻江左岸	大型	Ⅰ、Ⅱ区稳定，Ⅲ区不稳定	顺层滑坡	一旦下滑，将危及大坝安全
3	霸王山滑坡	5.80	101.7295	26.8407	雅砻江左岸	大型	处于稳定状态	顺层滑坡	无影响
4	黄果湾下游(1500m)塌岸	10.93	101.7091	26.8792	雅砻江左岸	小型	处于稳定状态	/	淤积水库
5	砂坝上游(1500m)塌岸-1	14.71	101.7039	26.9122	雅砻江左岸	小型	处于稳定状态	/	淤积水库
6	砂坝上游(1500m)塌岸-2	15.08	101.7046	26.9192	雅砻江左岸	小型	处于不稳定状态	/	淤积水库
7	茅坪子下游(600m)塌岸	16.32	101.7088	26.9250	雅砻江左岸	小型	处于不稳定状态	/	淤积水库
8	横壁滩滑坡	21.33	101.7202	26.9567	雅砻江左岸	中型	处于蠕变中	顺层滑坡	引起涌浪，淤积水库
9	田坪子对岸滑坡	23.93	101.7422	26.9699	雅砻江左岸	小型	处于稳定状态	顺层浅层滑坡	淤积水库
10	冷家坪子塌岸	31.75	101.7857	27.0263	雅砻江左岸	小型	处于不稳定状态	/	淤积水库
11	马鹿湾塌岸	41.23	101.8152	27.1041	雅砻江左岸	中型	处于稳定状态	/	淤积水库
12	刘家坪塌岸-1	45.77	101.8474	27.1286	雅砻江左岸	中型	处于稳定状态	/	淤积水库
13	刘家坪塌岸-2	45.88	101.8482	27.1282	雅砻江左岸	小型	处于不稳定状态	/	淤积水库
14	田家院塌岸	48.44	101.8740	27.1316	雅砻江左岸	小型	处于不稳定状态	/	淤积水库
15	王家湾塌岸	49.54	101.8846	27.1280	雅砻江左岸	大型	处于不稳定状态	/	淤积水库
16	秤砣田塌岸	49.99	101.8877	27.1317	雅砻江左岸	大型	处于稳定状态	/	淤积水库
17	周家湾塌岸	48.76	101.8763	27.1342	雅砻江左岸	小型	处于不稳定状态	/	淤积水库
18	谢家屋基上游(500m)塌岸	49.74	101.8767	27.1443	雅砻江左岸	小型	处于不稳定状态	/	淤积水库
19	火烧桥塌岸-1	51.21	101.8768	27.1582	雅砻江左岸	小型	处于不稳定状态	/	淤积水库
20	火烧桥塌岸-2	51.44	101.8768	27.1591	雅砻江左岸	小型	处于不稳定状态	/	淤积水库
21	马家渡塌岸-1	53.05	101.8777	27.1743	雅砻江左岸	小型	处于稳定状态	/	淤积水库
22	马家渡塌岸-2	53.17	101.8770	27.1753	雅砻江左岸	小型	处于不稳定状态	/	淤积水库

续表

编号	地质灾害名称	距大坝距离/km	东经/°	北纬/°	所在库岸	规模	稳定性/活动性	类型	工程效应/危害性分析
23	坪子滑坡	54.82	101.8648	27.1816	雅砻江左岸	大型	极不稳定，处于活动期	土质滑坡	引起涌浪，淤积水库，阻塞河道
24	老鹰岩上游(1000m)塌岸	56.94	101.8773	27.1941	雅砻江左岸	中型	处于基本稳定状态	/	淤积水库
25	田坝子下游(700m)塌岸	59.13	101.8820	27.2135	雅砻江左岸	小型	处于基本稳定状态	/	淤积水库
26	田坝子泥石流	59.55	101.8829	27.2174	雅砻江左岸	小型	偶发、间歇性	稀性、沟谷型	淤积水库
27	姑表(对岸)塌岸	60.47	101.8741	27.2243	雅砻江右岸	小型	处于不稳定状态，表层破碎	/	淤积水库
28	黄泥梁子(甘塘码头)滑坡	58.87	101.8780	27.2111	雅砻江右岸	大型	处于稳定状态	顺层滑坡	淤积水库
29	树瓦河口左岸塌岸	58.61	101.8777	27.2092	雅砻江右岸	大型	处于基本稳定状态	/	淤积水库
30	树瓦河口右岸塌岸	58.32	101.8764	27.2068	雅砻江右岸	大型	处于不稳定状态	/	淤积水库
31	周家屋基(对岸)塌岸	57.74	101.8750	27.2017	雅砻江右岸	中型	处于稳定状态	/	淤积水库
32	下荒田上游(1000m)塌岸	56.21	101.8682	27.1928	雅砻江右岸	中型	处于基本稳定状态	/	淤积水库
33	蒋家滩泥石流(原称下荒田)	54.47	101.8537	27.1791	雅砻江右岸	大型	频发、活动性	粘性、沟谷型	与23#号坪子滑坡隔河相望，滑坡与泥石流堆积物严重淤积水库，使河道变窄
34	朱家店子下游(1200m)塌岸	52.64	101.8748	27.1702	雅砻江右岸	大型	处于不稳定状态	/	淤积水库
35	夏家屋基滑坡	50.44	101.8715	27.1505	雅砻江右岸	大型	处于稳定状态	岩质滑坡	影响滑坡体上居民点
36	花棚子塌岸	45.37	101.8423	27.1308	雅砻江右岸	小型	处于不稳定状态	/	淤积水库
37	藤桥河口上游(1500m)塌岸	42.87	101.8200	27.1178	雅砻江右岸	中型	处于不稳定状态	/	淤积水库
38	坪子上塌岸	40.60	101.8067	27.1016	雅砻江右岸	大型	处于稳定状态，基岩出露	/	淤积水库
39	柏枝滑坡-1	39.94	101.8042	27.0957	雅砻江右岸	大型	处于不稳定状态，一旦地表水渗入裂缝隙，滑动面抗滑力减弱，将会发生蠕动下滑	岩质滑坡	一旦复活，将引起涌浪，淤积水库，威胁滑坡后臂上居民点
40	柏枝滑坡-2	39.77	101.8039	27.0945	雅砻江右岸	大型	处于基本稳定状态	岩质滑坡	引起涌浪，淤积水库
41	柏枝滑坡-3	39.70	101.8039	27.0935	雅砻江右岸	大型	处于稳定状态	土质滑坡	淤积水库

续表

编号	地质灾害名称	距大坝距离/km	东经/°	北纬/°	所在库岸	规模	稳定性/活动性	类型	工程效应/危害性分析
42	猫猫滩下游(800m)塌岸	38.73	101.8042	27.0770	雅砻江右岸	大型	处于稳定状态	/	淤积水库
43	田房塌岸	36.36	101.8003	27.0564	雅砻江右岸	中型	处于基本稳定状态	/	淤积水库
44	千秋磅(对岸)塌岸-1	29.95	101.7692	27.0144	雅砻江右岸	大型	处于不稳定状态	/	淤积水库
45	千秋磅(对岸)塌岸-2	29.85	101.7692	27.0139	雅砻江右岸	大型	处于稳定状态	/	淤积水库
46	田坪子上游(1500m)塌岸	25.22	101.7489	26.9798	雅砻江右岸	小型	处于不稳定状态	/	淤积水库
47	横壁滩(对岸)滑坡	21.23	101.7150	26.9603	雅砻江右岸	大型	处于基本稳定状态，有复活的可能	岩质滑坡	一旦复活，将引起涌浪，淤积水库，威胁滑坡体上居民生命财产安全
48	三岔河口上游(1000m)塌岸	19.91	101.7034	26.9541	雅砻江右岸	小型	处于基本稳定状态	/	淤积水库
49	鳡鱼河口(左岸)滑坡	19.48	101.6930	26.9487	鳡鱼河左岸	小型	处于稳定状态	土质滑坡	淤积水库
50	田坝子滑坡	20.50	101.6804	26.9526	鳡鱼河左岸	大型	极不稳定，处于活动期，滑体受外界影响将最终下滑进入水中	土质滑坡	淤积水库
51	田坝子上游(1200m)塌岸	21.67	101.6702	26.9487	鳡鱼河左岸	中型	处于不稳定状态	/	淤积水库
52	红光上游(900m)塌岸	23.40	101.6565	26.9569	鳡鱼河左岸	小型	处于不稳定状态	/	淤积水库
53	杜家村滑坡	29.76	101.5917	26.9617	鳡鱼河左岸	大型	处于不稳定状态	土质滑坡	淤积水库
54	老县城(对岸)塌岸	37.87	101.5428	26.9196	鳡鱼河左岸	大型	处于稳定状态	/	淤积水库
55	犀牛山塌岸	36.81	101.5529	26.9210	鳡鱼河江心岛	中型	处于基本稳定状态	/	淤积水库
56	茅坪子(斜对岸)塌岸-1	17.99	101.7016	26.9386	雅砻江右岸	小型	处于基本稳定状态	/	淤积水库
57	茅坪子(斜对岸)塌岸-2	17.65	101.7021	26.9359	雅砻江右岸	大型	处于基本稳定状态	/	淤积水库
58	茅坪子(斜对岸)塌岸-3	17.42	101.7026	26.9338	雅砻江右岸	小型	处于基本稳定状态	/	淤积水库
59	检察官培训中心泥石流	2.87	101.7522	26.8280	雅砻江右岸	大型	频发、活动性	粘性、沟谷型	淤积水库

(2)崩塌和滑坡。库区滑坡由于水库浸泡而产生，按力学条件，多为牵引式滑坡。库区部分崩塌实际上是滑坡发生后，滑坡体全部进入水库后的表现形式。

5. 典型滑坡、泥石流-蒋家滩泥石流与坪子滑坡

蒋家滩泥石流与坪子滑坡隔河相望，距离水库大坝约54km，蒋家滩泥石流位于雅砻江右岸(见彩图33)，坪子滑坡位于雅砻江左岸。滑坡和泥石流都处于活动期。滑坡下泻物质与泥石流堆积物严重淤积水库，使河道变窄。这两处地质灾害应该引起高度重视。

6. 库区地质灾害分段评价

1)二滩码头至渔门镇段

总体上，二滩水库左岸塌岸(含滑坡)较右岸的稳定。具体而言，左右两岸塌岸(含滑坡)多发生在土质岸坡段，岩质边坡段较少。从岩性上划分，本次考查路线可划分为上、下游两段，划分界线大致在霸王山附近，其中近坝区主要发育块状白云岩、泥质灰岩等，岸坡稳定，风化物堆积层较薄，该区域内仅有小型塌岸发生。上游段主要发育中质层砂岩、砂质泥岩夹紫红色泥岩，岩层层理明显，岩石差异性风化严重，岸坡岩层多破碎，风化堆积层较厚，斜坡上多残坡堆积物，残坡堆积物上多修建居民房屋。由于该段左岸多顺向坡，右岸为逆向坡。因此，左岸岸坡稳定性较差，左岸除发育由浅层松散堆积层形成的塌岸(含滑坡)以外，同样发育少量的顺层岩质塌岸(含滑坡)。而右岸由于修建公路，人工开挖边坡，同时向库区倾倒土方而造成岸坡植被被破坏，在行船产生的岸坡拍打侵蚀作用和雨水的冲刷作用下形成的小型塌岸(含滑坡)，而使岸坡再造，经过一段时间作用，岸坡堆积物形成自然休止角而将趋于稳定，因此危害性小。

2)两河口(雅砻江与鳡鱼河交叉口)至雅砻江(盐源县甘塘乡境内)段

总体上，库区两岸较稳定。多发育小型塌岸(含滑坡)，危害小，多为库区蓄水后，第四纪松散层浸泡后，使岸坡松动开裂，部分坡度较陡的库段在河流冲刷作用下失稳形成塌岸(含滑坡)，部分滑坡为修建公路人工开挖而引起的边坡失稳。

但库区两岸边坡稳定性同样存在差异性，库区右岸边坡较缓，且多为残坡堆积层，坡面植被发育较差，雨季坡面流水对岸坡冲刷，水土流失严重。同时，在右岸部分库段顺向坡，出露紫红色的砂岩、砂质泥岩、泥岩，岩石裂缝发育，风化破碎严重，基岩上堆积的松散层在重力或河流冲刷下失稳而形成顺层滑坡，库区左岸岸坡较陡，其稳定性较右岸好，仅发育少量小型滑坡。

在本段中，除近坝段发育白云岩外，其他区段多发育砂岩、泥岩，塌岸(含滑坡)多发育在岸坡较陡或顺向坡地段。本区最为典型的地质灾害为蒋家滩泥石流和坪子滑坡，规模较大，目前仍然处于活动期，危害性大。

5.1.6 地质环境考查后的建议

(1)进一步加强低水位和高水位地质灾害的对比研究。综合对比分析水库在高水位(接近1200m)和较低水位(接近1155m)时地质灾害的发育特征，对其稳定性和危害性做

出更为准确和客观的评价。

(2)建议加强污染源调查以及“三废”处理。生产区域生活污水必须经净化处理，达标后排放；坚持对垃圾的收集和运送处理，严禁垃圾倾入水体；坚持对库区的漂浮物进行清理。

(3)加强库岸防护林带建设，以增强水土保持功能，保护库岸、减少入库泥沙，美化库区环境，改善环境质量。

(4)加强水库环境容量研究，确定合理养鱼的规模，确保水库水质达到国家标准。

5.2　二滩水电站库区移民调查与评价

5.2.1　二滩库区(攀枝花市)移民概况

二滩水电站库区移民的前期搬迁安置，经过 11 年的艰苦努力，共建立移民集中、后靠安置点 49 个，迁建一座县城(盐边县)，新开垦土地 12781.2 亩，修建房屋 386919 m^2，以及基本配套地建成了水、电、路、通讯、广播电视等一系列基础设施，搬迁安置移民 3 万余人。盐边县安置移民 24818 人，其中建立红格等 28 个集中、后靠安置点，安置移民 3146 户 19873 人，移民自愿县内投亲靠友 688 人，农转非人口 3511 人；安置党政机关、群团组织、事业单位 78 个和城镇居民约 9200 人。米易县共搬迁安置移民 6324 人，其中建立平山等 21 个集中、后靠安置点，安置农村移民 856 户 4479 人，移民自愿县内投亲靠友(分插)762 人，农转非人口 1083 人(谢道全，2000)。

二滩移民工作从 1987 年电站施工开始，大体经历了以下阶段：①1987 年完成施工区范围内的征地及移民工作，保证了 1991 年 9 月 14 日电站主体工程正式开发；②1992 年完成库区淹没范围内各种实物量调查，全部移民人数统计，大规模移民搬迁规划，并在此基础上抓紧进行了红格、平山等集中安置区和盐边新县城的建设，公路、桥梁、电力、水利、通讯、广播电视等移民生产生活基础设施配套建设；③1993 年完成 1065m 以下移民搬迁，保证了大坝围堰截流；④1997 年 1 月完成盐边老县城党政机关、群团组织企事业单位搬迁，截止 1998 年 4 月实现了 1200m 以下水库淹没区移民和各种专项设施全部搬迁的目标，保证了 1998 年月 1 日电站如期下闸、蓄水；⑤从 1998 年初开始，探索启动移民生产生活后期扶持工作。

5.2.2　二滩库区(攀枝花市)移民现状调查

(1)相当部分移民生活十分艰苦，生产十分困难。据统计，按照扶贫越温标准(谢道全，2000)，2 万余名库区农村移民搬迁后，生活较好的仅占 10%，一般的占 30%，较差的达 50%。其中，生活较好和一般的移民主要是指集中安置移民和位于水库库首以及靠近水库两岸的移民，这些移民有固定的收入来源。比如位于库首段和渔门镇的移民靠旅游开发、开游艇等收入相当客观，鳡鱼河段的移民发展水产养殖收入也不错。此次调查了一家开游船的移民，他家共有三只船，夫妻二人每年靠开船收入可达7～8万元，其中三个黄金周收入非常可观，平均每个黄金周的收入可达1万元；而对于大部分后靠移民，生产生活条件却大不如从前。相当部分移民在贫困线上挣扎，一是缺粮，移民搬迁前耕作的绝大多数是良田沃土，长期有存粮，但搬迁后经过一两年时间，存粮已吃完，新开土地坡陡质差又缺少灌溉水源，产量极低，导致粮食匮乏，出现守着水库遭旱灾的怪现象。二是缺钱，过去移民种有果园、饲有家禽、养有牛羊，经济收入足以维持生产生活上的开支，而搬迁后绝大多数移民户的这些经济收入尚属空白，又无其他经济来源，加之搬迁安置已耗尽所有积蓄，因此，移民的自救能力极差。三是电力、交通等基础设施落后，医疗、教育十分不便。很多后靠移民生活在高山区，交通不便，条件很差，医疗站点少，生病就医十分不便。交通不便导致生产成本增加，尤其是大部分后靠移民由于山高路远，交通不便，日常出行十分不便，再加之库区发生的一些地质灾害导致公路、桥梁被毁，只能靠水路出行，这样出行成本更高。比如农民走水路购买化肥等生产资料，其乘船的费用比购买一袋化肥费用还要高。另外，移民子女就学困难，失学率有所上升。据调查，有的小学生上学要走3～4个小时的山路。即使目前能够通行的环湖公路，也存在很多问题。如除部分路段路面硬化外，很多路段还是泥路或者碎石路，路面损毁严重；由于水库蓄水后引发的崩塌、滑坡、泥石流等地质灾害，冲毁了一些路段和桥梁，造成很多断头路。

(2)农转非人口的生存问题和部分移民再次搬迁的问题亟待解决。在二滩移民中，采用农转非办法进行安置的有4594人，少数移民户全部都是农转非人口，目前这些人大多数无地、无粮、无职业、无生活来源。按政策，他们不再属于扶持对象，但如果不采取相应措施和办法加以解决，将是一个严重的社会不稳定因素。另外，由于不按照规划搬迁，拥挤到有限的安置点落户的移民，以及由于遭受自然灾害后，生产生活困难必须搬迁的移民共314户1473人(盐边县172户760人，米易县142户713人)，应尽早落实再次搬迁措施，切实加以解决(谢道全，2000)。

(3)水库淹没良田沃土后，后靠移民耕地少，毁林开荒较突出，自然环境日趋恶化，对库区群众生产生活构成潜在威胁，引发严重的水土流失，将产生水库淤积效应，影响水库安全运行和使用寿命。

(4)新盐边县县城搬迁的地理位置不能很好地发挥县级政治、经济、文化中心的辐射作用，新县城所在位置只能辐射周围几个乡镇；而原老县城淹没后，后靠新建的渔门镇，在整个盐边县还起到了经济中心的作用，可直接辐射周围20多个乡镇。由于新盐边县城的特殊地理位置，大大增加了当地人民群众的交通成本，干部群众要到县上办事很不方便，进而引发系列连锁问题。如果淹没前的老县城，能够就近后靠新建，应该不会出现这些情况。盐边县新县城搬迁问题，值得现在进行的水电开发工程借鉴，从中吸取经验教训。

图5-1为二滩库区(攀枝花市)交通现状图，①～⑥代表线路来回走向，不代表实际路线，路费价格为2007年现价。交通费用成本(人民币，单位：元)消耗如下：

①老盐边县城与攀枝花市区的公路交通线：15.00元。

②渔门镇与攀枝花市区的公路交通线：15.00元。

③渔门镇至二滩港的水路交通线(顺水)：25.00 元。

④二滩港至渔门镇的水路交通线(逆水)：32.00 元。

⑤二滩港与新盐边县城的公路交通线：5.00～7.00 元。

⑥新盐边县城与攀枝花市区的公路交通线：5.00～7.00 元。

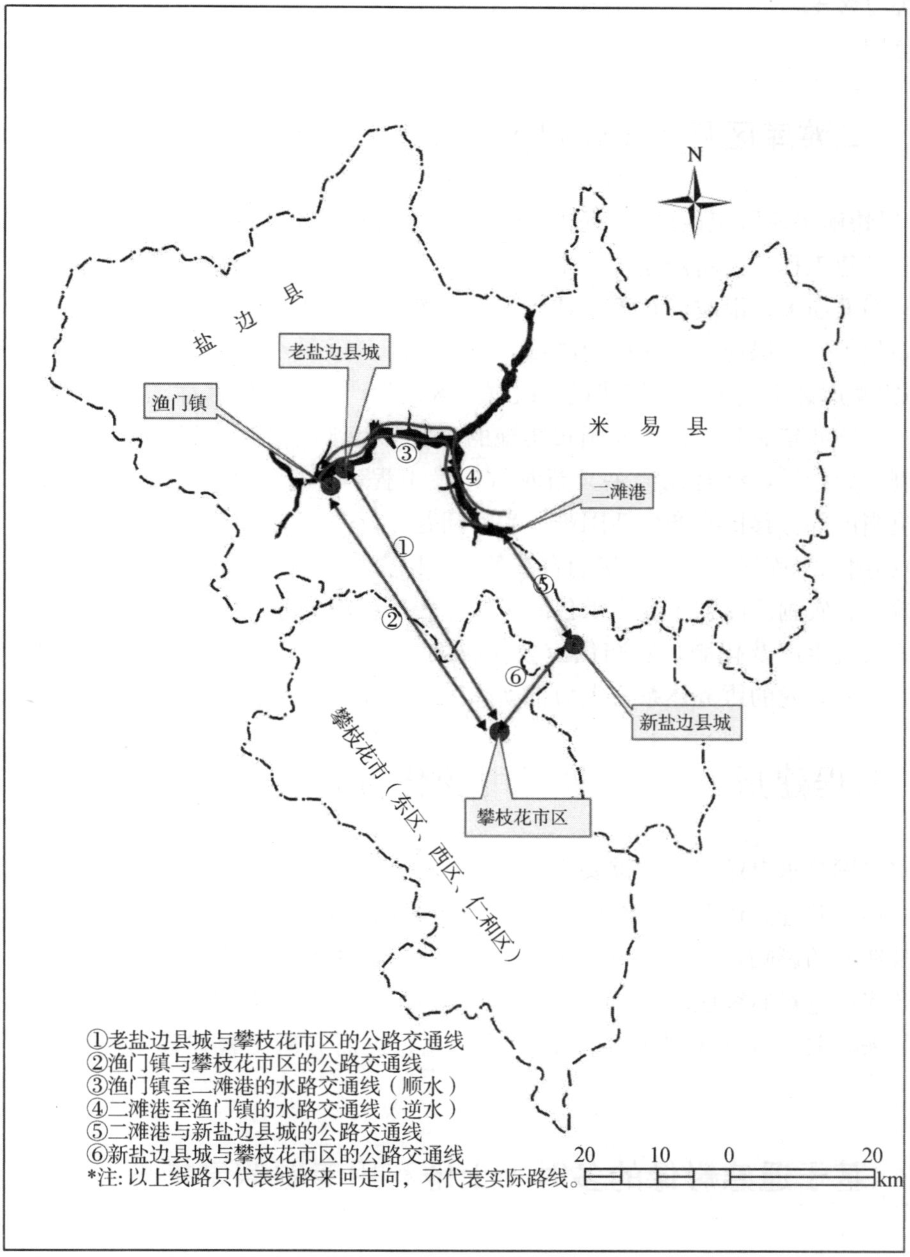

图 5-1　二滩库区(攀枝花市)交通现状图

注：来自于成都理工大学．数字国土与生态科学研究所。

从图 5-1 可以直观的看出，盐边移民新县城所处位置较偏，除新县城周围几个乡镇外，其辐射功能很难到达原老县城周围的绝大多数乡镇。老县城淹没后，后靠新建的渔门镇，成为盐边县的第二大中心城镇。

县城的搬迁，最直接导致政府、企事业工作人员和普通老百姓出行费用的增加。渔门镇周围乡镇干部群众要到新县城办事，从陆路(渔门-攀枝花-新盐边县城)要比以前增加10～14元费用(往返)；从水路到二滩港，再从二滩港到盐边新县城，来要多支付30～32元、回去要多支付37～39元。这笔费用无论对政府工作人员还是普通老百姓，都是一笔不小的负担。

5.2.3 二滩库区移民工作建议

(1)尽快解决库区交通这一瓶颈问题，切实改善移民出行条件。加快库区环湖公路的新建、改扩建工程。公路修建过程中，需要注意两点：一是注意公路边坡防护，防止因公路修建引发崩塌、滑坡泥石流等地质灾害进而造成对水库安全运行的影响；二是做好路面的硬化工作，保证公路通行的质量。

(2)完善库区水利基础设施建设，改善库区的生产条件，确保移民增产增收。

(3)以2006年9月1日正式颁布实施的《大中型水利水电工程建设征地补偿和移民安置条例》为指导，结合社会主义新农村建设工程，搞好二滩库区移民后期扶持规划，切实解决当前部分移民生产生活困难等实际问题。

(4)利用二滩库区和周边山场的自然条件，以市场为导向，组织、指导移民发展养殖业、旅游业、农副产品加工业，承包库区绿化和工程建设等，扩大经济收入来源。同时，建立库区农机生产及化肥、农药供应较完整的农业服务行业体系和农、工、贸一体化，产、加、销一条龙的服务体系，大力推动库区经济发展。

5.3 工程建成前后土地利用变化分析

修建水库是水电站建设的重要内容。水库兴建将会淹没良田沃土，造成库区大量的非自愿性移民搬迁，还会淹没林地、草地和野生动物栖息地，淹没自然景观和文物古迹。水库淹没造成的影响，会直接或者间接体现为土地利用的动态变化。

本章将通过对研究区1988年、1999年、2003年、2006年四个时段的遥感影像解译和分析，来获取研究区土地利用动态变化信息，进而分析工程建设对当地土地利用的影响。

5.3.1 基于遥感影像的多时相土地利用专题信息提取

1. 土地利用分类体系制定及遥感解译标志建立

参照现有土地利用分类体系，尤其是《土地利用现状分类，GB T21010-2007》，结合研究区实际，尤其是充分考虑TM/ETM+的影像特征(如光谱特征，空间分辨率特征)将研究区土地利用类型分为5类，见表5-2。

在分类体系制定的基础上建立遥感解译标志，主要结合遥感影像的光谱特征，不同波段组合的RGB彩色图像，结合地形图上的地类符号和地类界线，参考Google Earth上提供的高分辨率遥感图片信息，得到不同地类的解译标志。

表5-2 研究区土地利用分类体系制定

编号	地类名称	含义
1	耕地	指种植农作物的土地，包括水田、旱地等。
2	城镇建设用地	指城镇所在地占用的土地。
3	有林地	指树木郁闭度≥0.2的乔木林地。
4	疏林地	指树木郁闭度10%～19%的林地(含未成林地、迹地、苗圃和灌木林地等林地)。
5	水域	指天然形成或人工开挖河流常水位岸线之间的水面。

2. 计算机自动分类及精度评价

遥感影像的计算机自动分类是利用计算机模拟人类的识别功能，依据遥感影像像元的相似度，确定不同地物类别间的判别界面和判别准则，从而将遥感影像的每个像元划分为不同的类别，可重复性好、定位准确、处理时间短。

通常，根据是否事先提供已知类别及其训练样本并对计算机分类器进行训练和监督，遥感影像计算机自动分类分为非监督(unsupervised)分类和监督(supervised)分类两种。非监督分类是指不对计算机分类器进行监督和训练，而是根据遥感影像所代表的地物辐射特征(光谱特征)的相似性和相异性分类。常见的非监督分类法有迭代自组织数据分析技术、K-均值等。监督分类需事先知道地物类别，并以各类别的样本对计算机分类器进行监督和训练，然后对影像进行分类。在分类之前，需对每种地物类型在实地或已知专业图上选择几块有代表性的训练区，将其分布范围输入计算机或图像处理系统，计算机自动统计每种地物类型的光谱特征，如标准差、平均值、协方差矩阵等，以训练样本的统计特征为标准，按照图像上各点的数值与训练样本的相似或相异程度，把图像各点分别归入已知的各种地物类别。经典的监督分类法有最大似然法、最小距离法、光谱角分类法等。

非监督分类和监督分类方法各有其优缺点，结合研究区遥感影像对比分析，选定监督分类对研究区的土地利用情况进行分类。众多监督分类方法中，最大似然法是目前应用最广泛的分类方法。所以，这里选择用最大似然法提取研究区土地利用信息。

1)训练样区选取

训练样区的选择是监督分类的关键。在监督分类过程中由于训练样本的不同，分类结果会出现极大的差异，因此应选取有代表性的样本，且样本光谱特征应较均一，保证在影像上根据均一的色调估计只有一类地物，且一类地物的训练样本可以选取一块以上。此外，用作样本的数目至少能满足建立分类用判别函数的要求，对于光谱特征变化较大的地物，训练样本要足够多，以反映其变化范围。一般情况下，要得到可靠的结果，每类至少选择10～100个训练样本。同时，样本的选择要尽量与该地类分布相一致，避免集中在某一局部位置上。

选用外推法进行训练样本的选择，即从地形图、Google Earth软件上提供的高分辨率影像目视判别，并结合各类别土地利用类型分布地形特征，即山区耕地一般分布在沟谷较平坦的边滩，有林地较茂密，在影像上显示颜色深，疏林地在影像上显示颜色较浅，且有林地分布地区一般较疏林地海拔高。本研究以校正好的遥感影像为基础，在ERDAS中用aoi工具进行训练样本的选择。

2)监督分类

在ERDAS中监督分类模块下，输入分类模板，即刚选好的训练样本，选择非参数规则为特征空间，叠加规则为参数规则，未分类规则为参数规则，参数规则选为最大似然，执行监督分类。将分类结果图与原始图像同时在一个视窗中打开，分类图置于上层，通过改变分类图的透明度及颜色等属性，查看分类图像与原始图像之间的关系。对于明显错分的区域，需要重新调整该类的训练样本，重新分类。如此反复，直至得到满意的结果。

3. 分类后处理及数据质量控制

将四个时相分类结果统一编码，1代表耕地，2代表城镇建设用地，3代表有林地，4代表疏林地，5代表水域。为了能对少数错分的区域进行人为修改，需要将栅格的分类图像转换为矢量文件。利用ERDAS软件中的“raster to vector”工具将分类图像转为矢量的coverage格式。然后再在ArcGIS软件中导出为．shp格式的文件。

监督分类结果往往有数量较多的错误小图斑存在，尤其是拓扑重建后的数据库中增加了很多错误多边形，具体表现为狭长多边形和碎多边形。错误多边形的存在，不仅影响制图美观，而且影响实际应用，所以需要对这些小图斑进行质量控制。质量控制参照吴柏清等(2008)提出的方法进行。

4. 基于GIS制作不同时期土地利用类型图

GIS技术作为一门实用性很强的技术，它在地图制图方面具有巨大优势。根据遥感影像解译出的1988年、1999年、2003年和2006年四个时期的土地利用GIS数据库，利用GIS的制图功能，根据地图学的基本原理和要求，制作研究区四个时期的土地利用类型图，其主要工作包括图面设计、图例、指北针、比例尺、坐标网线及其标注、责任表等内容。制图结果见彩图34至彩图37。

5.3.2　基于景观生态学理论的土地利用景观格局动态变化分析

1. 景观格局指数选取及计算

土地利用景观格局分析通过构建景观格局指数来实现。景观格局指数是能够高度浓缩区域景观格局信息，反映其结构组成和空间分布特征的定量化指标体系。本章中的景观格局指数计算采用Fragstats 3.3软件提供的算法。在综合分析各指数生态学意义基础上，并结合研究目的，从Fragstats软件中选取相应景观指数作为评价分析指标，各指标描述如下(McGarigal、Marks，1993；卢玲，2000；刘家福等，2009)。

1)景观类型数量、面积、密度和优势度指标

共有 5 个指标，即斑块数量 NP、斑块类型面积 CA、斑块密度 PD、最大斑块指数 LPI 和景观比例 PLAND。这 5 个指标的生态意义参见 4.2.4 节中所述，其在斑块类型水平上的计算见式 4-9～4-13，在景观水平上的计算描述如下：

(1)NP。

$$NP = N \tag{5-1}$$

式中，NP 等于景观中斑块总个数 N。

(2)CA。

$$CA = \left(\frac{1}{10000}\right) \times \sum_{j=1}^{n} a_{ij} \tag{5-2}$$

式中，CA 表示某一斑块类型的总面积(hm^2)，$CA>0$，无上限；a_{ij}是 i 类 j 个斑块的面积(m^2)；10000 是将 m^2 转换成公顷(hm^2)的系数。

(3)PD。

$$PD = \frac{N}{A} \times (10000) \times (100) \tag{5-3}$$

式中，N 为景观中斑块总个数，A 为景观总面积。PD 越高，表明一定面积上异质景观斑块数量多，斑块规模小，景观异质性越高。

(4)LPI。

$$\mathrm{LPI} = \frac{\max(a_{ij})}{A} \times 100 \tag{5-4}$$

式中，$\mathrm{Max}(a_{ij})$最大斑块的面积(m^2)，A 为景观总面积(m^2)。其值显示最大斑块对单一类型或整个景观的影响程度，有助于确定景观基质或优势类型等。

2)景观斑块的分形指标

周长面积分维数(perimeter-area fractal dimension，PAFRAC)

$$\mathrm{PAFRAC} = \frac{2\left[\left(n_i \sum_{j=1}^{n} \ln p_{ij}^2\right) - \left(\sum_{j=1}^{n} \ln p_{ij}\right)^2\right]}{\left[n_i \sum_{j=1}^{n} \ln p_{ij} \times \ln a_{ij}\right] - \left[\left(\sum_{j=1}^{n} \ln p_{ij}\right) \times \sum_{j=1}^{n} \ln a_{ij}\right]} \tag{5-5}$$

式中，p_{ij}为 i 景观类型 j 斑块的周长；a_{ij}为 i 景观类型 j 斑块的面积；n_i是 i 类景观的斑块数。

PAFRAC 的取值范围在 1～2 之间，其值越接近于 1，斑块的自相似性越强，斑块形状越有规律，斑块的几何形状越简单，景观异质性越低；反之，景观形状越复杂，景观异质性越高。

3)聚集度与分离度指标

(1)散布与并列指标(interspersion-juxtaposition index，IJI)。

①斑块类型水平上：

$$\mathrm{IJI} = \frac{-\sum_{k=1}^{n}\left[\left(\frac{e_{ik}}{\sum_{k=1}^{n} e_{ik}}\right) \ln\left(\frac{e_{ik}}{\sum_{k=1}^{n} e_{ik}}\right)\right]}{\ln(n-1)} \times 100 \tag{5-6}$$

②景观水平上：

$$\mathrm{IJI}=\frac{-\sum_{i=1}^{n}\sum_{k=i+1}^{n}\left[\left(\frac{e_{ik}}{E}\right)\ln\left(\frac{e_{ik}}{E}\right)\right]}{\ln\{0.5[n(n-1)]\}}\times 100 \tag{5-7}$$

式中，n 是中斑块类型总数，e_{ik} 为景观类型 i 与 k 之间的边缘总长度，E 为景观边缘总长度。IJI 对受到某种自然条件严重制约的生态系统的分布特征反映显著。

(2)相似邻接百分比(percentage of like adjacencies，PLADJ)。

$$\mathrm{PLADJ}=\frac{g_{ii}}{\sum_{k=1}^{m}g_{ik}}\times 100 \tag{5-8}$$

式中，g_{ii} 表示斑块类型 i 的同类斑块相邻数目；g_{ik} 表示类型 i 与所有其他斑块类型的相邻数目。全式含义为同类斑块相邻的数目占此类斑块与所有其他类型的斑块相邻数目的百分比。

PLADJ 的取值范围在 0～100 之间，取值为 0 时，表示此斑块类型最大程度上的不聚集，即每个斑块都属于不同类型的斑块，没有相邻的同类斑块。其值越接近 100，表示此斑块类型越来越聚集。

(3)聚集度(aggregation index，AI)。

$$\mathrm{AI}=\left[\sum_{i=1}^{m}\left(\frac{g_{ii}}{\max\rightarrow g_{ii}}\right)p_i\right]\times 100 \tag{5-9}$$

式中，g_{ii} 表示斑块类型 i 的重合像素数目；$\max\rightarrow g_{ii}$ 表示斑块类型 i 邻接像素的最大趋势数目。AI 的取值范围在 0～100 之间，值越大说明斑块的聚居程度越高，当 AI 等于 100 时，表明该斑块类型高度聚集成一个单一而紧密的斑块。

(4)蔓延度指数(contagion index，CONTAG)。

$$\mathrm{CONTAG}=\left[1+\frac{\sum_{i=1}^{m}\sum_{k=1}^{m}\left[p_i\left[\frac{g_{ik}}{\sum_{k=1}^{m}g_{ik}}\right]\ln p_i\left[\frac{g_{ik}}{\sum_{k=1}^{m}g_{ik}}\right]\right]}{2\ln(m)}\right] \tag{5-10}$$

式中，g_{ik} 表示斑块类型 i 与斑块类型 k 之间邻接的所有栅格数目；p_i 是景观类型 i 的景观面积百分比；m 是景观类型的数目。CONTAG 的取值范围在 0～100 之间，当取值为 0 时，表示核心斑块最大程度的分散；当取值为 100 时，表示斑块区域只有一个斑块。一般说来，蔓延度值高，说明景观中的某种优势斑块类型形成了良好的连接性；反之，则说明景观是具有多种要素的密集格局，景观类型的连接性不好，景观破碎化严重。

4)景观连接度指标

斑块结合度指数(patch cohesion index，COHESION)

$$\mathrm{COHESION}=\left[1-\frac{\sum_{i=1}^{m}\sum_{j=1}^{n}p_{ij}}{\sum_{i=1}^{m}\sum_{j=1}^{n}p_{ij}\sqrt{a_{ij}}}\right]\left(1-\frac{1}{\sqrt{A}}\right)^{-1}\times 100 \tag{5-11}$$

式中，p_{ij} 为 i 景观类型 j 斑块的周长；a_{ij} 为 i 景观类型 j 斑块的面积；A 为总斑块数。COHESION 值域在 0～100 之间，高值表明连接度相对较高，反之则较低。

5）景观多样性指标

描述景观多样性的指标有香农多样性指数 SHDI 和香农均匀度指数 SHEI。这 2 个指标都是从景观水平上进行描述的，其计算公式描述及生态意义见 4.2.4 节中式(4-15)和式(4-16)及其描述。

2. 土地利用景观格局动态变化分析

1）景观类型数量、面积、密度和优势度分析

表 5-3 研究区 1988 年、1999 年、2003 年、2006 年四个时相景观类型数量、面积、密度和优势度统计。

表 5-3　研究区年四个时相景观类型数量、面积、密度和优势度统计

景观指数	年份	斑块级别					景观级别
		耕地	城镇建设用地	有林地	疏林地	水域	
斑块数量(NP)/个	1988	2704	2	1656	3538	79	7979
	1999	3181	2	2014	4337	46	9580
	2003	2515	4	1358	3982	58	7917
	2006	2420	4	1133	3328	47	6932
斑块类型面积(CA)/hm^2	1988	159184.71	178.74	200012.85	124287.30	3211.38	486874.98
	1999	128911.14	344.16	245832.84	106940.16	4846.68	486874.98
	2003	78414.30	462.96	268248.33	133610.85	6138.54	486874.98
	2006	126032.94	675.63	296777.61	55118.70	8270.10	486874.98
斑块密度/(个/100hm^2)	1988	0.56	0.00	0.34	0.73	0.02	1.65
	1999	0.65	0.00	0.41	0.89	0.01	1.97
	2003	0.52	0.00	0.28	0.82	0.01	1.63
	2006	0.50	0.00	0.23	0.68	0.01	1.42
最大斑块指数(LPI)/%	1988	8.55	0.03	14.46	0.97	0.34	14.46
	1999	9.69	0.06	14.15	1.06	0.78	14.15
	2003	7.34	0.06	18.48	0.77	1.08	18.48
	2006	10.87	0.07	21.34	0.43	1.45	21.34
景观比例(PLAND)/%	1988	32.70	0.04	41.08	25.53	0.66	/
	1999	26.48	0.07	50.49	21.96	1.00	/
	2003	16.11	0.10	55.10	27.44	1.26	/
	2006	25.89	0.14	60.96	11.32	1.70	/

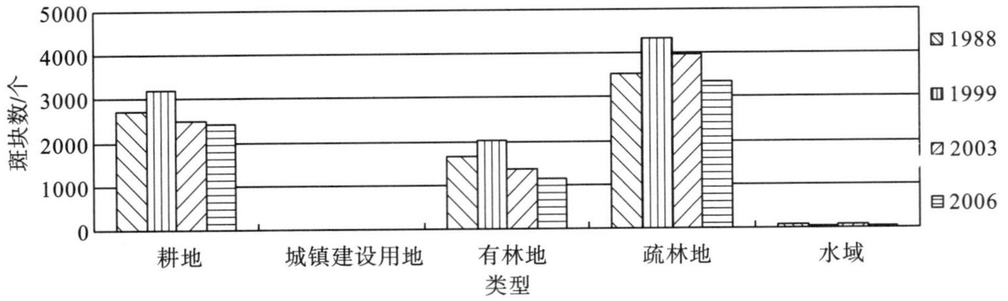

图 5-2 景观斑块个数柱状图

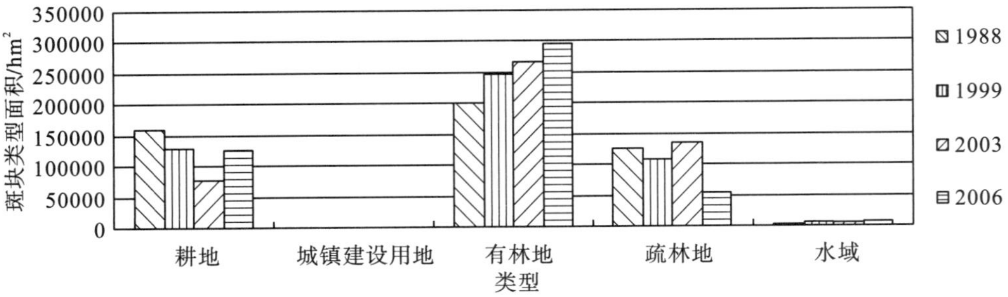

图 5-3 景观斑块类型面积柱状图

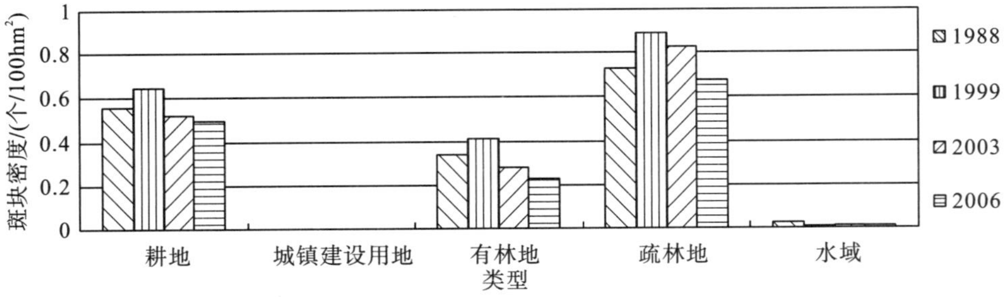

图 5-4 景观斑块密度柱状图

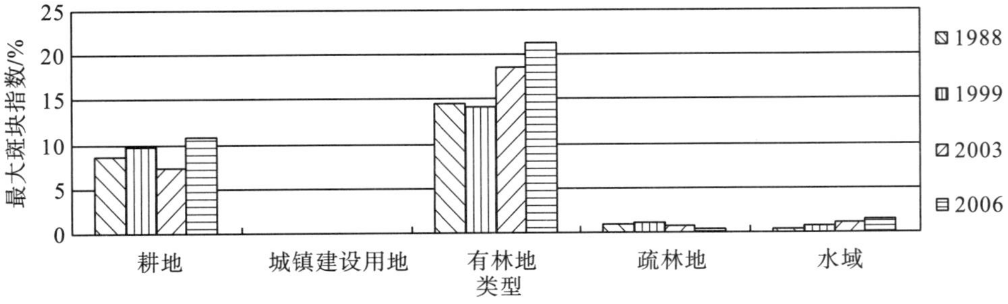

图 5-5 景观最大斑块指数柱状图

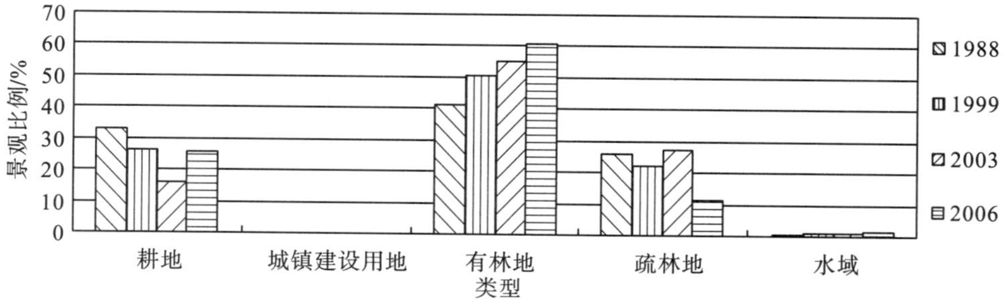

图 5-6　景观比例柱状图

根据表 5-3 的统计结果，可以分别得到图 5-2～图 5-6，结合图、表分析可知：

(1)研究区城镇建设用地的景观斑块数都很少，其所占面积比例、斑块密度都很小，由此可见，该地区水电站建成前后城镇化水平比较低。

(2)就景观斑块数而言，1999 年二滩水电站刚刚下闸蓄水是一个明显的界限。耕地、有林地、疏林地、水域的斑块类个数在 1999 年最大，而后的 2003、2006 年逐渐减小。究其原因，主要是因为 1988～1999 年是二滩水电站的工程建设期，由于工程修建，移民搬迁以及水库淹没等直接或间接影响，这一时期对土地利用的干扰强度很大，导致土地利用景观斑块破碎化严重，使得斑块数量增加。

(3)就土地利用景观类型比例而言，1999 年水电站建成初期，耕地比例小于 1988 年，主要是因为水库蓄水淹没了原雅砻江及其支流河谷地带的良田沃土，而 1999～2003 年，仍呈减少趋势，主要是因为这段时间实施的退耕还林政策，使得一些大于 25°的坡耕地被退耕还林；而 2003～2007 年，耕地所占比例有所回升，主要是因为二滩库区后靠的那部分移民生计出现了困难，导致许多本已退耕还林的坡耕地又被重新开垦种植，甚至许多移民毁林开荒，开辟为新的耕地，这也是这一时期，疏林地减少的主要原因。

(4)林地(含有林地和疏林地)是研究区的主体景观类型，尤其是有林地面积比例一直呈上升趋势，这主要归结为天然林保护工程的实施，大片原始森林被保护起来，以及二滩水库蓄水后，对局地小气候的有利影响，有利于植被的生长。

(5)水域面积自 1999 年以后有较为明显的增加，主要是因为水库蓄水以后，形成的宽阔的人工湖面。

2)景观格局的分形分析

根据表 5-4 生成图 5-7。研究区中的各种景观类型中除了建设用地因为斑块数量较少而未能反映出来外，耕地、有林地、疏林地的周长面积分维数值都在 1.5～1.7 之间波动，反映出这些景观类型受人类活动干扰程度较轻，也就是说水电开发影响程度相对较轻，而水域的周长面积分维数值在 1999 年蓄水以后出现了较大的变化，随后 2003 年、2006 年又逐步恢复到蓄水以前的水平。

表 5-4 研究区四个时相景观分形分析结果

景观指数	年份	地类					景观级别
		耕地	城镇建设用地	有林地	疏林地	水域	
周长面积分维数(PAFRAC)	1988	1.67	/	1.53	1.56	1.71	1.59
	1999	1.61	/	1.49	1.53	1.57	1.54
	2003	1.59	/	1.49	1.53	1.61	1.53
	2006	1.62	/	1.51	1.51	1.70	1.55

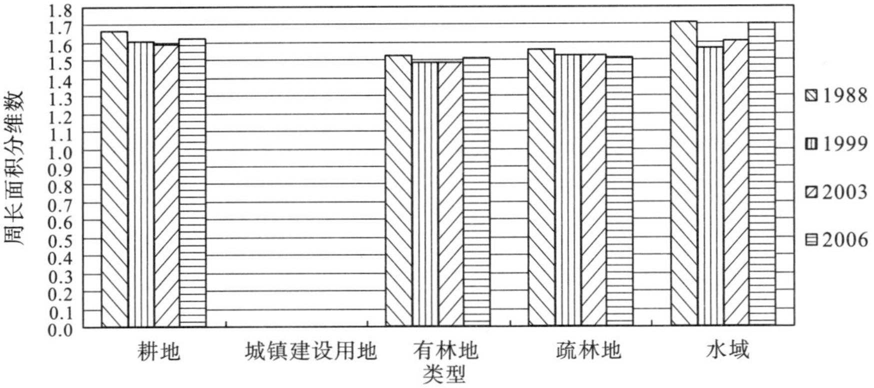

图 5-7 周长面积分维数柱状图

3)聚集度与分离度分析

根据表 5-5 生成图 5-8 至图 5-10。结合图、表结果来看，研究区各种土地利用景观类型的散布与并列指数、相似度、聚集度都出现了较大的波动，尤其是建设用地的 IJI、相似度、聚集度出现波动较大，这是因为水库蓄水以后，淹没了原有城镇建设用地，而不得不异地新建城镇而导致；而水域的 IJI 在 1999 年水库刚蓄水时，明显减小，主要是因为水库蓄水，形成了大面积联通的水域，景观斑块比较聚集。

表 5-5 研究区四个时相聚集度与分离度统计

景观指数	年份	斑块级别					景观级别
		耕地	城镇建设用地	有林地	疏林地	水域	
散布与并列指数(IJI)/%	1988	54.65	57.42	43.85	43.62	50.39	48.04
	1999	54.33	72.03	52.38	51.68	21.13	51.23
	2003	60.21	61.15	44.96	46.12	41.63	48.56
	2006	49.54	56.32	50.23	48.65	49.97	49.50
相似邻接百分比(PLADJ)/%	1988	88.50	84.78	94.53	89.06	95.19	91.10
	1999	89.11	92.83	93.88	87.87	95.14	91.29
	2003	89.21	92.79	94.87	89.28	95.28	92.39
	2006	90.73	93.12	95.53	87.00	95.94	93.28

续表

景观指数	年份	斑块级别					景观级别
		耕地	城镇建设用地	有林地	疏林地	水域	
聚集度(AI)/%	1988	88.56	85.23	94.60	89.14	97.40	91.17
	1999	89.18	93.23	93.94	87.96	96.70	91.36
	2003	89.31	93.15	94.92	89.35	96.63	92.47
	2006	90.73	93.12	95.53	87.00	95.94	93.35
蔓延度指数(CONTAG)/%	1988	/	/	/	/	/	54.38
	1999	/	/	/	/	/	55.44
	2003	/	/	/	/	/	57.98
	2006	/	/	/	/	/	60.84

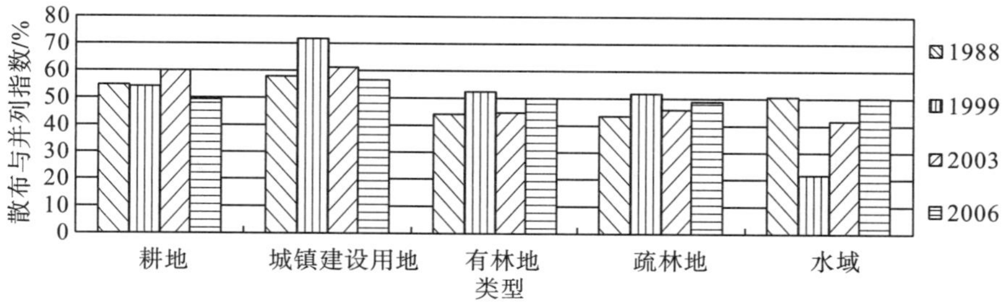

图 5-8　散布与并列指数柱状图

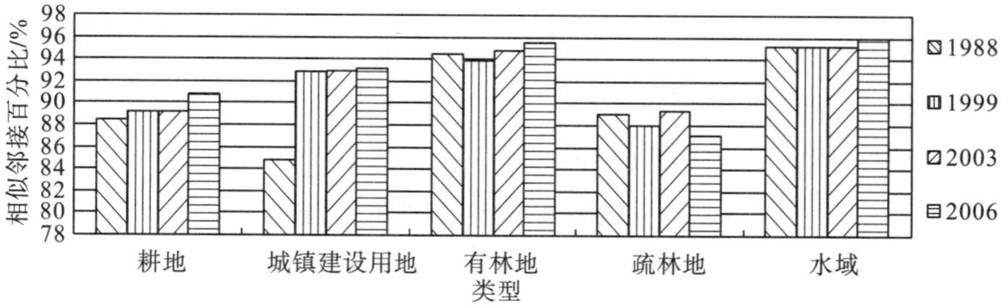

图 5-9　相似邻接百分比柱状图

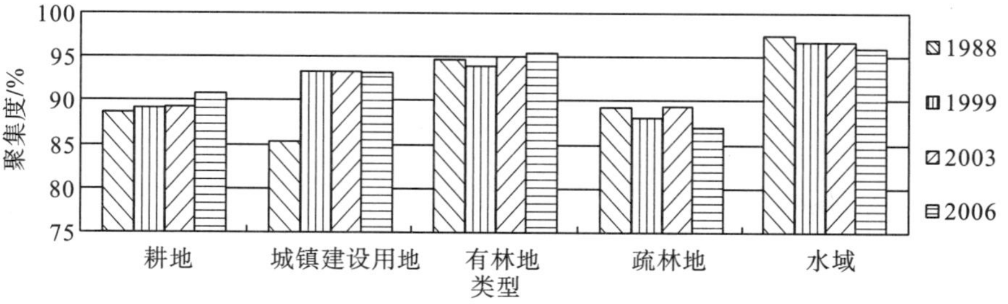

图 5-10　聚集度柱状图

4）景观连接度分析

根据表 5-6 生成图 5-11。斑块结合度指数反映了斑块间的连接状况以及衡量廊道是否良好。从图、表反映出，水库蓄水以后，5种土地利用景观类型的连接度，在1988年、1999年、2003年、2006四个年份中，除疏林地从2003～2006年出现较大的减幅外，其余都保持相对稳定的状态。究其原因，主要是因为2003年以后，库区移民迫于生存的压力，开始毁林开荒、坡耕地种植，造成对疏林地一定程度的破坏。

表5-6 研究区四个时相景观连接度统计

景观指数	年份	斑块级别					景观级别
		耕地	城镇建设用地	有林地	疏林地	水域	
斑块结合度指数（COHESION）/%	1988	99.65	98.90	99.81	98.30	97.19	99.61
	1999	99.66	99.32	99.79	97.92	98.04	99.63
	2003	99.55	99.44	99.88	98.22	97.85	99.71
	2006	99.65	99.50	99.90	96.40	98.14	99.78

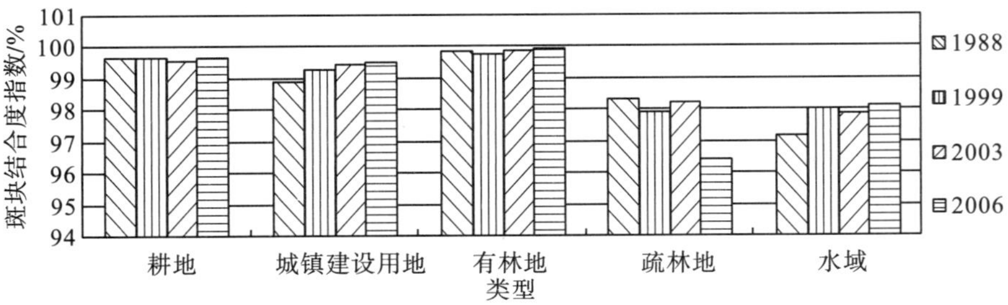

图5-11 斑块结合度指数柱状图

5）景观多样性分析

景观多样性指数反映景观类型的丰富度和均匀度，由表5-7可知，多样性指数和均匀度指数都呈现出下降趋势，但下降趋势较缓，反映出水电站修建对当地景观的丰富度和均匀度有一定的影响，但影响程度轻微。

表5-7 研究区四个时相景观多样性统计

景观指数	年份	景观级别
香农多样性指数（SHDI）	1988	1.12
	1999	1.08
	2003	1.04
	2006	0.98
香农均匀度指数（SHEI）	1988	0.69
	1999	0.67
	2003	0.65
	2006	0.61

5.4　工程建成前后土水土流失动态分析

5.4.1　水土流失测算模型的选取

定量分析和动态评价二滩水电站研究区水土流失状况，仍然采用 RUSLE 模型，见式(4-18)及其描述，并选取 1988 年、1999 年、2003 年和 2006 年作为典型年份进行分析，其中，1988 年代表二滩水电站修建前的本底情况，1999 年代表电站刚建成的本底情况，2003 年和 2006 年反映了水电站运行后的情况。

5.4.2　水土流失评价因子信息提取

1. 基于 GIS 空间插值的降雨因子 R 计算

目前，USLE 和 RUSLE 模型是最常用的水土流失评价模型。两个模型中，降雨(R)是其重要影响因子。通常情况，R 值是以研究区内一个或者几个气象站的数据来代表整个研究区的降雨情况，但由于降雨的局地性和不连续性，加之气象站点的数量有限、分布不均匀，这种以点概面的做法，实际上是忽略了降雨在空间上的差异性。因此，如何充分利用有限的降水资料，根据研究区降水量的空间分异规律，推测区域内其他点的降水量成为近年来研究的热点问题。空间插值是解决这个问题的有效方法。空间插值是指通过有限已知点的数据，计算出相关的其他未知点或相关区域内所有点的数据的方法(谷晓平等，2009)。随着 GIS 技术在地统计学中的深入应用，基于 GIS 的空间插值越来越广泛，而且不同的方法适合于不同的地区。储少林等(2008)利用甘肃及其周边 186 个气象站点 30 年平均降雨资料，分析了反距离加权法(inverse distance weight tension，IDW)、样条函数法(spline methods，Spline)和普通克里格(ordinary kriging，OK)三种常用方法的插值结果。结果表明：三种方法的插值结果都基本上能反映甘肃降雨大体空间分布规律，而普通克里格法插值效果最好，样条函数法次之，反距离加权法效果最差。鲁振宇(2006)使用反距离加权法、张力样条函数法和普通克里格法对黄河源及其周围地区 65 个气象站点 1990～2001 年 12 月间平均降雨数据进行空间插值分析，结果表明：三种方法插值结果都基本能反映黄河源区降雨的大体空间分布规律，其中普通克里格略优；样本本身的空间分布在很大程度上影响插值精度，台站的密度对插值结果的影响显著。还有其他一些研究人员的相关研究，在此不再依次类举。从各研究中可以得出一条结论：众多空间插值方法中，没有哪种方法是可以得到普遍适用的，不同的方法插值结果相差也比较大。因此，如何根据降雨数据和区域特征选择最优的插值方法是一个值得研究的问题。

本节将讨论由研究区 7 个气象站点的降水量得到整个研究区各评价单元降水量的最优空间插值方法，并在此基础上计算降雨因子 R 的值。

1)气象观测站概况

研究收集到二滩地区周围德昌县、凉山州(西昌市)、米易县、攀枝花市、攀枝花市仁和区、盐边县、盐源县7个气象站点1988、1999、2003和2006年的月降雨量数据，各月降雨量累加得到各站点年降雨量。各气象站点地理位置见表5-8，空间位置分布见图5-12。利用1988年数据作为实验数据。

表5-8　各气象站点地理位置

站点名称	北纬	东经
德昌县	27°25′	102°11′
米易县	26°54′	102°07′
攀枝花市	26°35′	101°43′
凉山州(西昌市)	27°54′	102°16′
攀枝花市仁和区	26°30′	101°44′
盐边县	26°41′	101°51′
盐源县	27°26′	101°31′

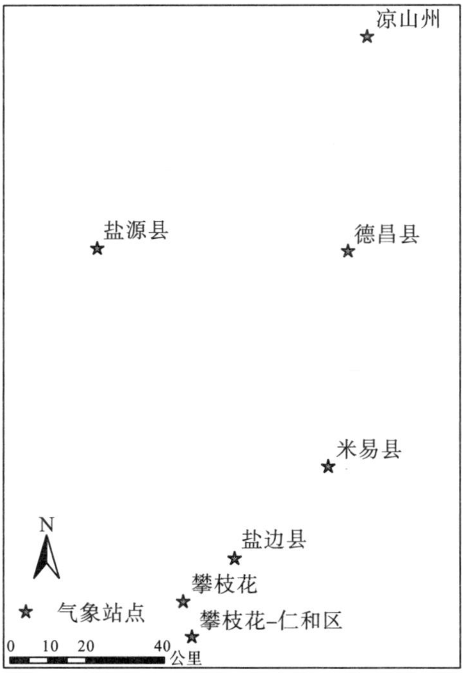

图5-12　气象站点分布图

2)降雨数据空间插值基本原理

空间插值技术最基本的理论假设是空间位置上越邻近的点，越具有相似的特征，而距离远的点，其特征相似的可能性越小。在此基础上形成了各种各样的插值方法(朱求安等，2004)，数学本质是依据已知的空间数据估计(预测)未知空间数据值的数学方法。

(1)反距离加权插值法。反距离加权法(IDW)是一种常用而简单的空间插值方法。它以插值点与样本点间的距离为权重进行加权平均，离插值点越近的样本赋予的权重越大。此方法简单易行，但易受极值的影响，出现“牛眼”现象(蔡福等，2005)，其计算公式为(刘登伟等，2006)：

$$Z = [\sum_{i=1}^{n} \frac{z_i}{d_i^2}]/[\sum_{i=1}^{n} \frac{1}{d_i^2}] \tag{5-12}$$

$$d_i^2 = (X - X_i)^2 + (Y - Y_i)^2 \tag{5-13}$$

式中，Z 是 S 处的估计值，n 为预测计算过程中使用的样本数量，z_i 是第 i $(i=1, 2,\cdots,n)$ 个气象站点的降雨量值，d_i 是插值点到已知站点 i 的距离。

(2)样条函数插值法。样条函数(Spline)是使用一种分段数学函数，对一些限定的点值，通过控制估计方差，利用一些特征点，用多项式拟合的方法产生平滑的插值曲线，可以用于精确的局部插值(即通过所有的已知采样点)。计算公式为(储少林等，2008)：

$$Z = \sum_{i=1}^{n} A_i d_i^2 \log d_i + a + bx + cy \tag{5-14}$$

式中，Z 为气象要素的预测值，d_i 为插值点到第 i 个气象站点的距离，$a + bx + cy$ 为气象要素的局部趋势函数，x 和 y 为插值点的坐标，$\sum_{i=1}^{n} A_i d_i^2 \log d_i$ 为一个基本函数，通过它可以获得最小化表面曲率，A_i、a、b 和 c 为方程系数，n 为用于插值的气象站点的数目。样条内插的本质是利用数学方法产生过一组已知采样点的平滑趋势，并依据这条曲线来估计每个定点的属性数值，在计算过程中采用最小曲率的概念来进行。这种方法的优点是易操作，计算量不大，缺点是难以对误差进行估计，采样点稀少时效果不好。

(3)领域插值法。邻域插值法类似于反距离加权法，是一种权平均算法(汤国安等，2006)。它将 TIN 的一些方法与栅格插值方法结合起来了。它使用输入数据点及其邻近栅格单元进行插值生成栅格表面。首先，为输入数据点创建一个 Delauney 三角形，输入的样本数据点作为三角形的结点，并且每个三角形的外接圆不能包含其他结点。对每个样本点，邻域为其周围相邻多边形形成的凸集中最小数目的结点。每个相邻点的权重通过评价其影响范围的 Thissen/Voronoi 技术计算得到。

(4)趋势面法。趋势面法是用多元回归的方法对降水量在空间上的分布特征进行分析，然后拟合成一个曲面来逼近降水量的变化趋势(汤国安等，2006)。也就是说用数学的方法把观测值划分为 2 个部分：趋势部分和偏差部分。趋势部分反映区域性的总的变化，受大范围的系统因素控制；偏差反映局部范围的变化特征，受局部因素和随机因素控制。

设以 $z(x, y)$ 表示所研究的降水量在空间上的分布特征，其中 (x, y) 为平面上的坐标。根据前述原理，趋势分析的一个任务就是将 z(观测值)变换分解为 2 部分：

$$z(x,y) = \tau(x,y) + e \tag{5-15}$$

式中，$\tau(x, y)$ 为趋势值，e 为剩余值。

在 n 个观测点上，观测值 z_i 与趋势值 $\hat{z}$ 之差的平方和最小时，利用最小二乘法得出 10 个联立方程组，应用主元素消去法，求出待定系数 a_0、a_1、a_2、a_3、a_4、a_5、a_6、a_7、a_8、a_9，将它们代入方程即得趋势面方程，利用此方程就可求出趋势面中任意一点的趋势值。

(5)克里格法。克里格法近年来已广泛应用于气象、土壤和环境等诸多领域。这种方法认为任何在空间连续变化的属性都是非常不规则的，不能用简单的平滑函数进行模拟，而用随机表面函数给予描述会较恰当。其关键是权重系数的确定。该方法在插值过程中根据某种优化准则函数来动态地决定变量的数值，从而使内插函数处于最佳状态。克里格方法的插值公式为(孟庆香等，2006)：

$$z(x_0)=\sum_{i=1}^{n}\lambda_i z(x_i) \tag{5-16}$$

式中，$z(x_0)$为x_0处的估计值；$z(x_i)$为x_i处观测值；λ_i为克里格权重系数；n为观测点个数。

3)插值效果与精度评价

交叉验证(cross validation)是应用最广泛的一种精度评价方法。其基本原理是首先假定某一些站点的降水量未知，利用周围已知站点通过插值算法估计，然后计算估计值与实测值的差值，所有站点的误差值的平均值即为交叉检验的结果。对不同的插值方法，交叉检验可以准确地验证不同插值方法之间的相对精度。一般地，采用平均绝对误差(mean absolute error，MAE)、平均相对误差(mean relative error，MRE)和平方根误差(root mean square error，RMSE)三个评价指标对不同的插值方法进行评价(林忠辉等，2002)。

$$\mathrm{MAE}=\frac{1}{n}\sum_{i=1}^{n}\left|Z_{oi}-Z_{ei}\right| \tag{5-17}$$

$$\mathrm{MRE}=\frac{1}{n}\sum_{i=1}^{n}\left|\frac{Z_{oi}-Z_{ei}}{Z_{oi}}\right| \tag{5-18}$$

$$\mathrm{RMSE}=\sqrt{\frac{\sum_{i=1}^{n}(Z_{oi}-Z_{ei})^2}{n}} \tag{5-19}$$

式中，Z_{oi}为第i个站点的实测值；Z_{ei}为估计值；n为用于检验的气象站点数目。

假设攀枝花市气象站1988年降水量未知，通过德昌县、凉山州、米易县、攀枝花市仁和区、盐边县、盐源县气象站1988年已知年均降水量用上述5种不同的方法分别进行插值估计，结果见彩图38至彩图42。

将各估计值与实际值进行比较计算MAE、MRE、RMSE三个评价指标值，对这5种插值方法进行评价(见表5-9)，以求得到二滩水库周围气象站点降水数据空间插值的最佳方法。

表5-9　五种插值方法精度评价结果

插值方法	估计降水量	实际值	平均绝对误差	平均相对误差	平方根误差
反距离加权法	856.90	849.3	7.60	0.009	7.604
样条函数法	833.59	849.3	15.71	0.019	15.714
领域法	793.12	849.3	56.18	0.066	56.177
趋势面法	918.83	849.3	69.53	0.082	69.531
克里格	982.85	849.3	133.55	0.157	133.550

根据表5-9各个评价指标统计值的综合可以看出，IDW法插值效果最好，Spline法

插值效果次之。但因气象站点过少，且分布不均匀，用 IDW 法生成的降雨插值图在站点几乎分布都有“牛眼”，且总体上分成两半。这给整个计算过程及结果带来了不必要的麻烦。综合考虑上述原因，研究认为样条函数(Spline)法插值是本研究区内效果最为理想的插值方法。

4)降雨因子 R 计算

所以，采用样条函数(Spline)插值法对 6 个气象站点 1988 年、1999 年、2003 年和 2006 年四个年份的年降水量进行插值，像素大小为 30m×30m。再用研究区范围对各年降水量空间插值结果图进行掩膜处理，然后按式(4-19)计算研究区各评价单元降雨因子 R 的值。

2. 土壤可侵蚀性因子 K 计算

K 值计算参见 4.3.2 节式(4-26)。经计算，研究区土壤可蚀性因子 K 值见表 5-10。

表 5-10　研究区各类型土壤美国制质地值及可蚀性因子 *K* 值

SOILCODE	土壤类型	粘粒，CLA (<0.002mm)/%	粉砂粒，SIL (0.002~0.1)/%	砂粒，SAN (0.1~2mm)/%	有机碳 (C)/%	K 值
23110121	黄棕壤	20.58	62.93	16.49	3.12	0.315
23115172	酸性紫色土	19.14	41.61	39.25	0.74	0.316
23115154	棕色石灰土	32.16	46.81	21.03	2.00	0.278
23116121	山地草甸土	18.56	49.95	31.49	3.87	0.273
23119101	水稻土	36.00	48.81	15.19	1.03	0.345
23120112	黑毡土	14.56	47.25	38.19	3.07	0.262
23121121	红壤	30.40	44.10	25.50	1.41	0.289
23121122	黄红壤	53.19	35.31	11.50	1.16	0.301
23121124	山原红壤	35.50	45.61	18.89	0.57	0.356
23110141	棕壤	22.02	51.86	26.12	2.78	0.282
23110151	暗棕壤	16.76	48.95	34.28	8.71	0.269
23115151	石灰(岩)土	8.97	69.04	21.99	2.26	0.329
23121111	赤红壤	33.41	36.78	29.81	2.82	0.238
23121123	棕红壤	40.37	48.5	11.13	1.08	0.346
23121125	红壤性土	31.68	38.31	30.01	1.13	0.288

注：土壤资料由国家自然科学基金委员会“中国西部环境与生态科学数据中心(http://westdc.westgis.ac.cn)”提供，由中国科学院南京土壤研究所生产。

3. 基于 DEM 的地性因子 LS 计算

坡长因子 L、坡度因子 S 因子的计算原理与方法参见 4.3.2 节所述，此处研究区 DEM 栅格大小为 30m。

4. 植被覆盖因子和水土保持因子确定

植被覆盖因子(C)和水土保持因子(P)因子的涵义及其取值介绍参见8.2节中所述。根据实地调查情况，结合相关研究经验，确定其C、P的取值(表5-11)。将C、P值属性分别添加到1988年、1999年、2003年、2006年的土地利用类型GIS数据库属性表中，然后利用在ArcGIS的空间分析模块中，根据不同C、P属性值得到栅格图层。

表5-11 各土地利用类型C、P因子取值

土地利用类型	耕地	城镇建设用地	有林地	疏林地	水域
C值	0.25	0	0.001	0.01	0
P值	0.4	0	1	1	0

5.4.3 水土流失量估算与动态特征分析

1. 水土流失量估算、强度分级与制图

1)不同时期水土流失量的估算

RUSLE模型实质上就是将任意评价单元的所有影响因子相乘从而获得水土流失量。由于前面已经得到1988年、1999年、2003年和2006年四个时期的R值、K值、LS值、C值和P值栅格图层，且都具有相同的坐标系统，空间位置一致，利用ArcGIS的地图代数运算功能进行空间叠置运算，得到研究区内基于栅格单元的水土流失量的空间分布图，该图显示了研究区范围内不同时期的水土流失状况。

2)不同时期水土流失强度分级与制图

依据水土流失强度等级划分标准(表4-21)，利用GIS的制图功能，制作四个时期的水土流失强度分级图(彩图43至彩图46)。

2. 水土流失动态特征分析

1)年际各等级水土流失面积变化分析

表5-12 研究区各时相等级水土流失面积统计表 (单位：km^2)

年份	微度	轻度	中度	强度	极强度	剧烈
1988	2256.4	422.4	413.8	278.5	245.4	1239.0
1999	2726.5	365.2	403.5	236.7	228.6	895.0
2003	2998.3	467.5	502.3	215.3	200.8	471.3
2006	3255.5	303.5	238.6	112.5	217.4	728.0

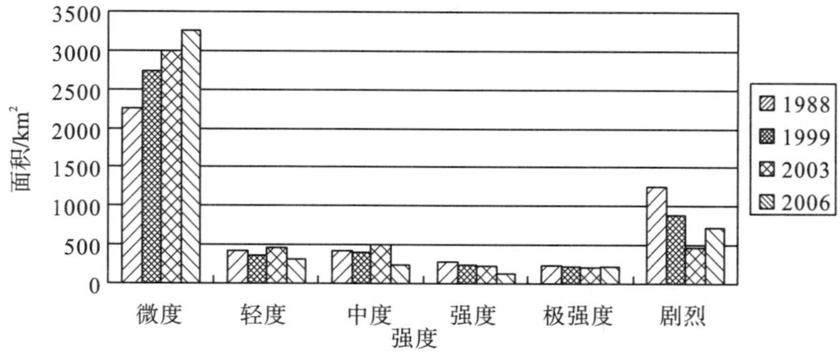

图 5-13　研究区各时相水土流失强度分级柱状图

对 1988 年、1999 年、2003 年和 2006 年四个时相各等级水土流失面积(表 5-12)进行对比分析，横向研究区水土流失情况以微度侵蚀为主，剧烈侵蚀次之，再次是中度、轻度侵蚀，强度、极强度侵蚀面积最小，即 $S_{微度}>S_{剧烈}>S_{轻度}$、$S_{中度}>S_{强度}$、$S_{极强度}$，见图 5-13。

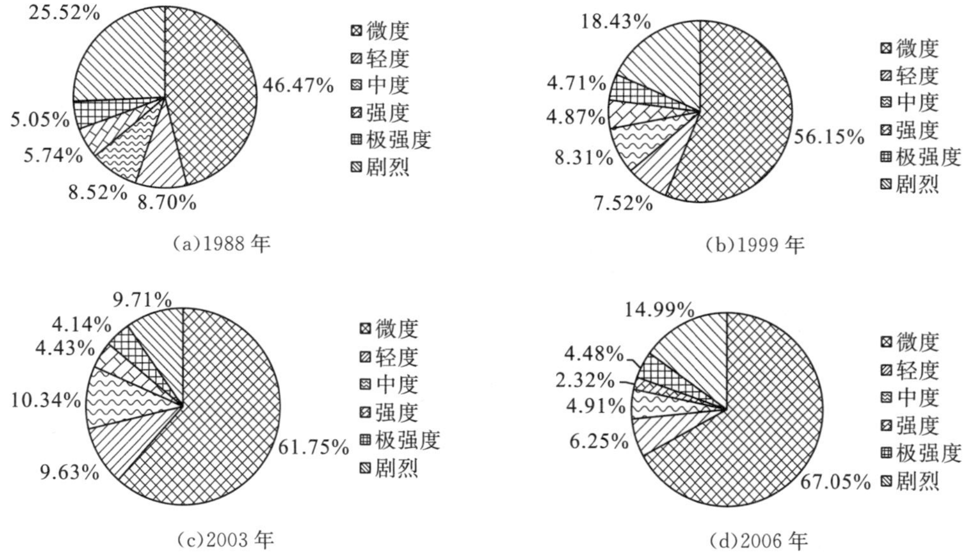

图 5-14　研究区各时相水土流失强度结构对比图

纵向上，分析各级别水土流失面积变化情况如下：

(1)微度侵蚀面积变化。1988 年微度侵蚀面积为 2256.4km²，占总面积的 46.47%[图 5-14(a)]；1999 年微度侵蚀面积为 2726.5 km²，占总面积的 56.15%[图 5-14(b)]。1988～1999 年面积增加了 470.1km²，速率为 42.74km²/a，百分比上升了 9.68%。2003 年微度侵蚀面积变为 2998.3km²，占总面积的 61.75%[图 5-14(c)]，较 1999 年增加了 271.8km²，上升了 5.6 个百分点，增加速率为 67.95km²/a。2006 年侵蚀面积较 2003 年多 257.2km²，变为 3255.5km²，占总面积的 67.05%[图 5-14(d)]，百分比上升了 5.3%，增加速率为 85.73km²/a。图 5-15(a)为研究区 1988～2006 年微度侵蚀面积变化趋势图。图中形象显示趋势为微度侵蚀面积持续增加，总体趋势上升。总之，工程建成后微度侵蚀面积较之前增加，侵蚀面积增加速率大幅度加大。

(2)轻度侵蚀面积变化。1988 年侵蚀面积为 422.4km²，占总面积的 8.70%[图 5-14(a)]。1999 年侵蚀面积为 365.2km²，占总面积的 7.52%[图 5-14(b)]，较 1988 年减少了 57.2km²，百分比减少了 1.18%，减少速率为 5.2km²/a。2003 年轻度侵蚀面积为 467.5km²，占总面积的 9.63%[图 5-14(c)]，较 1999 年增加 102.3km²，增加速率为 25.58km²/a，百分比上升了 2.11%。2006 年侵蚀面积较 2003 年少 164km²，为 303.5km²，占总面积的 6.25%[图 5-14(d)]，减少速率为 54.67km²/a，百分点较 2003 年减少了 3.38。图 5-15(b)为研究区 1988～2006 年轻度侵蚀面积变化趋势图。图中显示 1988～2006 年间轻度侵蚀面积变化趋势为水库建成前侵蚀面积减少；工程建成后侵蚀面积先增加后减少，增加幅度小于减少幅度；总体趋势下降。总之，工程建成后研究区轻度侵蚀面积较工程建成前减少，减少速率大于工程建成前。

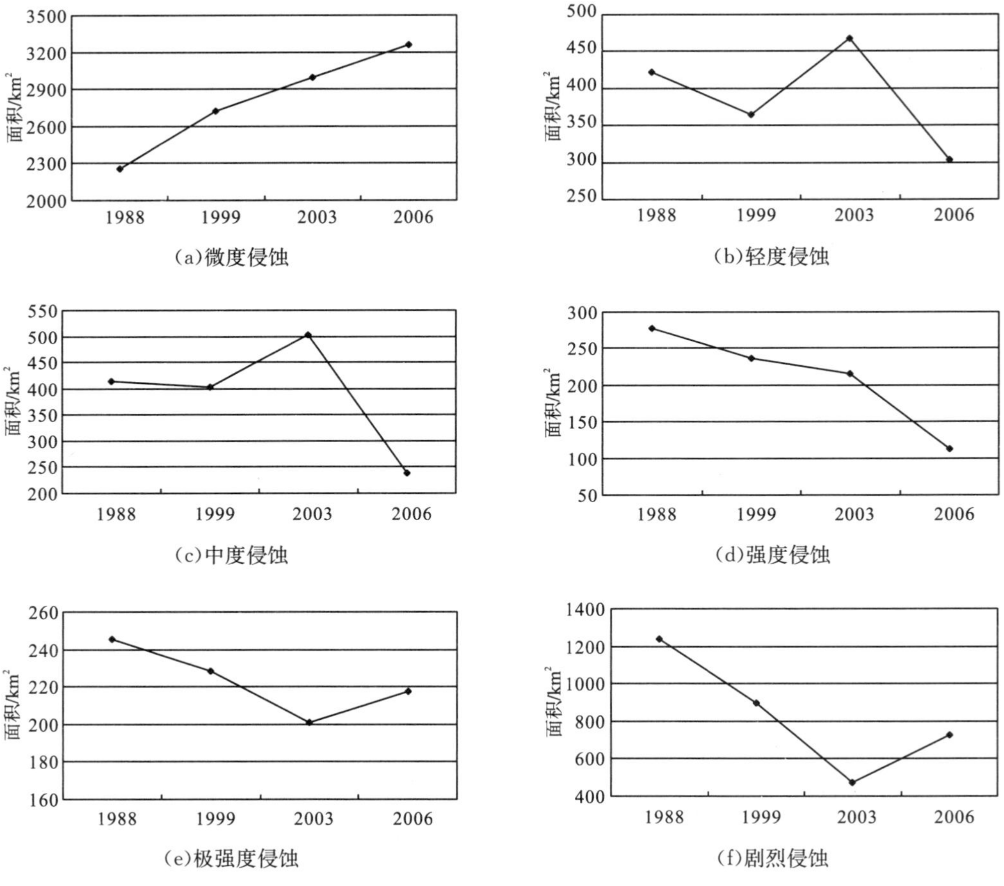

图 5-15 研究区各时相等级水土流失面积变化趋势图

(3)中度侵蚀面积变化。1988 年中度侵蚀面积为 413.8km²，占总面积的 8.52%[图 5-14(a)]；1999 年侵蚀面积为 403.5km²，占总面积的 8.31%[图 5-14(b)]；2003 年中度侵蚀面积为 502.3km²，占总面积的 10.34%[图 5-14(c)]；2006 年侵蚀面积为 238.6km²，占总面积的 4.91%[图 5-14(d)]。1988～1999 年间中度侵蚀面积减少 10.3km²，速率为 0.94km²/a，百分比减少 0.21%；1999～2003 年中度侵蚀面积增加 98.8km²，速率为 24.7km²/a，百分比上升 2.03%；2003～2006 年减少 263.7km²，速率

为87.9km^2/a，百分比减少5.43%。图5-15(c)为研究区1988～2006年中度侵蚀面积变化趋势图。图中显示了1988～2006年中度侵蚀面积变化趋势为工程建成前侵蚀面积趋势下降，幅度小；建成后侵蚀面积先增加，后迅速减少；总体上呈下降趋势。总之，工程建成后研究区中度侵蚀面积较工程建成前大幅度减少，减少速率远大于工程建成前。

(4)强度侵蚀面积变化。1988年强度侵蚀面积为278.5km^2，占总面积的5.74%[图5-14(a)]。1999年侵蚀面积为236.7km^2，占总面积的4.87%[图5-14(b)]，较1988年面积减少41.8km^2，减少速率为3.8km^2/a，百分比下降0.87%。2003年侵蚀面积为215.3km^2，占总面积的4.43%[图5-14(c)]，较1999年减少21.4km^2，减少速率为5.35km^2/a，百分比下降0.44%。2006年强度侵蚀面积为112.5km^2，占总面积的2.32%[图5-14(d)]，较2003年侵蚀面积减少102.8km^2，减少速率为34.27km^2/a，下降2.11%。图5-15(d)为研究区1988～2006年强度侵蚀面积变化趋势图。图中显示了1988～2006年强度侵蚀面积变化趋势为工程建成前侵蚀面积趋势下降；工程建成后侵蚀面积继续趋势下降，随时间幅度有所增大；总体上强度侵蚀面积趋势减少。总之，工程建成后研究区强度侵蚀面积较之前减少，减少速率远大于工程建成之前。

(5)极强度侵蚀面积变化。1988年极强度侵蚀面积245.4km^2，占总面积的5.05%[图5-14(a)]；1999年侵蚀面积为228.6km^2，占总面积的4.71%[图5-14(b)]；2003年侵蚀面积为200.8km^2，占总面积的4.14%[图5-14(c)]；2006年面积为217.4km^2，占总面积的4.48%[图5-14(d)]。1999年较1988年侵蚀面积减少16.8km^2，减少速率为1.53km^2/a，下降0.34个百分点；1999～2003年极强度侵蚀面积减少27.8km^2，速率为6.95km^2/a，百分比下降0.57%；2003～2006年侵蚀面积增加16.6km^2，速率为5.53km^2/a，百分比上升了0.34%。图5-15(e)为研究区1988～2006年极强度侵蚀面积变化趋势图。图中显示了1988～2006年极强度侵蚀面积变化趋势为工程建成前极强度侵蚀面积趋势下降；工程建成后极强度侵蚀面积先趋势下降，下降幅度大于工程建成之前，而后趋势上升，上升幅度小于1999～2003年下降幅度；总体上工程建成后极强度侵蚀面积趋势下降。总之，工程建成后研究区极强度侵蚀面积较之前减少，减少速率稍大于建成之前。

(6)剧烈侵蚀面积变化。1988年剧烈侵蚀面积为1239.0km^2，占总面积的25.52%[图5-14(a)]。1999年侵蚀面积为895.0km^2，占总面积的18.43%[图5-14(b)]，较1988年面积减少了344.0km^2，减少速率为31.27km^2/a，百分比减少7.09%。2003年剧烈侵蚀面积为471.3km^2，占总面积的9.71%[图5-14(c)]，较1999年侵蚀面积减少423.7km^2，减少速率为105.93km^2/a，百分比减少8.72%。2006年侵蚀面积为728.0km^2，占总面积的14.99%[图5-14(d)]，较2003年侵蚀面积增加256.7km^2，速率为85.57km^2/a，百分比上升5.28%。图5-15(f)为研究区1988～2006年剧烈侵蚀面积变化趋势图。图中显示1988～2006年剧烈侵蚀面积变化趋势为工程建成前剧烈侵蚀面积趋势下降；工程建成后侵蚀面积先继续下降，后上升，上升幅度小于之前上升幅度；总体上剧烈侵蚀面积呈下降趋势。总之，工程建成后研究区剧烈侵蚀面积较之前减少，减少速率小于工程建成之前。

2)年际水土流失空间动态特征分析

对比1988年研究区水土流失强度分级图(彩图43)、1999年研究区水土流失强度分级图(彩图 44)、2003 年研究区水土流失强度分级图(彩图 45)和 2006 年研究区水土流失强度分级图(彩图 46)分析，整个研究区水土流失较严重的区域主要分布在米易县安宁河谷平原地区和二滩水库周围地区，其余地区水土流失程度均为微度侵蚀、轻度侵蚀。

米易县安宁河谷平原地区地形坡度小、人口密度大、人类耕作程度高、植被覆盖程度低、水土流失程度高，但其动态变化特征不明显，说明水电工程对该地区水土流失情况影响不甚明显。

二滩水库周围地区 1988 年人口密度较大，人类耕作程度高，滥砍滥伐现象严重，植被覆盖率低，水土流失严重。20 世纪 90 年代末期，天然林保护工程及退耕还林工程实施之后，林地滥砍滥伐现象得到了遏制，坡耕地大幅度减少，植被覆盖度大幅度增加，1999 年水土流失程度减少。1999 年二滩水库蓄水之后，对该地区局部气候产生了一定的影响，气候有所改善，降水量增加，植被覆盖度增加，使得 2003 年水土流失情况改善。后因后靠移民为生计而毁林开荒，坡耕地重耕，区域内耕作强度加大，该区域 2006 年水土流失恶化。

总之，二滩水库蓄水后，研究区水土流失情况好转，但在空间上局部有恶化现象，即总体好转，局部恶化。

5.5 工程建成前后生态环境质量变化综合评价

5.3～5.4 节分别从工程建成前后土地利用、水土流失等方面分析了水电工程对生态环境的影响，本节将进一步借助于遥感和 GIS 技术，提取相关评价指标，利用图形叠置法，综合评价工程建成前后环境质量的变化，综合评价工程对生态环境的影响。

5.5.1 基于 GIS 的图形叠置法的基本原理和实施步骤

环境影响评价方法依据评价对象、内容、特点、目的、要求进行选择，也会受到评价者的专长、意见和偏好的影响。环境影响评价的方法正处于探索与发展阶段，专门用于环境影响的方法较少，图形叠置法便是其中之一。图形叠置法，又称生态图法(刘胜祥等，2006)。图形叠置法是在 1968 年由美国著名生态规划师 McHargl 提出的一种用于环境分析的通用方法。该方法是把两个或者更多的环境特征、生态信息重叠表示在同一张图上，构成一张复合图，用以在工程影响所及的范围内，表示环境变化的方向和程度，指明被影响的环境特征及影响的相对大小。目前，该方法主要用于滩涂开发、水利水电工程、土地利用规划等方面的评价。由于 GIS 技术在空间数据获取、存储、管理、处理与分析的巨大优势，将其与图形叠置法有机融合使用，使得评价实施更为简洁和快捷。

基于 GIS 的图形叠置法实施过程如下(吴小萍等，2004；刘胜祥等，2006；张飞涟等，2007)，评价实施过程，基于栅格单元进行：

(1)评价因子选取。

(2)评价因子权重确定。

(3)制作各评价因子等级图，对每个评价因子，根据具体情况划分质量等级。本书中，将质量等级划分为“差”、“较差”、“中”、“较好”、“好”五个等级，分别用1、2、3、4、5量化。

(4)加权叠加各评价因子等级图得到复合图，这是基于GIS的图形叠置法的精髓所在。利用GIS的空间叠置分析功能，根据式(5-20)将评价区内各个评价因子等级加权叠加，得到复合的环境质量图。

将评价因子记做C，将各因子权重记做W，各评价单元环境质量值记做V，则有

$$V=\sum_{i=1}^{n}C_i\times W_i \tag{5-20}$$

式中，C_i为评价因子i的质量等级量化值，W_i为评价因子i的权重；n为评价因子个数，$i=1, 2, 3,\cdots,n$。

(5)根据复合的环境质量图确定环境质量综合等级图，并对评价结果进行评述。叠加后，每个评价单元的环境质量等级L为：

$$L=\begin{cases}1 & V\in[0,1) & \text{差}\\ 2 & V\in[1,2) & \text{较差}\\ 3 & V\in[2,3) & \text{中}\\ 4 & V\in[3,4) & \text{较好}\\ 5 & V\in[4,5) & \text{好}\end{cases} \tag{5-21}$$

5.5.2 评价因子获取与分级量化

结合前人研究成果(徐建春等，2002；李洪义等，2006)，环境质量评价选取了水土流失强度、植被指数、土壤亮度指数、湿度指数和热度指数五个与环境质量变化密切相关的评价因子，仍选取1988年、1999年、2003年和2006年作为典型年份进行分析。

1. 水土流失强度

水土流失的强弱是区域环境质量的重要体现。利用5.4节中基于RUSLE模型、在遥感和GIS支持下计算得到的水土流失量成果，利用ArcGIS的Spatial Analysis模块的Reclassify工具，按照等间隔法将水土流失按照由强到弱分为五个等级，分别赋值为1、2、3、4、5，表示“差、较差、中、较好、好”五个等级。

2. 植被指数

植被覆盖的高低是区域生态环境质量好坏的重要表现。由于植被在红光波段的强吸收以及近红外波段的高反射、高透射特性，导致绿色植被在红光波段和近红外波段的反射差异较大，基于这种特殊情况，很多遥感传感器都设计接受红光和近红外波段的信息，通过构建植被指数用于探测定量植被信息，使得植被指数是区域生态环境质量优劣的一个重要指标。经过几十年的发展，现有的各类植被指数大概有40多种，可大致分为三种类型：

第一类，简单植被指数，这类植被指数是各种光谱波段的组合，没有包括光谱信息外的其他因素，比如比值植被指数、差值植被指数和归一化植被指数等。

第二类，基于土壤线的植被指数，这类指数引入土壤线的一些参数，从而能不同程度地消除土壤背景的影响，比如垂直植被指数。

第三类，基于大气的植被指数，该类指数引入大气校正因子来减少大气的影响，例如大气阻抗植被指数。

本章选用第二类中的植被指数—改进型土壤调整植被指数(modified soil-adjusted vegetation index，MSAVI)，它是在土壤调整植被指数(soil-adjusted vegetation index，SAVI)基础上提出的，它可以较好地消除土壤背景对植被指数的影响，提高对植被指数的敏感度。MSAVI 的计算公式如下：

$$\mathrm{MSAVI} = \left[2\mathrm{NIR} + 1 - \sqrt{(2\mathrm{NIR}+1)^2 - 8(\mathrm{NIR}-\mathrm{R})}\right]/2 \tag{5-22}$$

式中，R 是遥感影像的可见光红波段，NIR 是近红外波段。

根据 1988 年、1999 年、2003 年和 2006 年的 TM/ETM+影像分别计算得到四个年份的 MSAVI，并将其归一化到 0～255，然后利用 ArcGIS 中的 Spatial Analysis 模块的 Reclassify 工具，按照等间隔法(equal interval)将其按由大到小分为五个等级，分别赋值为 5、4、3、2、1，表示“好、较好、中、较差、差”五个等级。

3. 土壤亮度指数

通过对各种地类的光谱响应研究，依据在可见光的红光(R)、绿光(G)波段的土壤光谱响应与植被、水体光谱变化规律相反的特征，利用研究区的 Landsat TM/ETM+的红光(R)、绿光(G)波段计算土壤亮度 NDSI，其计算公式为

$$\mathrm{NDSI} = \frac{\mathrm{R}-\mathrm{G}}{\mathrm{R}+\mathrm{G}} \tag{5-23}$$

将 NDSI 值归一化到 0～255，然后利用 ArcGIS 中的 Spatial Analysis 模块的 Reclassify 工具，按照等间隔法(equal interval)将其按由小到大分为五个等级，分别赋值为 5、4、3、2、1，表示“好、较好、中、较差、差”五个等级。

4. 湿度指数

TM5 波段(1.55～1.75μm)处于水的吸收带(1.4μm，1.9μm)之间，受水吸收带的影响，对湿度、含水量信息非常敏感，且 TM2 波段(G)对水体反射的特点，选用这两个波段计算湿度指数 NDMI，其表达式为

$$\mathrm{NDMI} = \frac{G - \mathrm{TM5}}{G + \mathrm{TM5}} \tag{5-24}$$

将 NDMI 值归一化到 0～255，然后利用 ArcGIS 中的 Spatial Analysis 模块的 Reclassify 工具，按照等间隔法将其按由大到小分为五个等级，分别赋值为 5、4、3、2、1，表示“好、较好、中、较差、差”五个等级。

5. 热度指数

地表温度是地表物质的热红外辐射的综合定量形式，它是由物质的热特性及几何结

构共同决定的。同时，它还受到土壤物理参数(土壤水分、组分、结构、类型、表面粗糙度)、环境(高度、坡度、坡向、植被种类、水分状况)等的影响。Landsat5TM、Landsat 7 ETM+影像的红外波段(10.4～12.5μm)接收的是与地表温度相对应的热红外辐射强度。因此，通过利用热红外亮温计算模式，可得到图像数值和下垫面亮温数值的定量关系。

计算TM/ETM+热红外波段的亮温，首先需要对热红外波段进行辐射定标，即利用定标系数将其灰度值DN转换为对应的热辐射强度值(Radiance)。

对于Landsat7 ETM+热红外数据辐射定标，采用Landsat用户手册提供的辐射校正公式(Arvidson T.，2002)为

$$L_\lambda = \text{gain} \times \text{DN} + \text{bias} \qquad (5\text{-}25)$$

式中，L_λ为辐射强度值，单位为$W/m^2 \cdot ster \cdot \mu m$；DN为影像的灰度值；gain和bias分别为增益和偏移，在头文件中可获取。

TM热红外波段数据定标，采用Landsat用户手册提供的辐射校正公式(Chander G M.，2005)及Mustard等(1999)和覃志豪(2001)的研究成果，即

$$L_\lambda = DN \times (L_{max} - L_{min})/255 + L_{min} \qquad (5\text{-}26)$$

式中，L_λ为辐射强度值，单位为$mW/cm^2 \cdot ster \cdot \mu m$；$L_{max}$为传感器可探测到的最大辐射强度，其值为1.56$mW/cm^2 \cdot ster \cdot \mu m$，$L_{min}$为传感器可探测到的最小辐射强度，其值为0.1238 $mW/cm^2 \cdot ster \cdot \mu m$，于是$L_\lambda$计算公式可简化为

$$L_\lambda = DN \times 0.005632156 + 0.1238 \qquad (5\text{-}27)$$

将TM/ETM+的热红外波段的辐射强度值转换为辐射亮温时，采用Landsat用户手册提供的计算公式(Arvidson T.，2002；Chander G M.，2005)：

$$T = K_2/\ln(1 + K_1/L_\lambda) - 273.15 \qquad (5\text{-}28)$$

式中，T为辐射亮温，单位为℃；L_λ为辐射强度值；K_1、K_2为订正系数，对于ETM+热红外波段，K_1为666.093$W/m^2 \cdot ster \cdot \mu m$，$K_2$为1282.708k；对于TM热红外波段，$K_1$为60.766$mW/cm^2 \cdot ster \cdot \mu m$，$K_2$为1260.56k。

以上算法通过ENVI软件的波段运算(Band Math)功能逐级实现。

利用ArcGIS中的Spatial Analysis模块的Reclassify工具，按照按照等间隔法(Equal Interval)将亮温结果按由小到大分为五个等级，分别赋值为5、4、3、2、1，表示“好、较好、中、较差、差”五个等级。

5.5.3 评价因子权重确定

确定环境质量评价因子(水土流失强度、植被指数、土壤亮度指数、湿度指数、热度指数)的权重，仍然采用层次分析法。参考4.1.3节中所述方法计算评价因子权重。经计算，5个评价因子的权重值分别为0.29，0.36，0.11，0.17和0.08。

5.5.4 生态环境质量动态变化分析

1. 生态环境质量评价分级

将各评价因子及其权重代入到式(5-20)中计算研究区环境质量综合评价图，然后再根据式(5-21)进行分级，得到研究区1988年、1999年、2003年、2006年四个时相的环境质量评价分级图(彩图47、彩图48、彩图49和彩图50)。

2. 生态环境质量动态特征分析

研究区环境质量动态特征分析从时间和空间上两个方面展开。

1)环境质量时间动态变化

表5-13 研究区年际间环境质量各级别面积 (单位：km^2)

年份	差	较差	中等	较好	好
1988	1322.5	271.4	525.3	524.8	2211.5
1999	976.5	236.3	488.9	473.0	2680.8
2003	552.2	200.7	547.1	600.3	2955.2
2006	820.9	189.5	256.5	376.1	3212.5

统计研究区1988年、1999年、2003年、2006年各时期环境质量各级别所占面积，见表5-13。统计分析各级别质量的环境面积变化情况如下：

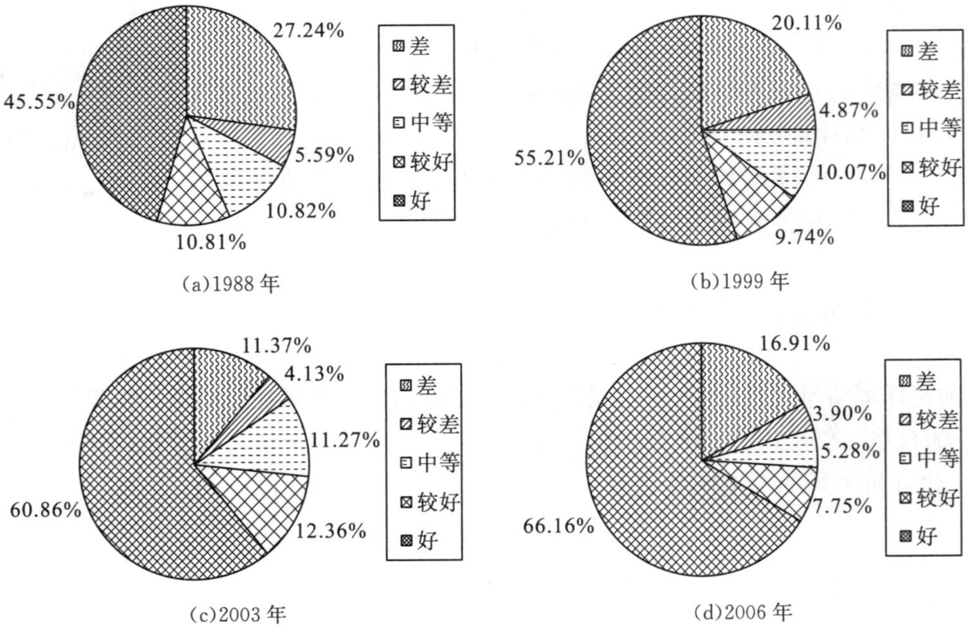

图5-16 研究区各时相环境质量等级结构对比图

(1)环境质量差的区域。1988 年面积为 1322.5km²，占总面积的 27.24%[图 5-16(a)]；1999 年面积减少为 976.5km²，占总面积的 20.11%[图 5-16(b)]；之后继续下降，到 2003 年减少为 552.2km²，占总面积的 11.37%[图 5-16(c)]；到 2006 年又增加到 820.9km²，占总面积的 16.91%。1988～1999 年间，区域面积减少 346km²，百分率下降 7.13%，下降速率为 31.45km²/a；1999～2003 年间区域面积减少 424.3km²，百分比下降 8.74%，下降速率为 106.08km²/a；2003～2006 年间区域面积增加 268.7km²，百分比上升 5.54%，上升速率为 89.57km²/a。图 5-17(a)为该级别环境质量表示区域的面积变化趋势图。从图中可以较为形象看出其变化趋势：水库蓄水前趋势减少，蓄水后继续减少，且减少速率远大于蓄水之前，后又开始增加，但增加的幅度小于之前减少的幅度；总体趋势下降。

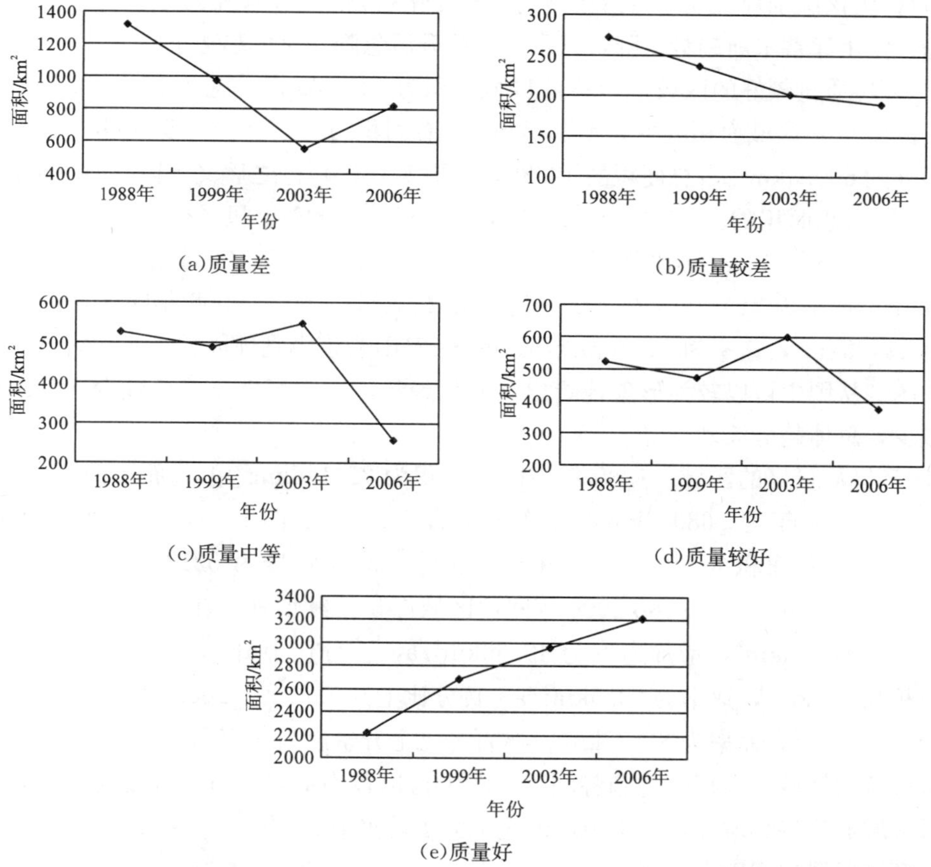

图 5-17　研究区各时相环境质量各等级面积变化趋势图

(2)环境质量较差的区域。1988 年占地面积为 271.4km²[占总面积的 5.59%，图 5-16(a)]；1999 年减少为 236.3km²[占总面积的 4.87%，图 5-16(b)]；2003 年占地面积为 200.7km²[占总面积的 4.13%，图 5-16(c)]；2006 年时面积变为 189.5km²[占总面积的 3.90%，图 5-16(d)]。1988～1999 年间区域面积减少 35.1km²，速率为 3.19km²/a，百分比下降 0.72%；水库蓄水后，该级别区域面积继续减少，在 1999～2003 年间，区域面积减少 35.6km²，减少速率为 8.9km²/a，为蓄水前减少速率的 2 倍多，百分比下降

0.74%；2003～2006年间，区域面积继续减少，幅度为11.2km²，减少速率为3.73km²/a，百分比下降0.23%。图5-17(b)为该级别环境质量表示区域的面积变化趋势图。从图中可以较为形象看出其变化趋势为持续减少，且水库蓄水后减少速率大于蓄水前。

(3)环境质量中等的区域。1988年面积为525.3km²[占总面积的10.82%，图5-16(a)]；1999年下降为488.9km²[占总面积的10.07%，图5-16(b)]；之后转而增加，到2003年占地面积变为547.1km²[占总面积的11.27%，图5-16(c)]；2003～2006年该区域面积又减少，到2006年减少为256.5km²[占总面积的5.28%，图5-16(d)]。1988～1999年，该区域面积减少36.4km²，减少速率为3.31km²/a，百分率下降0.75%；1999～2003年，区域面积增加58.2km²，增加速率为14.55km²/a，百分率上升1.2%；2003～2006年间区域面积减少290.6km²，减少速率为98.87km²/a，百分比下降5.99%。图5-17(c)为该级别环境质量所占区域的面积变化趋势图。从图中可以较为形象地看出其变化趋势，水库蓄水前趋势下降，蓄水后先缓升后急降；总体趋势下降。

(4)环境质量较好的区域。1988年区域面积为524.8km²[占总面积的10.81%，图5-16(a)]；1999年区域面积减少为473.0km²[占总面积的9.74%，图5-16(b)]；2003年又增加回升到600.3km²[占总面积的12.36%，图5-16(c)]；之后又下降，到2006年降为376.1km²[占总面积的7.75%，图5-16(d)]。1988～1999年间区域面积减少51.8km²，速率为4.71km²/a，百分比下降1.07%；1999～2003年，区域面积大增，幅度为127.3km²，速率为31.83km²/a，百分比上升2.62%；2003～2006年间区域面积转而减少，为224.2km²，速率为74.73km²/a。图5-17(d)为该级别环境质量所占区域的面积变化趋势图。从图中可以较为形象地看出其变化趋势，水库蓄水前趋势减少，蓄水后先增加后减少，总体趋势波动下降。

(5)环境质量好的区域。1988年该区域面积为2211.5km²[占总面积的45.55%，图5-16(a)]；1999年为2680.8km²[占总面积的55.21%，图5-16(b)]；2003年增加为2955.2km²[占总面积的60.86%，图5-16(c)]；2006年变为3212.5km²[占总面积的66.16%，图5-16(d)]。1988～2006年间，区域面积持续增加。在1988～1999年间，区域面积增加469.3km²，增加速率为42.66km²/a，百分比上升9.66%；1999～2003年，增加面积274.4km²，速率为68.6km²/a，百分比上升5.65%；2003～2006年间，区域面积增加257.3km²，速率为85.77km²/a，百分比上升幅度为5.30%。图5-17(e)为该级别环境质量所占区域的面积变化趋势图。从图中可以较为形象地看出其变化趋势，水库蓄水前后区域面积持续增加，蓄水后增加速率大于蓄水前。

2)环境质量空间动态变化

对比1988年研究区环境质量评价分级图(彩图47)、1999年研究区环境质量评价分级图(彩图48)、2003年研究区环境质量评价分级图(彩图49)和2006年研究区环境质量评价分级图(彩图50)分析，整个研究区环境质量差的区域主要分布在米易县安宁河谷平原地区和二滩水库周围地区。

米易县安宁河谷平原地区地形坡度小，人口密度高，人类耕作程度高，植被覆盖程度低，水土流失程度高，一直都是环境质量较差的地区，其环境质量动态变化特征不明显。即水库工程对该地区环境质量情况影响不明显。

1988 年，二滩库区人口密度大，植被覆盖程度低，水土流失严重，环境质量差。20 世纪 90 年代末期，天然林保护工程及退耕还林工程实施之后，滥砍滥伐现象得到了遏制，坡耕地大幅度减少，植被覆盖度增加。1999 年水土流失程度减少，环境质量有所改善。1999 年二滩水库蓄水之后，对该地区局部气候产生了一定的影响，气候有所改善，降水量增加，植被覆盖度增加，使得该地区 2003 年水土流失情况改善，环境质量进一步改善。后因后靠移民为生计开垦坡耕地，毁林开荒，坡耕地重耕，区域内耕作程度加大，该区域 2006 年水土流失恶化，环境质量随之降低。

总之，二滩水库蓄水后，研究区环境质量总体上逐渐改善，但在空间上局部有恶化现象。

参考文献

白世彪，闾国年，盛业华. 2005. GIS技术在三峡库区滑坡灾害研究中的应用［J］. 长江流域资源与环境，14(3)：386－391.

卜兆宏，刘绍清. 1993. 用于土壤流失量遥感监测的植被因子算式的初步研究［J］. 遥感技术与应用，8(4)：16－22.

蔡崇法，丁树文. 2000. 应用USLE模型与地理信息系统IDRISI预测小流域土壤侵蚀量的研究［J］. 水土保持学报，14(2)：19－24.

蔡福，于贵瑞，祝青林. 2005. 气象要素空间化方法精度的比较研究－以平均气温为例［J］. 资源科学，27(5)：173－179.

蔡孟裔，毛赞猷，田德森，等. 2000. 新编地图学教程［M］. 北京：高等教育出版社.

查新建. 2006. GIS系统中数据源集成方法的探讨与实现［D］. 杭州：浙江大学.

长江流域水资源保护局. 2000. 三峡工程生态与环境［M］. 北京：科学出版社.

长江水利委员会. 1997. 三峡工程生态环境影响研究［M］. 武汉：湖北科学技术出版社.

陈国阶，陈治谏. 1993. 三峡工程对生态与环境影响的综合评价研究［M］. 北京：科学出版社.

陈剑平. 2003. 环境地质与工程［M］. 北京：地质出版社.

陈俊华，何政伟. 2008. 二滩库区（盐边）土地利用景观格局及水土流失动态研究［J］. 水土保持通报，28(5)：74－80.

陈敏. 2011水能梯级开发生态影响评价阈值研究［D］. 成都：四川大学.

陈文波，肖笃宁，李秀珍. 2002. 景观空间分析的特征和主要内容［J］. 生态学报，22(7)：1135－1142.

陈亚宁，周金星，李卫红，等. 2006. 中国西部山区流域综合治理研究［M］. 北京：科学出版社.

陈燕红，潘文斌，蔡芫镔. 2007. 基于RUSLE的流域土壤侵蚀敏感性评价—以福建省吉溪流域为例［J］. 山地学报，25(4)：490－496.

陈永波. 2002. 滑坡危险度区划研究［D］. 成都：西南交通大学.

程维明. 2002. 景观分类与制图浅议［J］. 地球信息科学，(2)：61－65.

池宏康，周广胜，许振柱，等. 2005. 表观反射率及其在植被遥感中的应用［J］. 植物生态学报，29(1)：74－80.

储少林，周兆叶，袁雷，等. 2008. 降水空间插值方法应用研究—以甘肃省为例［J］. 草叶科学，25(6)：19－23.

崔铁军，郭黎. 2007. 多源地理空间矢量数据集成与融合方法探讨［J］. 测绘科学技术学报，24(1)：1－4.

戴昌达，姜小光，唐伶俐. 2004. 遥感图像应用处理与分析［M］. 北京：清华大学出版社.

党安荣，王晓栋，陈晓峰，等. 2002. ERDAS IMAGINE遥感图像处理方法［M］. 北京：清华大学出版社.

邓辉. 2007. 高精度卫星遥感技术在地质灾害调查与评价中的应用［D］. 成都：成都理工大学.

邓良基. 2002. 遥感基础与应用［M］. 北京：中国农业出版社.

邓荣贵，付小敏. 2005. 四川省白龙江宝珠寺水库滑坡分布特征及库岸稳定程度模糊聚类分析［J］. 中国地质灾害与防治学报，16(4)：24－28.

杜榕桓，史德明，袁建模，等. 1994. 长江三峡库区水土流失对生态环境与环境的影响［M］. 北京：科学出版社.

范云. 2001. 水利水电工程项目建议书阶段水库淹没处理设计中的几个问题［J］. 水利水电技术，32(6)：20－22.

房世波. 2004. “3S”技术在川西干旱河谷退耕还林（草）监测与生态还林决策中的应用—以甘孜州九龙县为例［D］. 成都：成都理工大学.

冯德俊，张献州，张文君. 2001. 虚拟现实技术在地理信息系统中的应用［J］. 四川测绘，(2)：51－54.

冯建昆，何耀华. 2006. “三江”水能开发与环境保护［M］. 北京：社会科学文献出版社.

傅伯杰，陈利顶，马克明，等. 2001. 景观生态学原理及应用［M］. 北京：科学出版社.

甘淑，袁希平，何大明. 2002. 遥感技术在漫湾库区周边植被覆盖宏观监测中的应用 [J]. 水土保持学报，16(3)：60－63.
高季章. 2004. 建立与生态环境友好的水电建设体系 [J]. 中国三峡建设，(6)：6－10.
高宇. 2005. 基于GIS的黄土地区滑坡危险性评价研究 [D]. 西安：长安大学.
龚建周，张鹏，杨景荣，等. 2004. IKONOS数据在植被景观制图和景观空间格局分析中的应用 [J]. 干旱区资源与环境，18(2)：130－135.
谷晓平，袁淑杰，吴战平，等. 2009. 贵州省山地气候要素分布式研究 [M]. 北京：气象出版社.
郭见扬，谭周地. 1995. 中小型水利水电工程地质（第二版）[M] 北京：水利电力出版社.
郭乔羽，杨志峰. 2005. 三门峡水利枢纽工程生态影响后评价 [J]. 环境科学学报，25(5)：580－585.
郭乔羽. 2003. 拉西瓦水电工程队区域生态影响分析 [J]. 自然资源学报，18(1)：50－57.
国家环境保护总局. 1997. 环境影响评价技术导则——非污染生态影响 [M]. 北京：中国环境科学出版社.
何政伟，许辉熙，谢韬，等. 2005. 黄河班多一级水电站水库区工程地质遥感解译研究 [R]. 成都：成都理工大学.
何政伟，赵银兵，许辉熙，等. 2006. 新疆库玛拉克河大石峡水电站水库区工程地质遥感解译研究 [R]. 成都：成都理工大学.
贺庆，龚庆武. 2006. 虚拟现实技术在输电网络GIS中的应用 [J]. 高电压技术，32(10)：94－97.
黄润秋，许强，李渝生，等. 2005. 三峡库区塌岸模式、塌岸预测参数与塌岸范围预测评价研究 [R]. 成都：成都理工大学.
黄杏元，马劲松，汤勤. 2001. 地理信息系统概论（修订版）[M]. 北京：高等教育出版社.
贾硕. 2011. 水利水电工程生态环境影响评价指标体系与评价方法的研究 [D]. 石家庄：河北农业大学.
贾永红. 2005. 多源遥感影像数据融合技术 [M]. 北京：测绘出版社.
焦超卫，赵牡丹，汤国安，等. 2005. 基于GIS的植被空间格局特征与地形因子的相关关系－以陕西省耀县为例 [M]. 水土保持通报，12(6)：19－23.
柯克比 M J，摩根 P R C. 1987. 土壤侵蚀 [M]. 王礼先，等译. 北京：水利电力出版社.
雷平，石军南，蔡丽玲. 2007. 3S技术在龙潭水电站库区土地利用类型监测中的应用 [J]. 绵阳师范学院学报，26(5)：86－90.
李朝霞，牛文娟. 2009. 水电梯级开发对生态环境影响评价模型与应用 [J]. 水力发电学报，28(2)：37－40.
李春晖，杨志峰，郭乔羽. 2003. 黄河拉西瓦水电站建设对区域景观格局的影响 [J]. 安全与环境学报，3(2)：27－31.
李存军，刘良云，王纪华，等. 2004. 两种高保真遥感影像融合方法 [J]. 中国图像图形学报，9(11)：1376－1385.
李洪义，史舟，郭亚东，等. 2006. 基于遥感与GIS技术的福建省生态环境质量评价 [J]. 遥感技术与应用，21(1)：49－54.
李纪人，黄诗峰. 2003. “3S”技术水利应用指南 [M]. 北京：高等教育出版社.
李军，周成虎. 2003. 基于GIS滑坡风险评价方法中格网大小选取分析 [J]. 遥感学报，7(2)：86－91.
李天华. 2007. “3S”技术在高原机场建设工程中的应用研究 [D]. 成都：成都理工大学.
李天文，吴琳，曹颖. 2005. 基于渭河下游DEM的洪水淹没分析与模拟 [J]. 水土保持通报，25(4)：53－57.
李文波. 2008. 基于遥感技术/GIS的水电开发生态环境时空影响定量分析研究 [D]. 武汉：华中科技大学.
李小娟，宫兆宁，刘小萌，等. 2007. ENVI遥感影像处理教程 [M]. 北京：中国环境科学出版社.
李晓军，丘健妮，彭龙军，等. 2006. 多源空间数据集成技术状况与应用前景研究 [J]. 计算机与现代化，(5)：39－42.
李雪平. 2005. 基于GIS的区域斜坡稳定性评价Logistic回归模型研究 [D]. 武汉：中国地质大学.
李志林，朱庆. 2003. 数字高程模型 [M]. 武汉：武汉大学出版社.
廖邦固，韩雪培. 2004. GIS中多源数据的空间坐标变换方法探讨 [J]. 测绘与空间地理信息，27(1)：26－30.
廖迎芸，阮虹嘉，杨斌，等. 2006. 威远江水电站工程对景观格局的影响分析 [J]. 云南环境科学，26(5)：55－58.
林涓涓. 2005. 基于3S的流域土壤侵蚀敏感性及其动态监测研究 [D]. 福州：福州大学.
林凌，刘宝珺，马怀新，等. 2006. 南水北调西线工程备忘录 [M]. 北京：经济科学出版社.

林忠辉，莫兴国，李宏轩，等．2002．中国陆地区域气象要素的空间插值［J］．地理学报，57(1)：47－56．

刘畅，甘冰．2004－7－28．大型水电站如何应对库区利益诉求？［N］．中国青年报．

刘传正．1995．环境工程地质学导论［M］．北京：地质出版社．

刘登伟，封志明，杨艳昭．2006．海河流域降水空间插值方法的选取［J］．地球信息科学，8(4)：85－80．

刘汉超，陈明东．1995．库区环境地质评价［M］．成都：成都科技大学出版社．

刘吉峰，李世杰，秦宁生，等．2006．青海湖流域土壤可蚀性K值研究［J］．干旱区地理，29(6)：321－326．

刘纪根，赵健，张平仓，等．2007．基于遥感技术和GIS的乌东德水电站坝址区土壤侵蚀预测研究［J］．长江科学院院报，24(4)：10－13．

刘纪根，邹翔．2008．基于遥感技术与GIS水土流失数据库的建立［J］．长江科学院院报，25(3)：100－103．

刘家福，王平，李京，等．2009．土地利用格局景观指数算法与应用［J］．地理与地理信息科学，25(1)：106－108．

刘江宜．2006．大坝与可持续发展思考之一［EB/OL］．http：//mn.cug.edu.cn【2006－4－8】．

刘兰芬．河流水电开发的环境效益及主要环境问题研究［J］．水利学报，2002，(8)：121－128．

刘淼，胡远满，徐崇刚．2004．基于GIS、遥感技术和RUSLE的林区土壤侵蚀定量研究－以为例［J］．水土保持研究，11(3)：21－24．

刘仁义，刘南．2002．基于GIS技术的淹没区确定方法及虚拟现实表达［J］．浙江大学学报（理学版），29(5)：574－579．

刘胜祥，薛联芳．2006．水利水电工程生态环境影响评价技术研究［M］．北京：中国环境科学出版社．

刘守杰，孙红光，刘星．2003．试论水利工程梯级开发对生态环境的负面影响［J］．森林工程，19(2)：15－16．

刘正军，王坚，张继贤，等．2007．基于因子层分级加权的三峡库区万州滑坡风险分区评估研究［A］2007年环境遥感学术年会自然灾害专题研讨会［C］：79－85．

刘志丽，陈曦．2001．基于ERDAS IMAGING软件的TM影像几何精校正方法初探［M］．干旱区地理，24(4)：353－358．

柳源．2003．中国地质灾害（以崩、滑、流为主）危险性分析与区划［J］．中国地质灾害与防治学报，14(1)：95－99．

卢玲．2000．黑河流域景观结构域景观变化研究［D］．北京：中国科学院．

鲁振宇，杨太保，郭万钦．2006．降水空间插值方法应用研究—以黄河源区为例［J］．兰州大学学报，42(4)：11－14．

陆守一．2004．地理信息系统［M］．北京：高等教育出版社．

吕凤军，郝跃生，李川平，等．2007．ASTER遥感数据反射率反演研究［C］第16届全国遥感技术学术交流会论文集．北京：地质出版社．

罗鹏，石军南，孙华．2007．基于GIS空间模型的库区生态敏感性评价研究［J］．水土保持研究，14(2)：255－258．

罗小勇，陈蕾，李匪．2004．金沙江干流梯级开发环境影响分析［J］．水利水电快报，25(14)：7－10．

罗志军，刘耀林，贾泽露．2005．基于遥感技术和GIS的小流域土壤侵蚀量估算研究［J］．华中师范大学学报（自然科学版），39(2)：269－274．

马安青，陈东景，王建华，等．2002．基于遥感技术与GIS的陇东黄土高原土地景观格局变化研究［J］．水土保持学报，16(3)：56－59．

马国斌．2003．基于GIS的黄土高原小流域土壤侵蚀定量评价研究［D］．南京：南京师范大学．

马照亭，潘懋，林晨，等．2002．多源空间数据的共享与集成模式研究［J］．计算机工程与应用，(24)：31－34．

毛文永．2003．生态环境影响评价概论（修订版）［M］．北京：中国环境科学出版社．

毛政元，李霖．2003．“GIS”的多义性相关分析［J］．地球信息科学，(3)：60－63．

梅安新，彭望禄，秦其明，等．2001．遥感导论［M］．北京：高等教育出版社．

孟庆香，刘国彬，杨勤科．2006．黄土高原降水量的空间插值方法研究［J］．西北农林科技大学学报，34(3)：83－88．

宁书年，吕松棠，杨小勤，等．1995．遥感图像处理与应用［M］．北京：地质出版社．

钮新强，邱忠恩，万晓文，等．2003．三峡工程与可持续发展［M］．北京：中国水利水电出版社．

潘树林，李高阳，辜彬. 2004. 水电站工程生态环境影响评价中的坡度图制作 [J]. 四川大学学报，41(5)：1054－1058.
乔建平. 1996. 长江上游滑坡危险度区划及分区研究－滑坡研究与防治 [M]. 成都：四川科学出版社.
乔连军，韩雪培. 2006. 1954 北京坐标与 1980 西安坐标转换方法研究 [J]. 测绘与空间地理信息，29(1)：37－41.
秦富仓. 2006. 黄土地区流域森林植被格局对侵蚀产沙过程的调控研究 [D]. 北京：北京林业大学.
曲华. 2006. 基于GIS的白鹤滩水电站库区大寨沟－海子沟流域地质灾害危险性评价研究 [D]. 重庆：西南大学.
师维娟，杨勤科，赵东波，等. 2007. 中分辨率水文地貌关系正确DEM建立方法研究－以黄土丘陵区为例 [J]. 西北农林科技大学学报（自然科学版），35(2)：143－148.
施斌，王宝军，周国云. 2006. 环境地质学中的GIS [M]. 北京：科学出版社.
石菊松，张永双，董诚，等. 2005. 基于GIS技术的巴东新城区滑坡灾害危险性区划 [J]. 地球学报，26(3)：275－282.
史志华. 2003. 基于GIS和遥感技术的小流域景观格局变化及其土壤侵蚀响应 [D]. 武汉：华中农业大学.
宋关福，钟耳顺，刘纪远，等. 2000. 多源空间数据无缝集成研究 [J]. 地理科学进展，19(2)：110－115.
苏建明，李浩然. 2002. 二滩水电站泄洪雾化对下游边坡的影响 [J]. 水文地质工程地质，(2)：22－24.
孙海云，王峰. 2007. 基于替代数据的Hurst指数计算 [J]. 上海应用技术学院学报，7(1)：59－61.
孙华. 2006. SPOT5在森林资源调查中的应用研究 [D]. 长沙：中南林业科技大学.
孙家抦. 2003. 遥感原理与应用 [M]. 武汉：武汉大学出版社.
孙庆先，李茂堂，路京选，等. 2007. 地理空间数据的尺度问题及其研究进展 [J]. 地理与地理信息科学，23(4)：53－57.
覃志豪，Zhang Minghua，Arnon Karniel. 2001. 用陆地卫星TM6数据演算地表温度的单窗算法 [J] 地理学报，56(4)：455－466.
汤国安，刘学军，闾国年. 2005. 数字高程模型及地学分析的原理与方法 [M]. 北京：科学出版社.
汤国安，陶炀，王春. 2007. 等高线套合差及在DEM质量评价中的应用研究 [J]. 测绘通报，(7)：65－67.
汤国安，杨昕. 2006. ArcGIS地理信息系统空间分析实验教程 [M]. 北京：科学出版社.
汤国安，赵牡丹，李天文，等. 2003. DEM提取黄土高原地面坡度的不确定性 [J]. 地理学报，58(6)：824－830.
唐邦兴. 1995. 山洪泥石流滑坡灾害及防治 [M]. 北京：科学出版社.
唐克丽. 2004. 中国水土保持 [M]. 北京：科学出版社.
唐胜传，柴贺军，冯文凯. 三峡库区岸坡类型划分 [J]. 公路交通技术，2005(5)：36－39.
唐占辉，马逊风，马宏军. 2004. 景观生态学理论在流域环境影响评价中的应用 [J]. 环境保护，(5)：43－46.
田建林，雷平，石军南. 2006. Quick Bird影像目视判读在土地利用类型调查中的应用研究 [J]. 四川林勘设计，(1)：45－48
田静毅，李月芬，王立新，等. 2007. 基于遥感技术和GIS的土壤侵蚀量预测应用研究 [J]. 吉林农业大学学报，29(1)：78－82.
汪树玉，刘国华. 2002. 系统分析 [M]. 杭州：浙江大学出版社.
王春菊，汤小华，郑达贤，等. 2005. GIS支持下的土壤侵蚀敏感性评价研究 [J]. 水土保持通报，24(1)：68－71.
王海晖，彭嘉雄，吴巍，等. 2003. 多源遥感图像融合效果评价方法研究 [J]. 计算机工程与应用，39(25)：33－37.
王红卫，柯伟. 2005－3－31. 关于重新设置“西康省”的设想及其理论依据 [J].《二十一世纪》网络版.
王解先，王军，陆彩萍. 2003. WGS－84与北京54坐标的转换问题 [J]. 大地测量与地球动力学，23(3)：70－73.
王静. 2006. 土地资源遥感监测与评价方法 [M]. 北京：科学出版社.
王庆，张述清，彭学禹. 2005. Landsat ETM＋在水库库区及周边环境评价中的应用 [J]. 地矿测绘，21(1)：7－9.
王万忠，焦菊英. 1996. 中国的土壤侵蚀因子定量评价研究 [J]. 水土保持通报，16(5)：1－20.
王兮之，Helge Bruelheide，Michael Runge，等. 2002. 基于遥感数据的塔南策勒荒漠－绿洲景观格局定量分析 [J]. 生态学报，29(2)：1492－1500.
王新. 2001. 基于地形图的DEM的构建及其精度分析 [D]. 郑州：中国人民解放军信息工程大学测绘学院.

王轶，王慧玲．2004．地质灾害危险性评价与区划及GIS应用研究［J］．勘察科学技术，(6)：38－40．

王征征．2006．基于MAPGIS和SPSS的区域型滑坡危险Ⅰ性区划［D］．北京：中国地质大学．

王治华．1995．遥感技术在我国水电建设前期工作中的应用［J］．国土资源遥感，(3)：1－8．

邬建国．2000．景观生态学——格局、过程、尺度与等级［M］．北京：高等教育出版社．

邬伦，刘瑜，张晶，等．2001．地理信息系统原理、方法和应用［M］，北京：科学出版社．

吴柏清，何政伟，许辉熙，等．2008．土地利用空间数据库中错误多边形去除方法研究［J］．河南农业科学，(5)：62－65．

吴小萍，杨晓宇，冉茂平．2004．基于图形叠置法的铁路选线环境影响综合评价研究［J］．中国铁道科学，25(4)：125－128．

吴信才．2004．MAPGIS地理信息系统［M］．北京：电子工业出版社．

伍光和，田连恕，胡双熙，等．2000．自然地理学［M］．北京：高等教育出版社．

武鹏林，霍德敏，马存信，等．2000．水利计算与水库调度［M］．北京：地震出版社．

向喜琼．2005．区域滑坡地质灾害危险性评价与风险管理［D］．成都：成都理工大学．

肖笃宁，钟林生．1998．景观分类与评价的生态原则［J］．应用生态学报，9(2)：217－221．

谢道全．2000．关于二滩移民扶持问题的思考［J］．理论与改革，(6)：124－126．

徐建春，赵英时，刘振华．2002．用遥感和GIS研究内蒙古中西部地区环境变化［J］．遥感学报，6(2)：142－149．

许辉熙．2005．石棉县林业管理信息系统的建立与应用研究［D］．成都：四川师范大学．

许翔，孙继成，杨佳丽．2009．白龙江干流沙川坝—苗家坝河段水电开发对流域生态环境的影响研究［J］．甘肃水利水电技术，45(9)：30－32．

许月卿，邵晓梅．2006．基于GIS和RUSLE的土壤侵蚀量计算——以贵州省猫跳河流域为例［J］．北京林业大学学报，28(4)：67－71．

薛联青，陈凯麒．2000．遥感与地理信息系统技术用于水电梯级开发的环境影响评价［J］．东北水利水电，18(9)：34－36．

薛联青，赵学民，崔广柏．2001．利用GIS与遥感技术进行流域梯级开发的环境影响评估［J］．水利水电技术，32(5)：40－43．

闫业庆，胡雅杰，孙继成．2010．水电梯级开发对流域生态环境影响的评价——以白龙江干流（沙川坝—苗家坝河段）为例［J］．兰州大学学报（自然科学版），46(supp)：42－47．

杨广斌．2004．基于网格数据的喀斯特山区土壤侵蚀研究［D］．贵阳：贵州师范大学．

杨丽萍，夏敦胜，陈发虎．2007．Landsat 7 ETM+全色与多光谱数据融合算法的比较［J］．兰州大学学报，43(4)：7－12．

杨勤科，等．2006a．ANUDEM和TIN两种建立DEM方法的对比研究［J］．水土保持通报，26(6)：84－89．

杨勤科，等．2006b．用ANUDEM建立水文地貌关系正确DEM的方法研究［J］．测绘科学，31(6)：155－158．

杨勤科，等．2006．ANUDEM——专业化数字高程模型插值算法及其特点［J］．干旱地区农业研究，24(3)：36－42．

杨勤科，张彩霞，李领涛．2006．基于信息含量分析法确定DEM分辨率的方法研究［J］．长江科学院院报，23(5)：21－24．

杨卫中，海洋，石长柏．2007．基于GIS的岸坡类型划分［J］．资源环境与工程，21(1)：62－64．

杨武年，丁纯勤，王大可，等．1998．TM正射遥感影像地图在四川南江地区区调研究及成矿预测中的应用［J］．地球科学，23(2)：188－191．

杨武年，李天华，廖崇高，等．2007．西部高原机场建设工程“3S”技术综合应用［A］第十六届全国遥感技术学术交流会论文集［C］．北京：地质出版社：38－41．

叶守泽．1995．水利水电工程环境评价［M］．北京：水利电力出版社．

袁锦明，刘洪波，李红．1999．大中型水库淹没与投资分析［J］．人民长江，30(11)：16－18．

曾宏达．2005．基于DEM和地统计的森林资源空间格局分析［J］．地理信息科学，7(2)：82－88．

曾慧娟，潘文斌．2007．基于遥感技术/GIS和RUSLE的福建武步溪流域土壤侵蚀研究［J］环境与安全学报，7

(5)：87－91.
张彩霞，杨勤科，段建军. 2005. 一种高质量的数字高程模型（DEM）建立方法——ANUDEM法［J］. 中国农学通报，21(12)：411－415.
张彩霞，杨勤科，段建军. 2006. 高分辨率数字高程模型的构建方法［J］. 水利学报，37(8)：1009－1015.
张东云. 2005. 河北省土壤侵蚀敏感性分级及其区划研究［D］. 石家庄：河北师范大学.
张飞涟，张涛. 2007. 基于GIS的图形叠置法在城镇市政设施投资项目环境影响后评价中的应用［J］. 城市勘测，(1)：28－31.
张丰. 2007. 面向网格的海量时空数据访问、集成与互操作研究［D］. 杭州：浙江大学.
张龙其，刘平，邢光成. 2005. 关于北京54和西安80坐标系相互转换的探讨［J］. 工程地球物理学报，2(1)：69－72.
张荣. 2001. 澜沧江漫湾水电站生态环境影响回顾评价［J］. 水电站设计，17(4)：27－33.
赵峰，田竹军，韩鲁亮，等. 2005. 基于GIS技术进行尼尔基水利枢纽生态环境影响评价［J］. 东北水利水电，23(25)：51－53.
赵焕臣，许树柏. 1986. 层次分析法——一种简易的新决策方法［M］. 北京：科学出版社.
赵小平. 2007. "十一五"电力工业发展的基本思路［EB/OL］. http://www.sdpc.gov.cn【2007－01－29】.
赵英时. 2003. 遥感应用分析原理与方法［M］. 北京：科学出版社.
郑书彦. 2002. 滑坡侵蚀及其动力学机制与定量评价研究［D］. 杨陵：西北农林科技大学.
钟耳顺，王康弘，宋关福，等. 1999. GIS多源数据集成模式评述［A］. 中国G1 S年会（深圳）论文集［C］.
周启鸣，刘学军. 2006. 数字地形分析［M］. 北京：科学出版社.
周庆，欧晓昆，张志明，等. 2008. 澜沧江漫湾水电站库区土地利用格局的时空动态特征［J］. 山地学报，26(4)：481－489.
周宗敏. 2009. 水电工程生态环境影响的模糊综合评价［J］. 水电站设计，25(2)：105－107.
朱党生，周奕梅，邹家祥. 2006. 水利水电工程环境影响评价［M］. 北京：中国环境科学出版社.
朱秋潮，范浩定. 1999. 土壤颗粒组成分级标准的换算［J］. 土壤通报，30(2)：53－54.
朱求安，张万昌，余钧辉. 2004. 基于GIS的空间插值方法研究［J］. 江西师范大学学报，28(2)：183－188.
祝国瑞，郭礼珍，尹贡白，等. 2001. 地图设计与编绘［M］. 武汉：武汉大学出版社.
卓宝熙. 2002. 工程地质遥感判释与应用［M］. 北京：中国铁道出版社.
GB T21010－2007，土地利用现状分类［S］.
SL 190－96，土壤侵蚀分类分级标准［S］.
Arnoldus H M J. 1980. An approximation of the rainfall factor in the universal soil loss equation［M］. De Boodt：Gabriel eds..
Arvidson T. 2002. Personal Correspondence，Landsat 7 Senior System Engineer. Landsat Project Office Goddard Space Flight Center，Washington，DC.
B Temesgen，M U Mohammed，T Korme. 2001. Natural Hazard Assessment Using GIS and Remote Sensing Methods，with Particular Reference to the Landslides in the Wondogenet Area，Ethiopia，Phys. Chem. Earth (C)，26(9)：605－615.
Chander G M. 2005. Revised Landsat5 TM Radiometric Calibration Procedures and Post－calibration Dynamic Ranges［OL］. http://ltpwww. gsfc. nasa. nov/LAS/handbook/pdfs/L5TMPostCalranges. pdf.
Chander G，Markham B. 2003. Revised Landsat 5 TM Radiometric Calibration Procedures and Postcalibration Dynamic Ranges［J］. IEEE Transactions on Geoscience and Remote Sensing，41(11)：2674－2677.
Declercq F，Poesen J. 1992. Evaluation of two models to calculate the soil erodibility factor k. Pedologie，XLII (2)：158－169.
Hutchinson M F. 1996. A locally adaptive approach to the interpolation of digital elevation models. In Proceedings，Third International Conference/Workshop on Integrating GIS and Environmental Modeling，Santa Fe，NM，January 21－26，1996. Santa Barbara.

Hutchinson M F, Dowling T I. 1991. A continental hydrological assessment of a new grid－based digital elevation model of Australia. Hydrological Processes 5：45－58.

Hutchinson M F. 1989. A new procedure for gridding elevation and stream line data with automatic removal of spurious pits. Journal of Hydrology：106，211－232.

Hutchinson M F. 1993. Development of a continent－wide DEM with applications to terrain and climate analysis. In：M. F. Goodchild et al (eds)，Environmental Modeling with GIS. New York，Oxford University Press：392－399.

Hutchinson M F. 1988. Calculation of hydrologically sound digital elevation models. Third International Symposium on Spatial Data Handling，Sydney. Columbus，Ohio：International Geographical Union.

Hutchinson M F. 2004. ANUDEM version5. 1 User Guide. Centre for Resource and Environmental Studies [C]. The Australian National University，Canberra.

Liu B Y，Nearing M A，Shi P J，et a1. 2000. Slope length effects on soil loss for steep slopes [J]. Soil Society of American Journal，64(5)：1759－1763.

Mandelbrot , et al. 1979. Robust R/S Analysis of Long2run Serial Correlation [C]. Proceedings of the 42nd Session of the International Statistic Institute. Manila：Bulletin of the I. S. I.

McCool D K. et al. 1987. Revised slope steepness factor for the universal soil loss equation. Transactions of the American Society of Agricultural Engineers，30(5)：1388－1396.

McGarigal K，Marks B J. 1993. FRAGSTATS：Spatial pattern analysis program for quantifying landscape structure. Oregon State University，Covalis，OR.

Mustard J F，Camey M A，Sen A. 1999. The use of satellite data to quantify thermal effluent impacts. Estuarine Coastal and Shelf Science，49：509－524.

Renard K G，Foster G R，et al . 1997. Predicting soil erosion by water. A guide conservation planning with the Revised Universal Soil Loess Equation (RUSLE) [S]. USDA. Agri. Handb. No. 703. Washington，D C. U. S. Gov. Print. Office.

Renard K G，et al. RUSLE revisited status and the future [J]. Soil and Water Conservation，1994，49(3)：213－220.

Romkens M J M，Prasad S N，Poesen J W A. 1986. Soil erodibility and properties. In：Transactions of the Ⅷ Congress of the International Society of Soil Science，Hamburg.

Sharply A N，Williams J R. 1990. EPIC—Erosion/Productivity Impact Calculator：Model Documentation. U. S. Department of Agriculture Technical Bulletin，No. 1768.

Stephen J McGregor. 1998. An Integrated Geographic Information System Apporach for Modeling the Suitability of Conifer Habitat in an Alpine Environment [J]. Geomorphology，(21)：265－280.

Weihua Zhang，David R Montgomery. 1994. Digital Elevation Model Grid Size，Landscape Representation，and Hydrologic Simularion [J]. Water Resources Research，30(4)：1019－1028.

Wischmeier W H，Smith D D. 1978. Predicting rainfall erosion losses－A guide to conservation planning with the Universal Soil Loss Equation (USLE). Agriculture Handbook No. 537，United States Department of Agriculture，Springfield，USA.

Wischmeier W H. 1971. A soil erodibility nomograph farmland and construction sites [J]. Journal of Soil and Water Conservation，(26)：189－193.

Yin Zhi－Yong，Wang Xin－Hao. 1999. A Cross－scale Comparison of Drainage Basin Characteristics Derived from Digital Elevation Models [J]. Earth Surface Processes and Landform，(24)：557－562.

Yoder Danidl，et al. 1995,. The future of RUSLE：Inside new Revised Universal Soil Loss Equation [J]. J. Soil and Water Conversation，50(5)：484－489.

索　引

C

水电开发 ······························· 1

D

多元空间数据集成 ······················ 13
动态变化分析 ························· 126
动态特征分析 ························· 118

F

分级量化 ····························· 123

J

解译标志 ······························ 69

K

空间数据多源化 ························ 13
可侵蚀性因子 ························· 117

L

LS 计算 ······························ 117

P

评价因子 ····························· 125

Q

强度分级 ······························ 89

S

生态环境影响 ··························· 6
水土流失动态特征 ····················· 118

V

VR-GIS ······························· 78

X

泄洪雾化 ······························ 91
镶嵌 ·································· 39

Y

遥感技术 ······························· 4
预测评价 ······························ 56
元数据信息 ···························· 52

Z

植被覆盖因子 ·························· 88

彩色图版

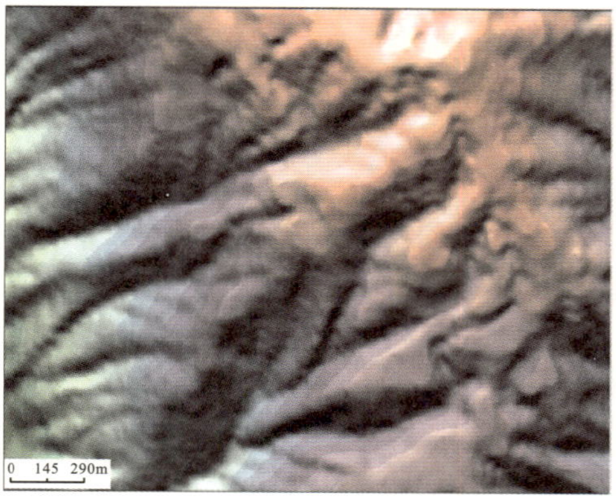

(1)由 DEM 得到的三维彩色地势图

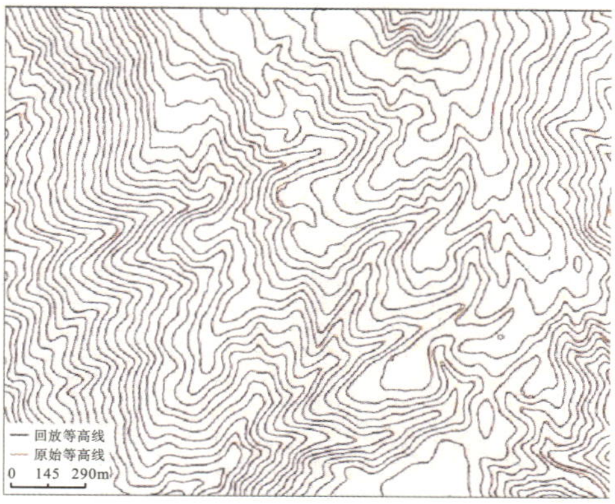

(2)回放等高线与原始等高线叠合图

彩图 1　Topogridtool 法生产的格网 DEM 精度评价

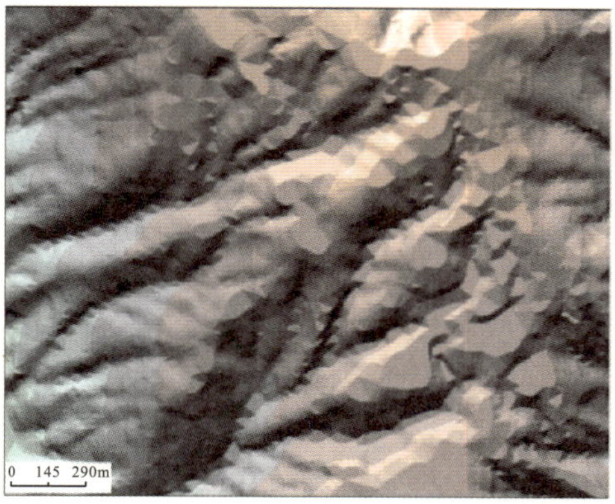

(1)由 DEM 得到的三维彩色地势图

(2)回放等高线与原始等高线叠合图

彩图 2　ArcGIS-3D 法生产的格网 DEM 精度评价

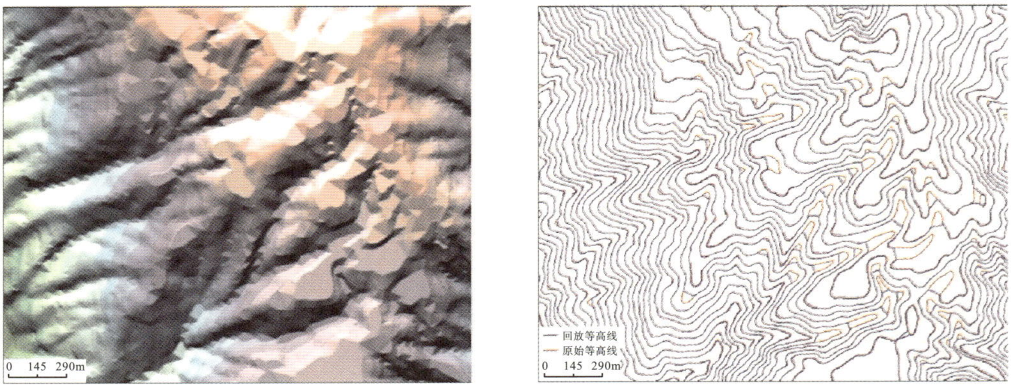

(1)由DEM得到的三维彩色地势图 (2)回放等高线与原始等高线叠合图

彩图3 ArcView法生产的格网DEM精度评价

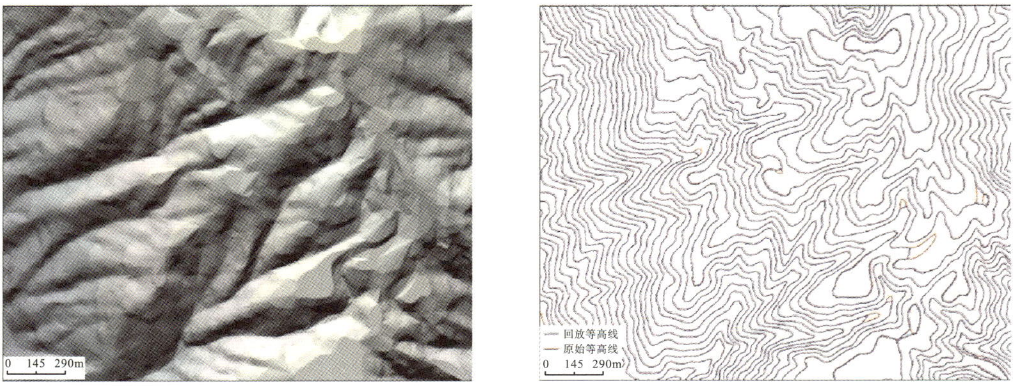

(1)由DEM得到的三维彩色地势图 (2)回放等高线与原始等高线叠合图

彩图4 ERDAS法生产的格网DEM精度评价

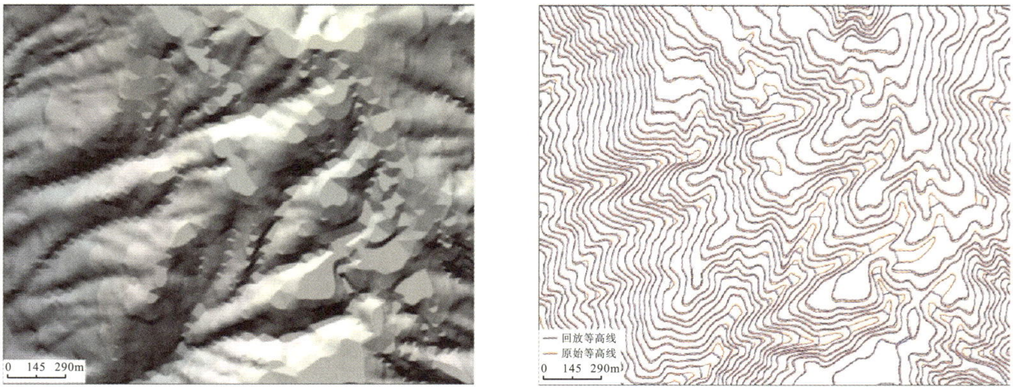

(1)由DEM得到的三维彩色地势图 (2)回放等高线与原始等高线叠合图

彩图5 ENVI法生产的格网DEM精度评价

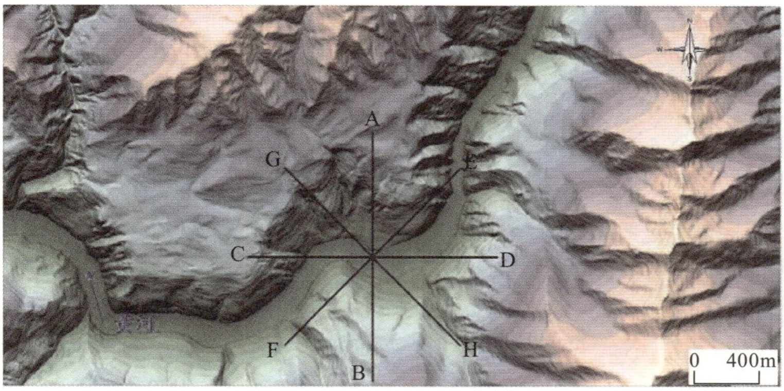

彩图 6　1∶1万剖面线布局(背景为 DEM 生成的彩色地势阴影图，
1∶5万剖面线布局方案与 1∶1万相同)

(1)原始 ETM+多光谱影像(RGB543)

(2)原始 ETM+全色影像(Pan)

(3)Gram-Schmidt 变换融合后的影像

(4)PCA 变换融合后的影像

(5)Brovey 变换融合后的影像

(6)HSV 变换融合后的影像

彩图 7　ETM+543 与全色波段(Pan)不同融合算法变换效果对比

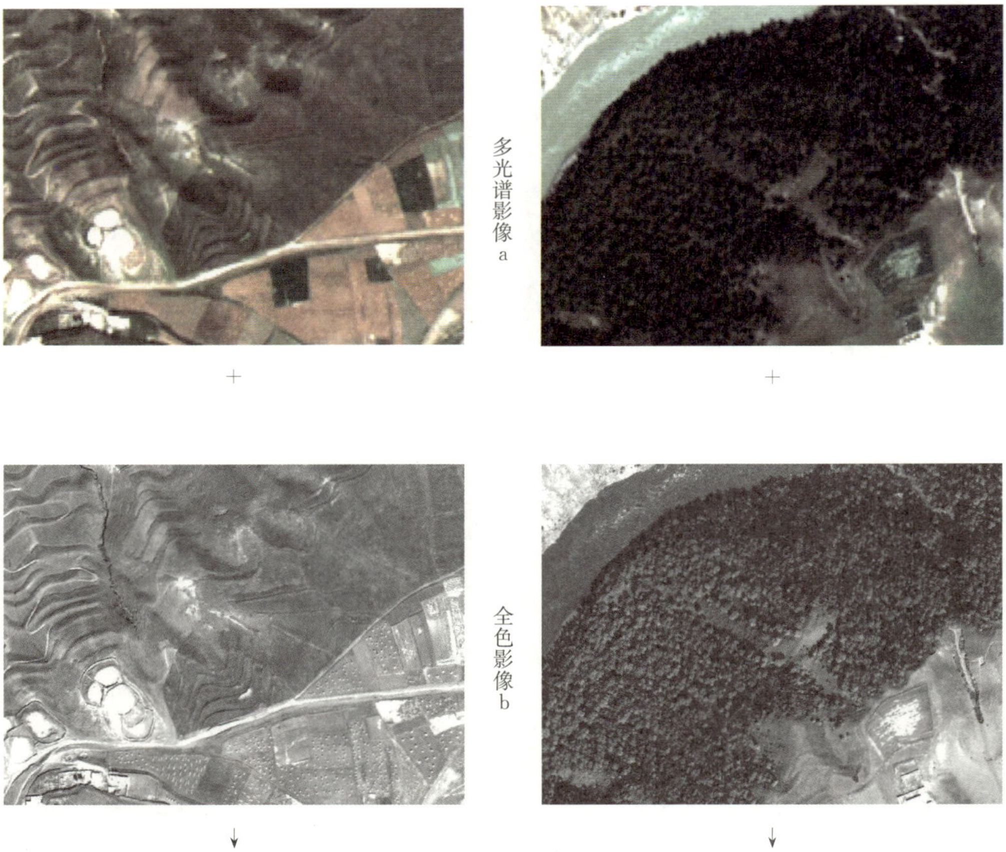

融合后影像c

实例(1)　　实例(2)

彩图 8　Gram-Schmidt 算法融合 Quick Bird 影像效果对比实例

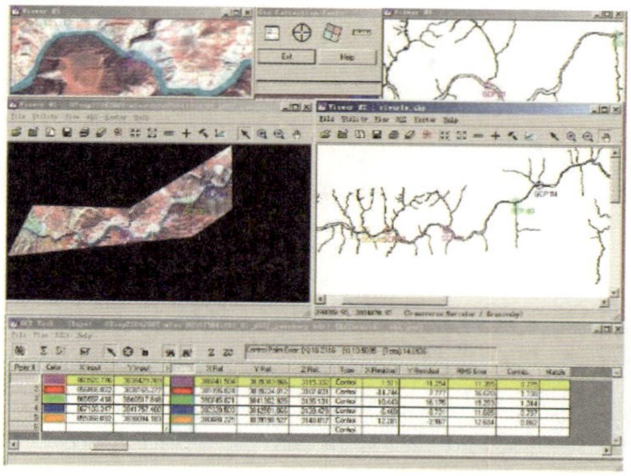

彩图 9　ERDAS 正射校正地面点采集模式(一)

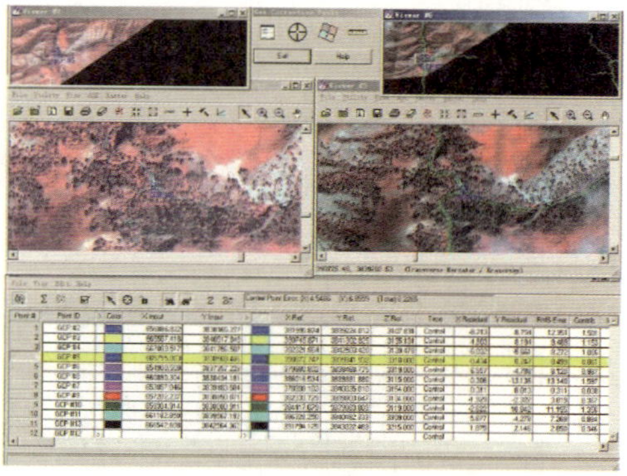

彩图 10　ERDAS 正射校正地面点采集模式(二)

(1)正射校正前

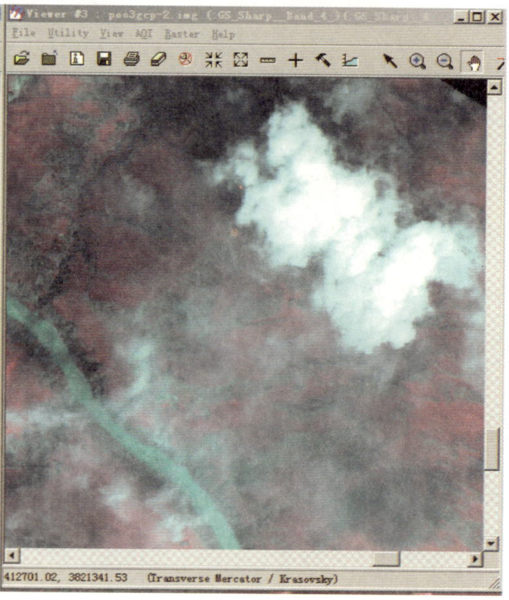

(2)正射校正后

彩图 11　Quick Bird 影像正射校正前后薄云去除效果对比

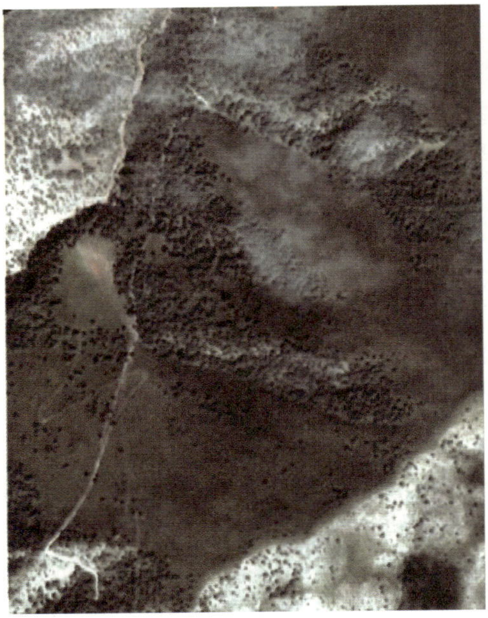

(1)镶嵌前-左影像(局部)

(2)镶嵌前-右影像(局部)

(3)镶嵌后影像(局部)

彩图12　Quick Bird影像镶嵌先前对照实例

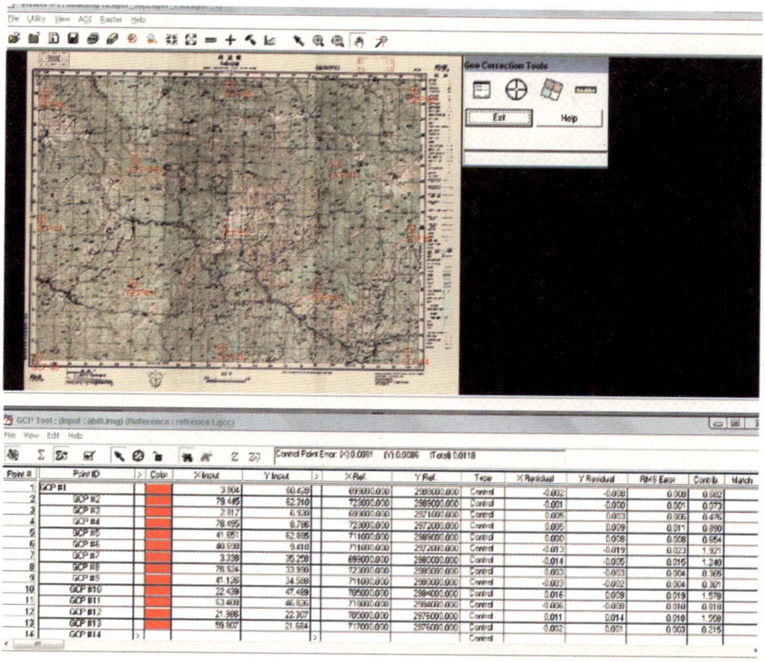

彩图 13　地形图校正控制点选取

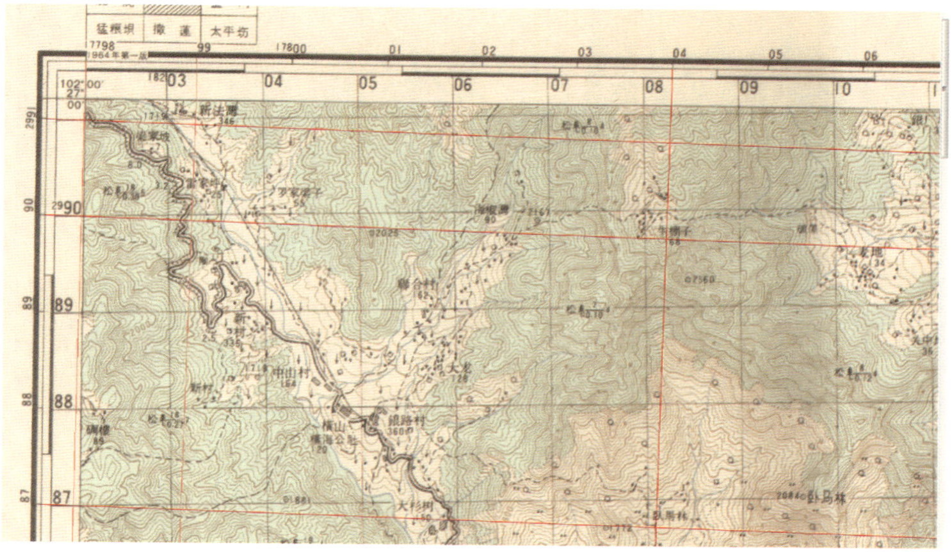

彩图 14　地形图本带及邻带公里网

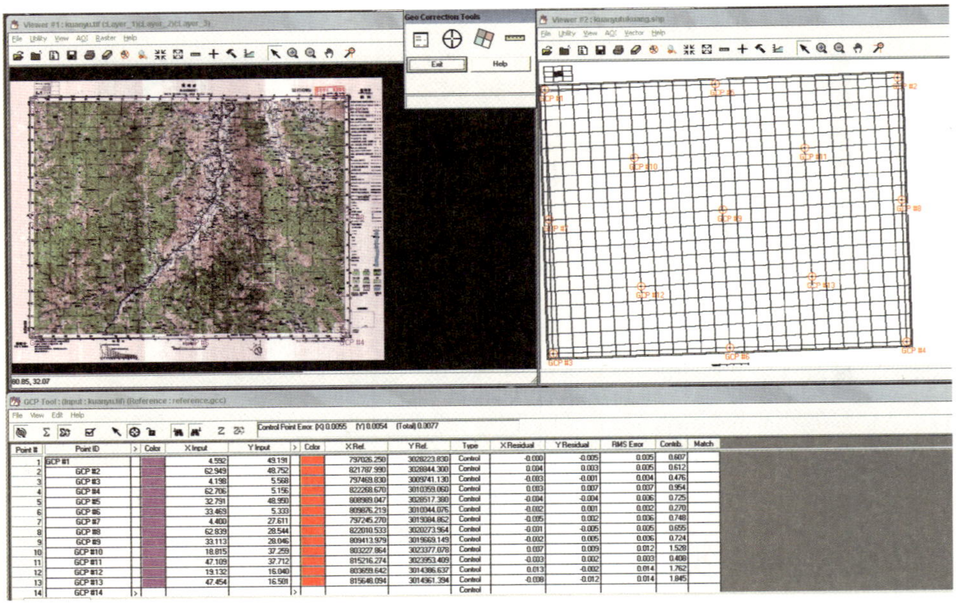

彩图 15　几何校正

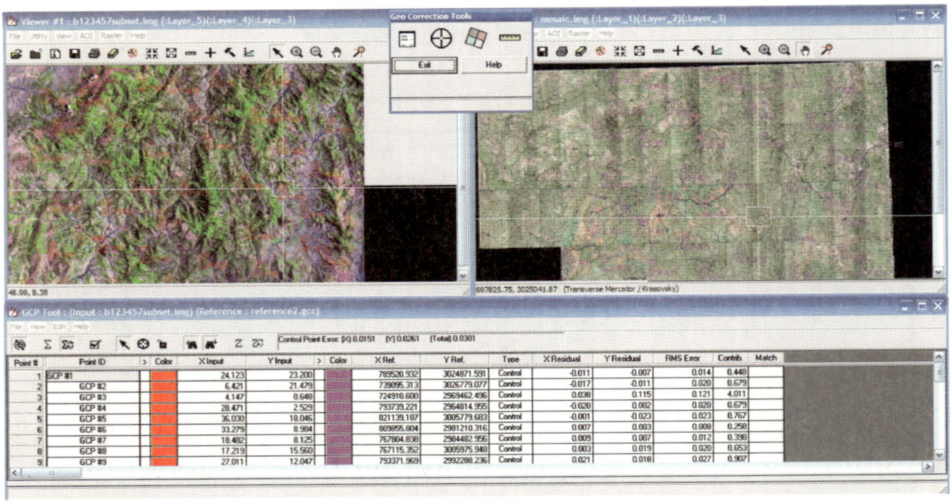

彩图 16　以地形图为参照的遥感影像几何精校正

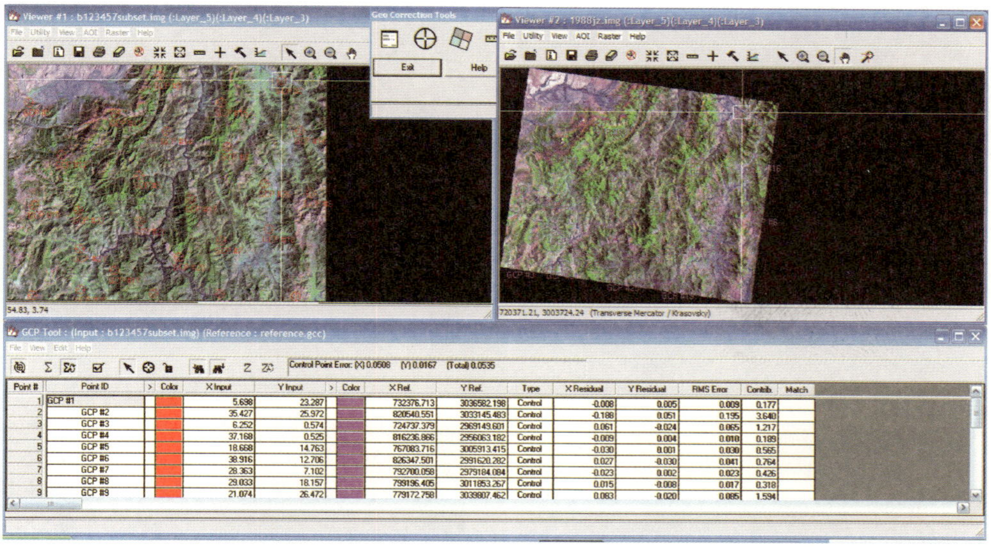

彩图 17　以影像为参照的遥感影像几何精校正

(a)耕地

(b)有林地

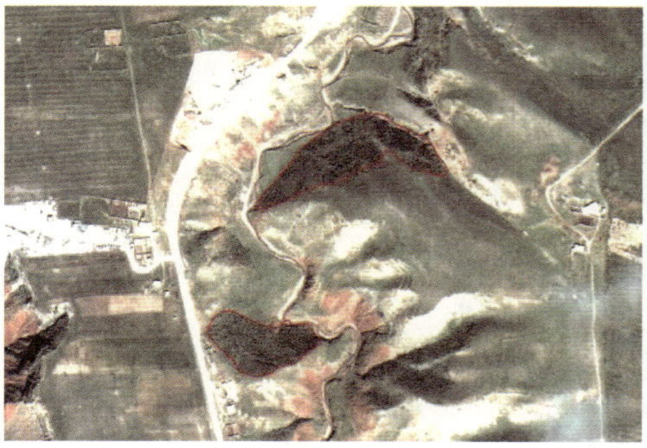

(c)其它林地

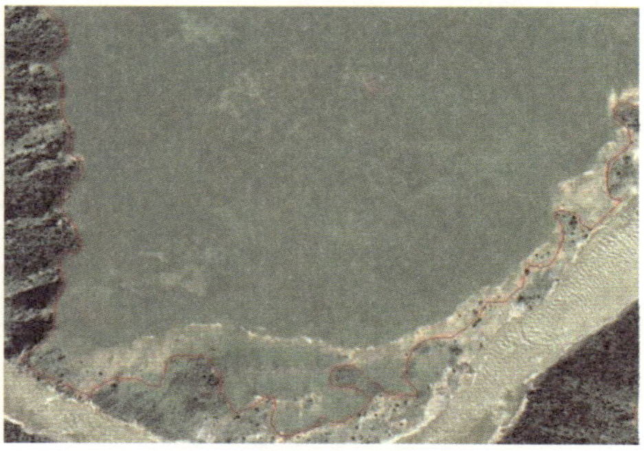

(d)草地

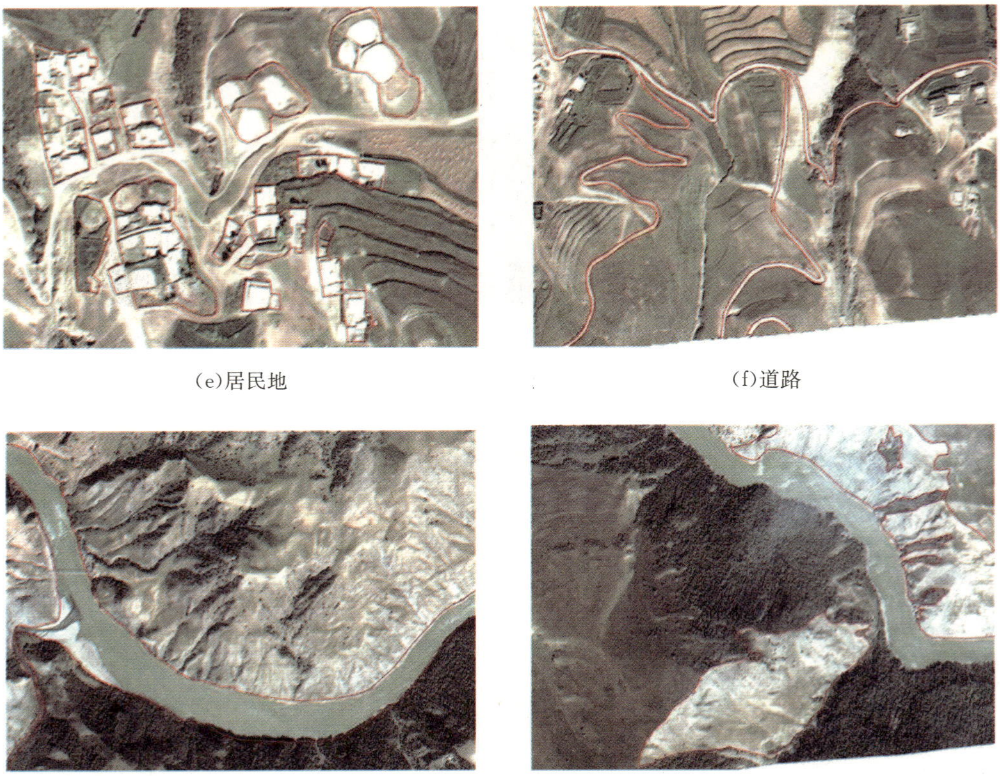

(e)居民地

(f)道路

(g)河流水面

(h)裸地

彩图 18 土地利用类型遥感解译标志

彩图 19 水库淹没前虚拟现实效果截图

彩图 20　水库淹没后虚拟现实效果截图

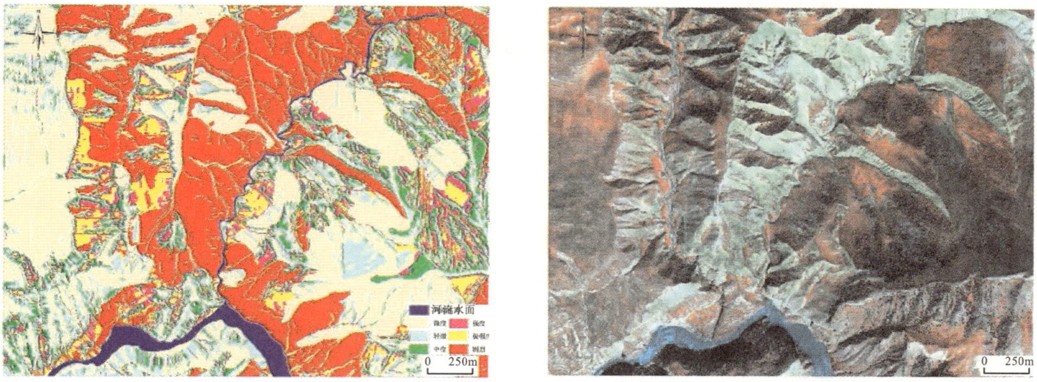

(1)水土流失强度等级划分结果　　(2)对应区域的 Quick Bird 影像(432 假彩色合成)

彩图 21　水土流失强度等级划分结果与 Quick Bird 影像对照图(局部)

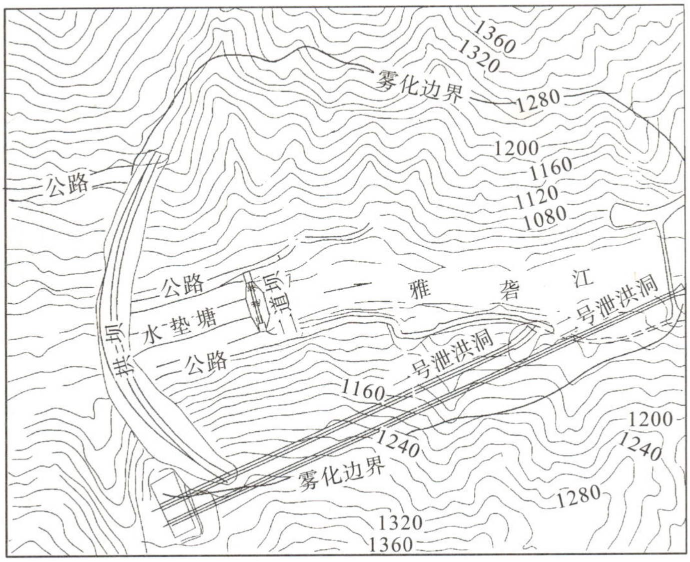

(1)二滩水电站泄洪雾化范围示意图(据苏建明等，2002)

(2)实拍照片(2007年7月27日上午)

(3)实拍照片(2007年7月27日上午)

彩图22 二滩水库的泄洪雾化

(1)欧方营地所处的地理位置(距离二滩水库大坝约12km，据GoolgeEarth)

(2)仅存的施工迹地(右岸，距大坝约 500m)

(3)欧方营地大门照片

(4)欧方营地的别墅

(5)欧方营地的会议中心

彩图 23 二滩工程建设施工迹地恢复情况(2007 年 7 月 27 日摄)

(1)渔门镇场镇居民向水库中倾倒的生活垃圾，2007 年 7 月 29 日摄

(2)靠近水库大坝左岸，移民在库岸修建的厕所，2007 年 7 月 27 日摄

(3)靠近水库大坝左岸，移民在库岸修建的养猪房，2007年7月27日摄

(4)渔门镇附近水域网箱养鱼，2007年7月29日摄

(5)二滩港停靠的船舶，2008年5月10日摄

(6)红坭乡煤矿洗煤厂，2008年5月9日摄

彩图24 水库水质污染源

(1)雅砻江支流-红坭河库尾段，2008年5月9日摄

(2)红坭河库尾段泥沙淤积，2008年5月9日摄

(3)泥沙呈鲜明的层状淤积，2008年5月9日摄

(4)工作人员测算淤积厚度，2008年5月9日摄

(5)Google Earth 上反映的水库淤积

彩图 25　水库淤积

(1)大坝右岸的坡耕地种植，2008年5月9日摄

(2)大坝右岸的坡耕地种植，2007年7月27日摄

(3)红坭乡境内的毁林开荒，2008 年 5 月 9 日摄

(4)通往红坭乡公路水毁严重，2007 年 7 月 27 日摄

(5)两河口至渔门镇新建公路，2007 年 7 月 29 日摄

(6)红坭乡煤矿废弃矿渣堆积，2008 年 5 月 9 日摄

彩图 26 水库淤积物质来源

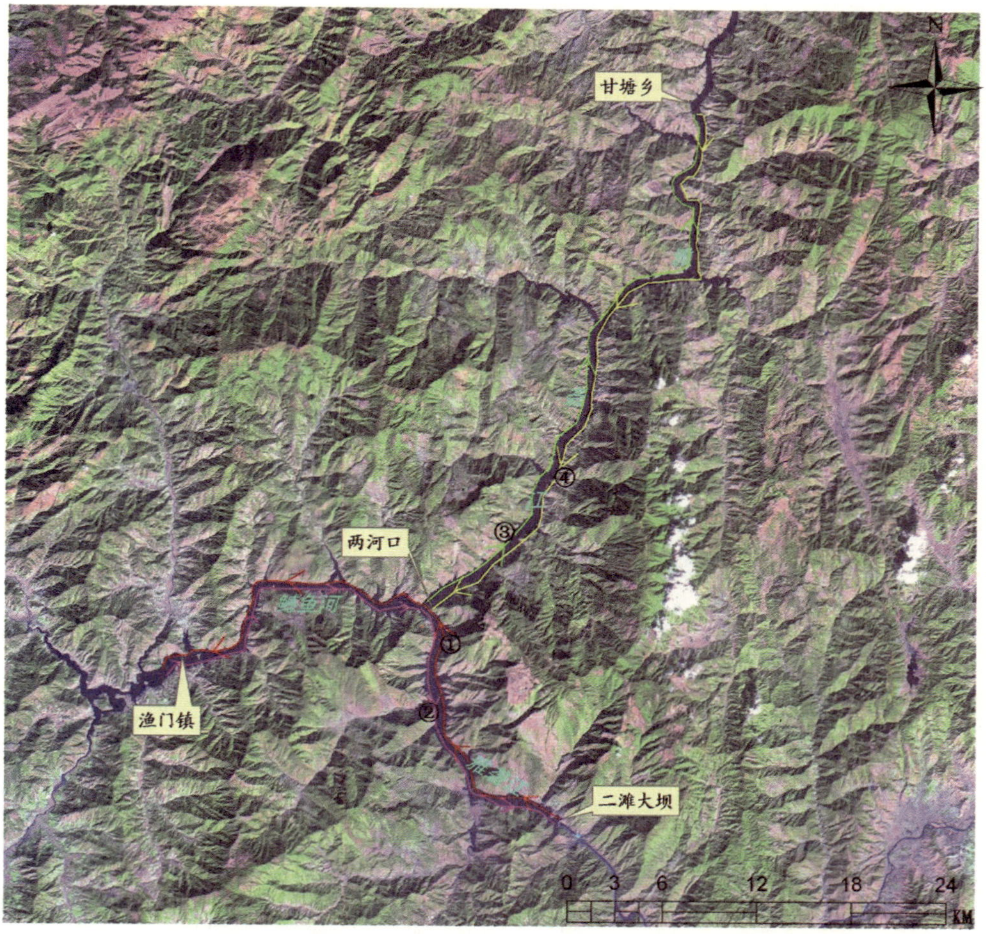

①二滩大坝经雅砻江左岸到两河口经鳡鱼河左岸到渔门镇 ③从两河口沿雅砻江右岸到盐源县甘塘乡

②渔门镇经鳡鱼河右岸到两河口经雅砻江右岸到二滩大坝 ④从盐源县甘塘乡沿雅砻江左岸到两河口

彩图 27 二滩库区(攀枝花市)地质灾害调查路线

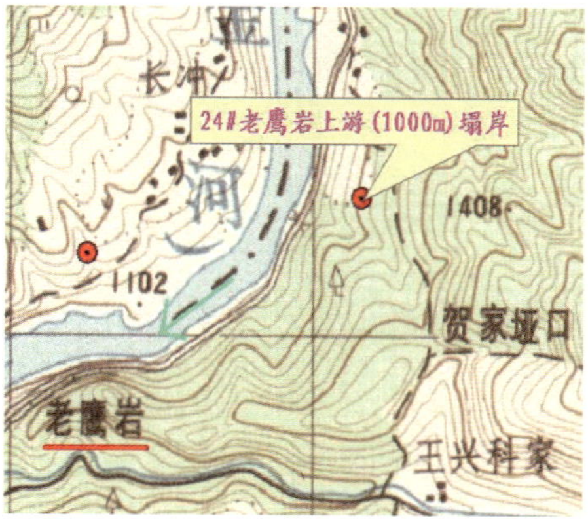

彩图 28 地质灾害命名规则(1)

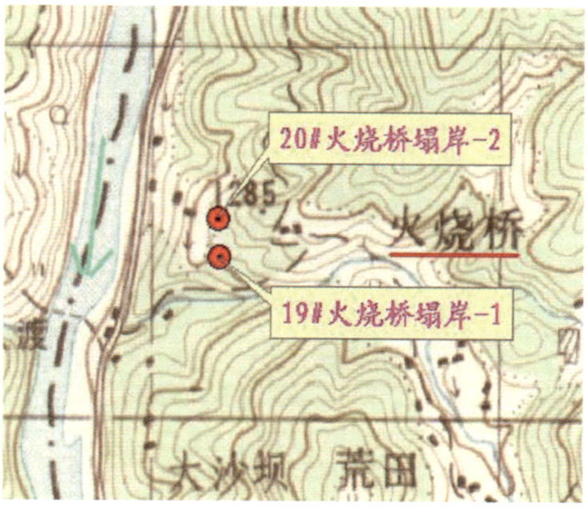

彩图 29 地质灾害命名规则(2)

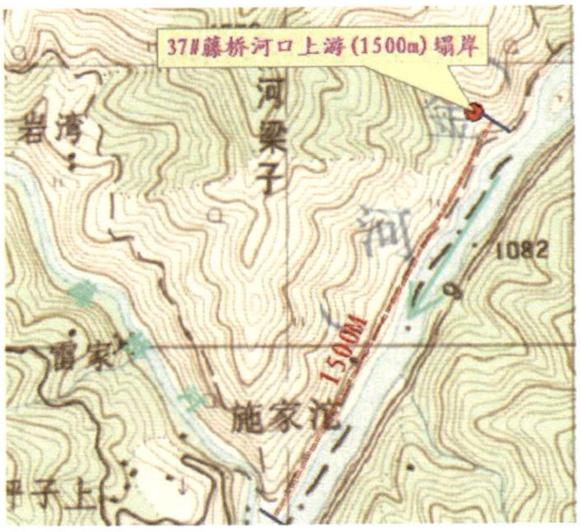

彩图 30　地质灾害命名规则(3)

彩图 31　地质灾害命名规则(4)

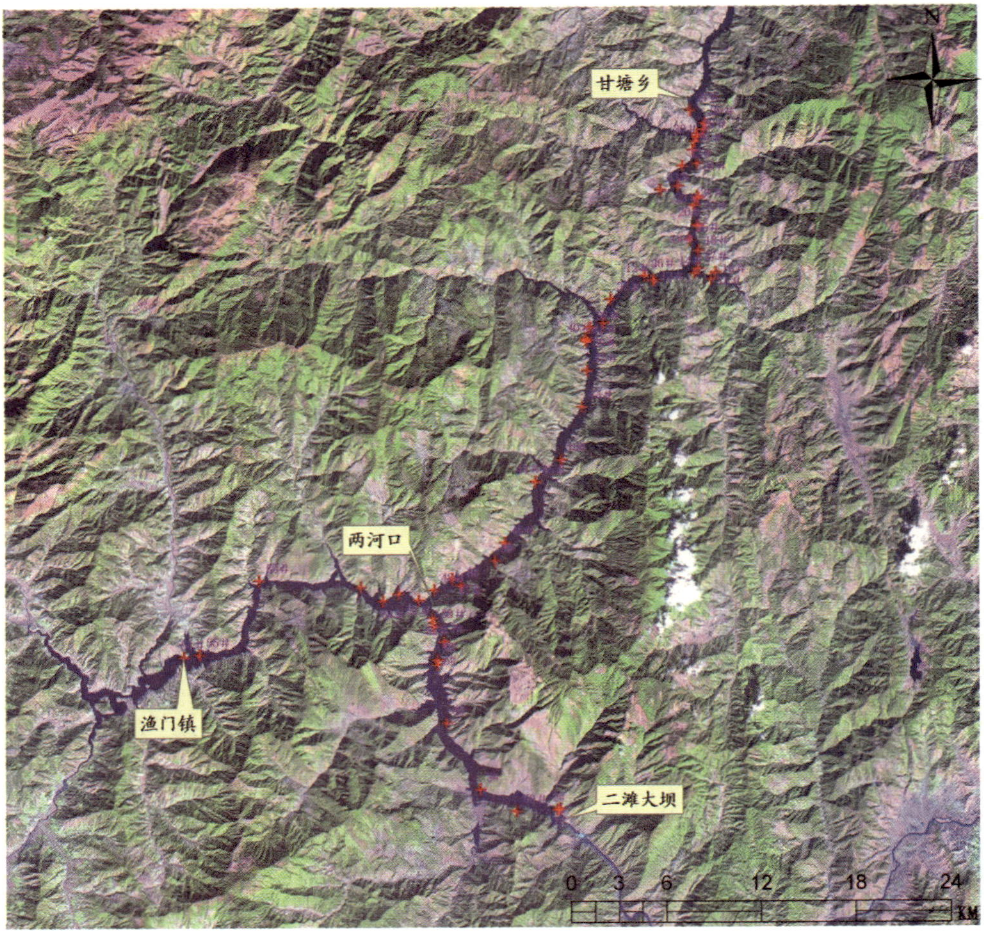

资料来源：成都理工大学．数字国土生态科学研究所

彩图 32　调查区地质灾害分布总体情况

(1)泥石流与坪子滑坡隔河相望，2007年7月28日摄

(2)蒋家滩泥石流堆积物，2007年7月28日摄

(3)泥石流三维遥感模型(据GoolgeEarth)

彩图33　蒋家滩泥石流

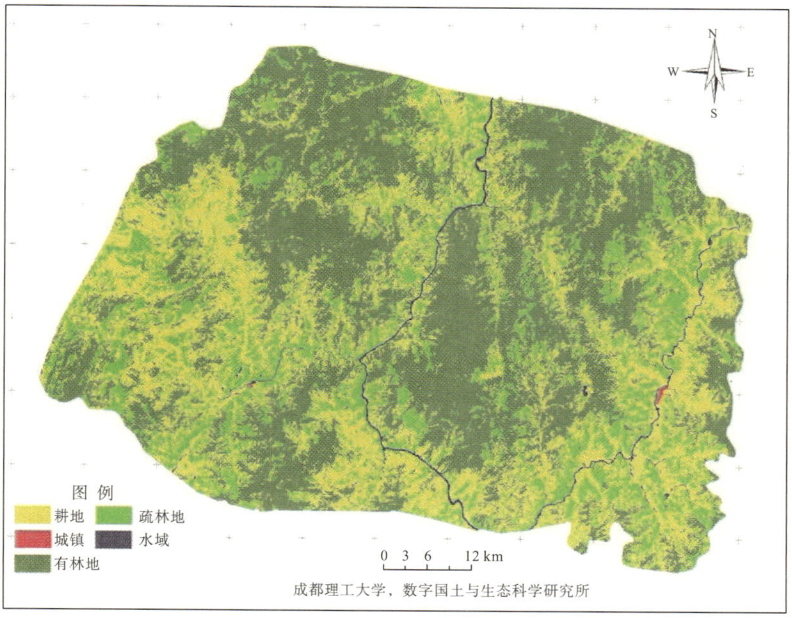

彩图34　1988年土地利用类型图

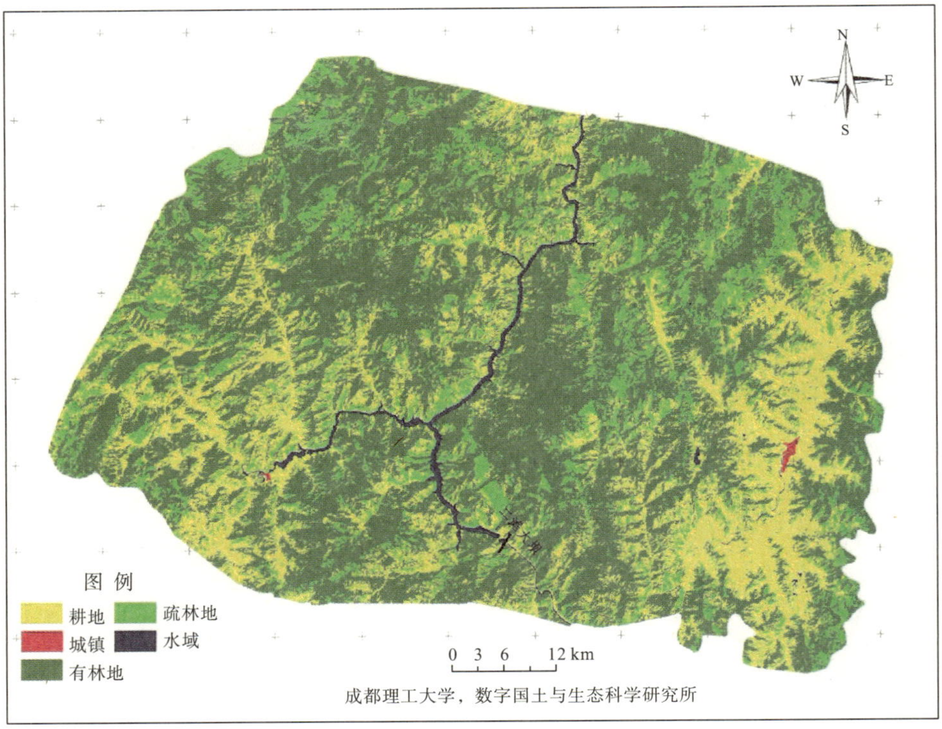

彩图 35　1999 年土地利用类型图

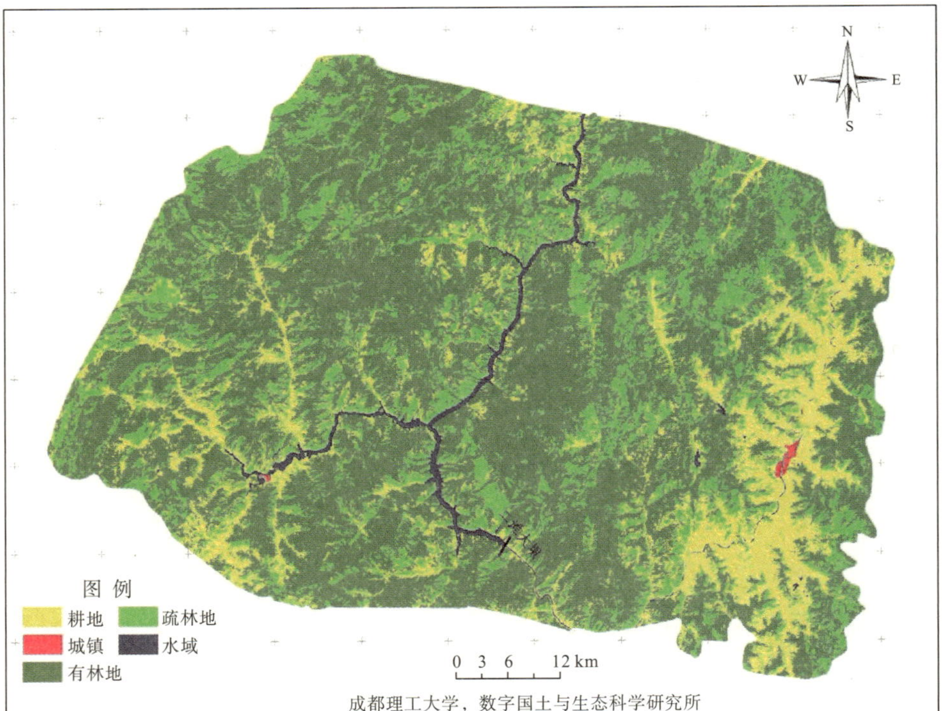

彩图 36　2003 年土地利用类型图

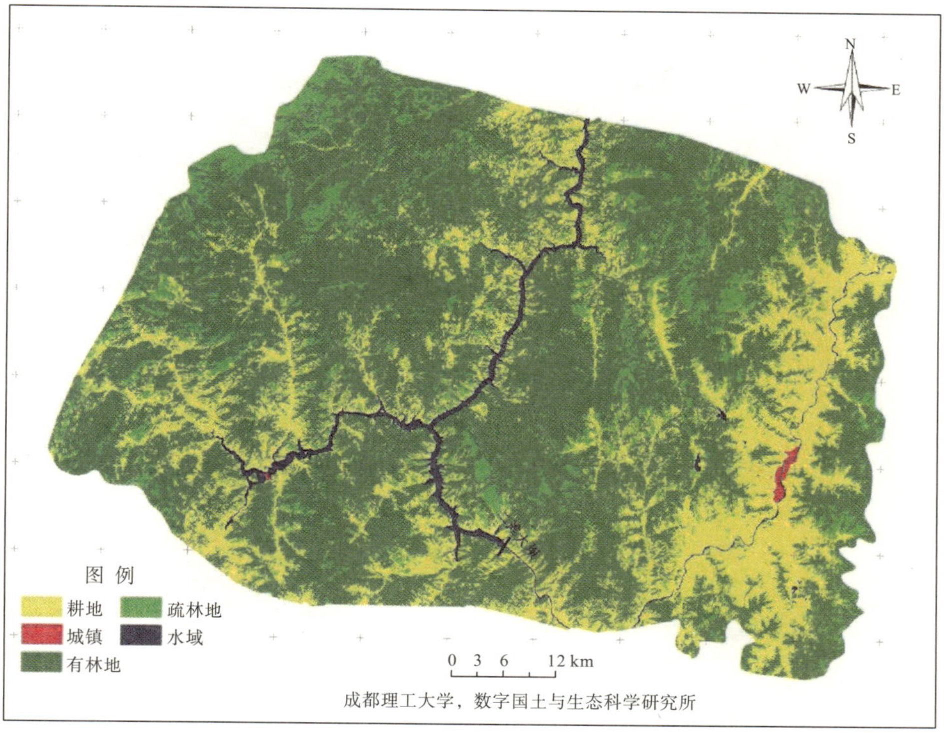

彩图 37　2006 年土地利用类型图

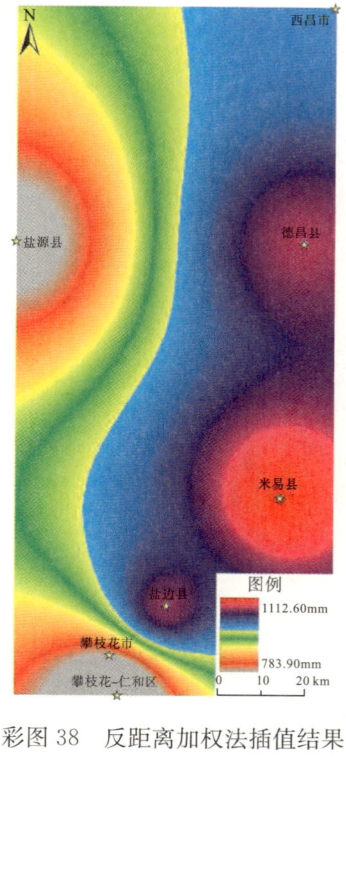

彩图 38　反距离加权法插值结果

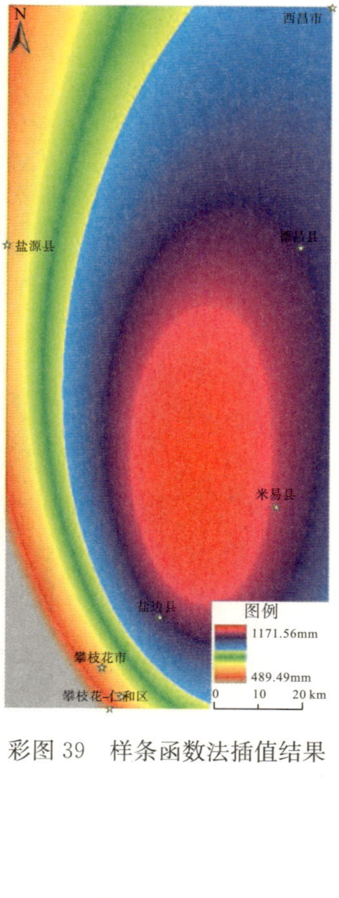

彩图 39　样条函数法插值结果

彩图 40　趋势面法插值结果

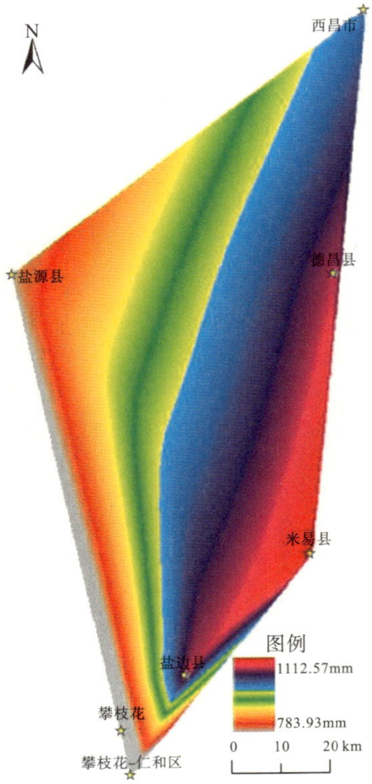

彩图 41　邻域法插值结果

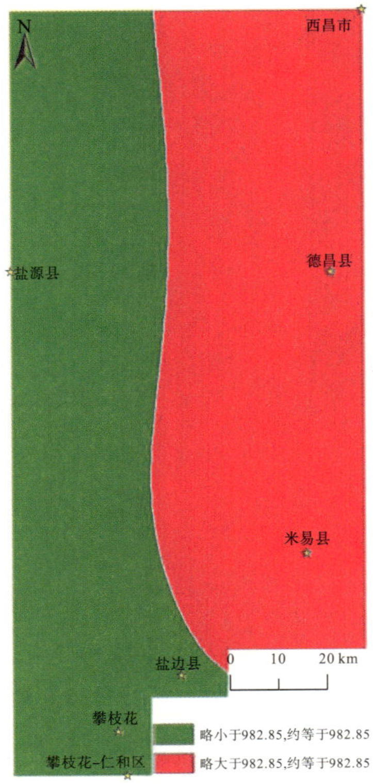

彩图 42　克里格插值结果

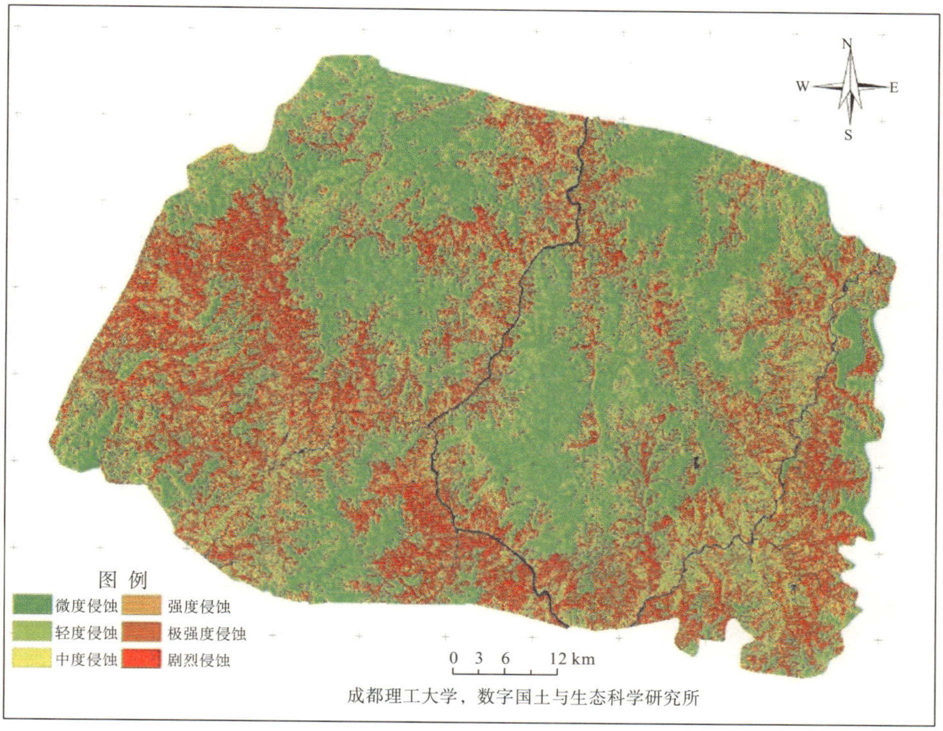

彩图 43　研究区 1988 年水土流失强度分级图

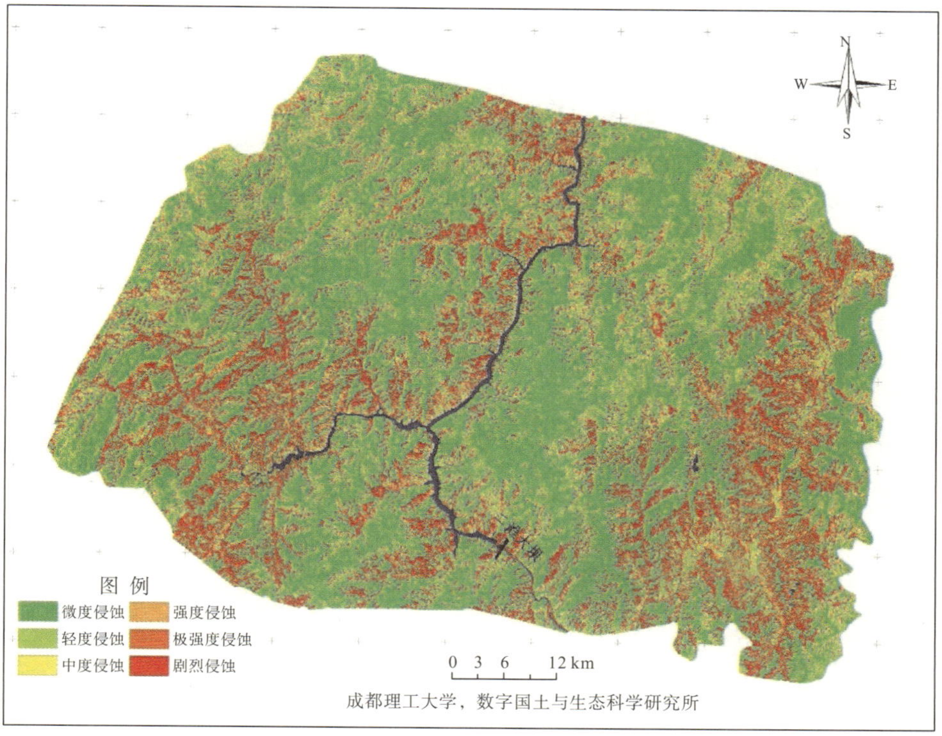

彩图 44　研究区 1999 年水土流失强度分级图

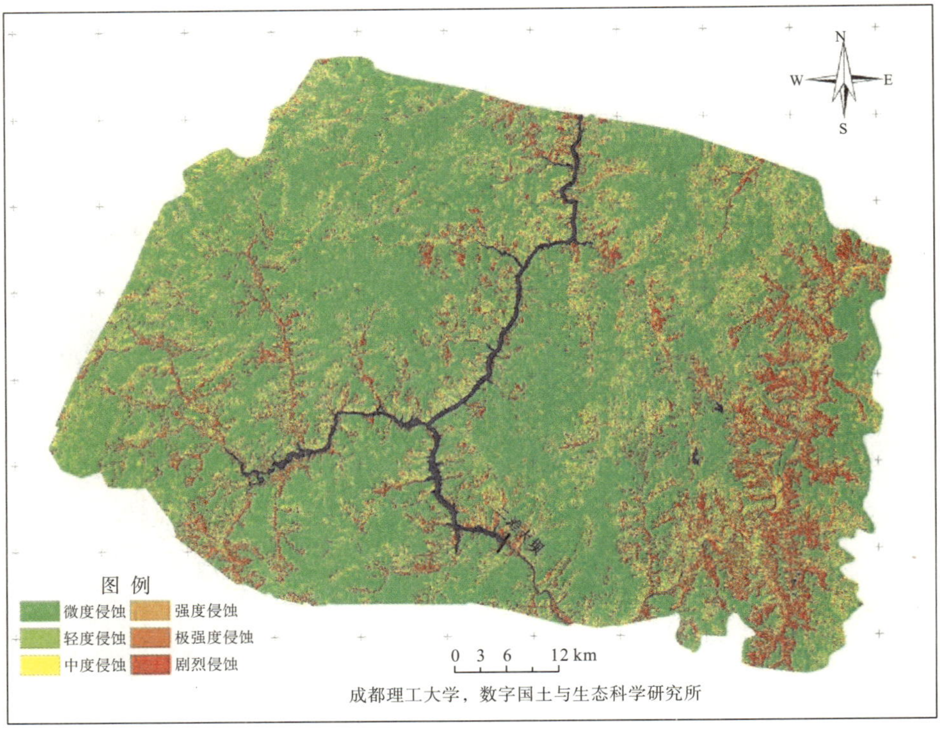

彩图 45　研究区 2003 年水土流失强度分级图

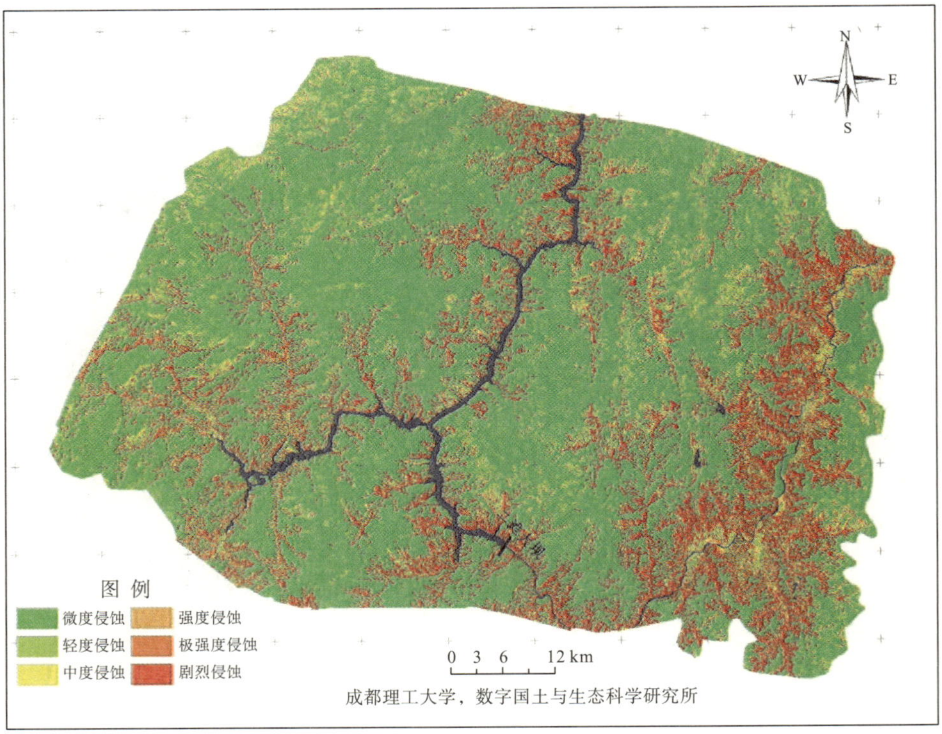

彩图 46　研究区 2006 年水土流失强度分级图

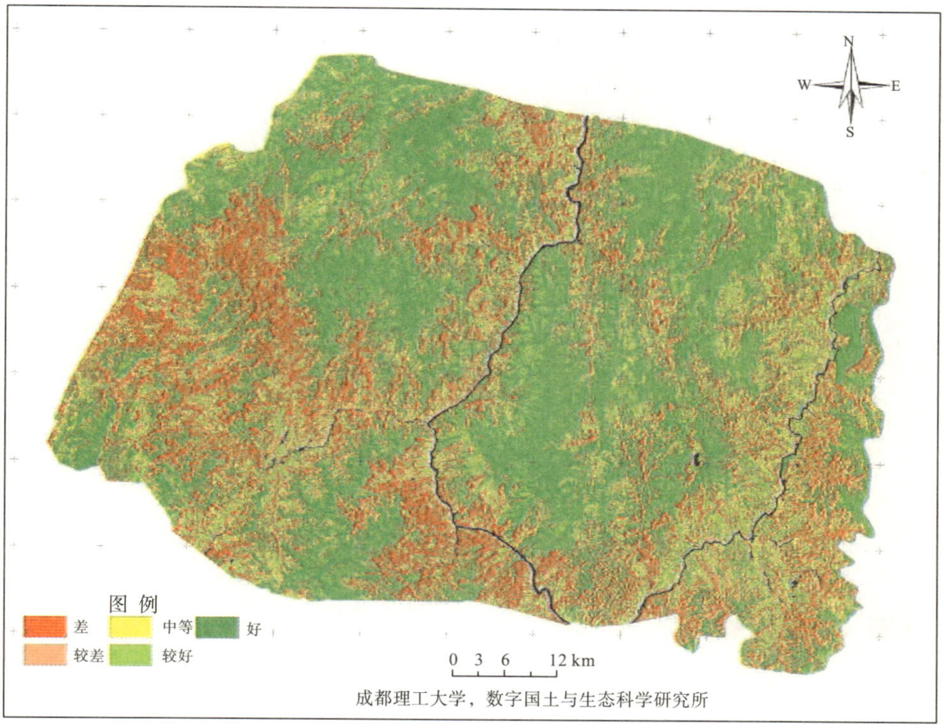

彩图 47 研究区 1988 年环境质量等级图

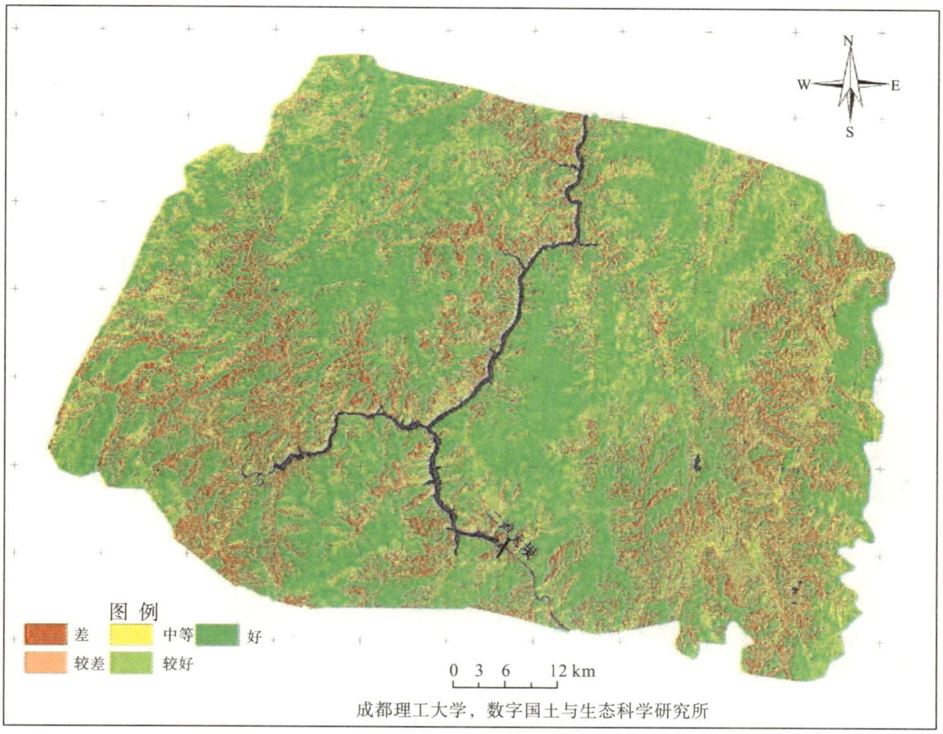

彩图 48 研究区 1999 年环境质量等级图

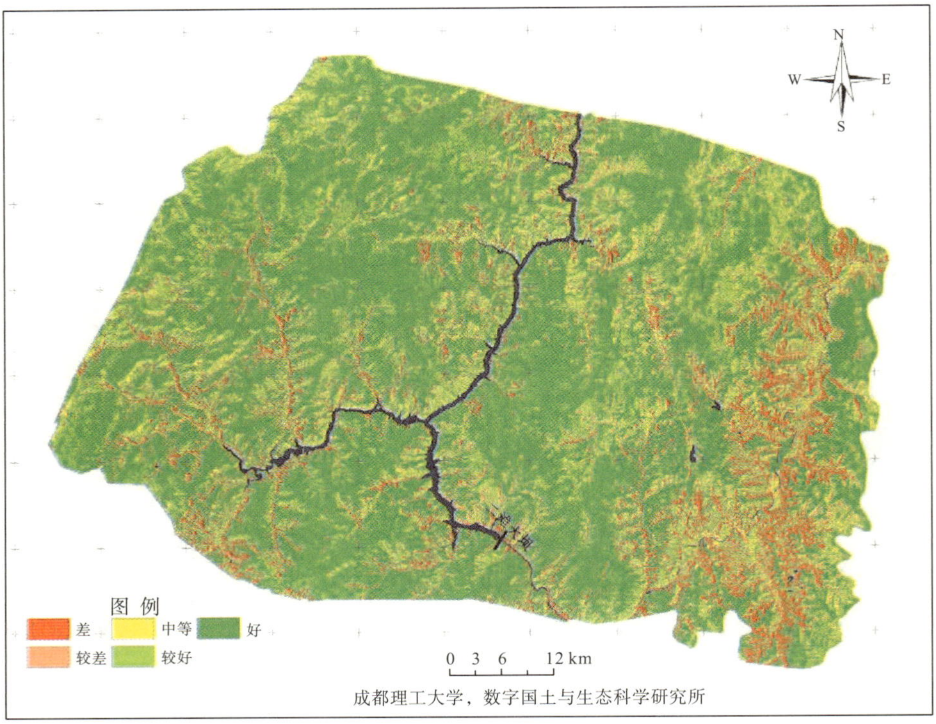

彩图 49　研究区 2003 年环境质量等级图

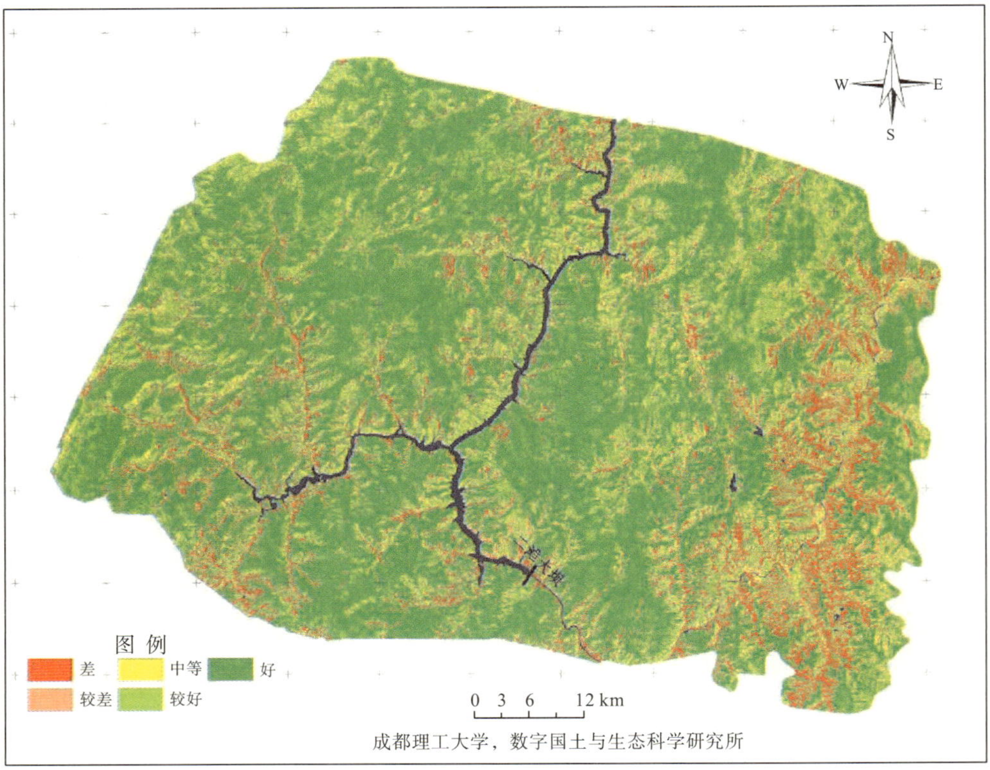

彩图 50　研究区 2006 年环境质量等级图